河南省"十四五"普通高等教育规划教材

电子技术工艺与实践

周成虎　付立华　主　编

李小魁　副主编

卢金燕　邢　军　参　编

机械工业出版社

本书是河南省精品在线开放课程"电子技术操作与工艺实习"的配套教材,课程网站为中国大学 MOOC 网,网址为 https://www.icourse163.org/course/HAUEEDU-1206694855。本书以电子技术工艺与实践知识和焊接技术为基础,介绍了常用电子元器件、常用电子仪器仪表、焊接技术、表面贴装技术和典型电路应用等内容。

　　本书定位明确,是在编者总结十余年的电子类课程教学经验、企业设计工作经验的基础上完成的,既可作为电子技术实践类课程的教材,也可作为电子创新实践、毕业设计等的参考书,也可供相关技术人员参考。

图书在版编目(CIP)数据

电子技术工艺与实践/周成虎,付立华主编. —北京:机械工业出版社,2022.2(2023.6重印)

河南省"十四五"普通高等教育规划教材

ISBN 978-7-111-70627-4

Ⅰ.①电…　Ⅱ.①周…②付…　Ⅲ.①电子技术-高等学校-教材　Ⅳ.①TN01

中国版本图书馆 CIP 数据核字(2022)第 069315 号

机械工业出版社(北京市百万庄大街22号　邮政编码100037)
策划编辑:路乙达　　　　　责任编辑:路乙达
责任校对:张　征　李　婷　封面设计:张　静
责任印制:刘　媛
涿州市般润文化传播有限公司印刷
2023 年 6 月第 1 版第 2 次印刷
184mm×260mm · 17 印张 · 421 千字
标准书号:ISBN 978-7-111-70627-4
定价:57.80 元

电话服务　　　　　　　　网络服务

客服电话:010-88361066　机 工 官 网:www.cmpbook.com
　　　　　010-88379833　机 工 官 博:weibo.com/cmp1952
　　　　　010-68326294　金 书 网:www.golden-book.com
封底无防伪标均为盗版　机工教育服务网:www.cmpedu.com

前　言

本书是面向应用、具有很强的实践性与综合性的教材，将基本技能训练、基本工艺知识和创新启蒙有机融合，指导学生动手制作，让学生掌握一定的操作技能。

课程思政微视频

本书内容循序渐进，引导学生首先掌握常用电子仪器仪表使用方法、常用电子元器件识别和手工焊接等基本技能，进而能够独立制作电路。在此基础上，使学生逐步掌握印制电路板设计和制作方法、网络学习电子技术的方法、产品手册的阅读理解技能以及仿真软件的快速自学方法。

本书对应的课程是一门承上启下的专业实践课，教材创新的重点放在与后续课程的衔接上。例如，针对后续课程"单片机技术""FPGA 技术"，侧重讲解显示、按键、晶振、上拉电阻与下拉电阻等知识，可以提高后续课程的教学质量，从根本上改变学生理论与实践脱节的现象。

本书将电子产品检修与调试的内容融合在各个章节之中。检修是自主选择调试工具，结合电路仿真与实验结果，用自己的思路测试与分析电路，将一个笼统的故障范围缩小，实现精确定位并解决问题的过程。如果能根据所学知识，针对故障和缺陷对电路进行改进，也就具备电子研发工程师的能力了。

有自学能力可以使学生无师自通，因此本书侧重培养自学能力，特别注重介绍产品官网的资源，学生通过官网可以查询到元器件和集成电路独特的检测方法和典型电路等资料，这些资料是揭示产品内在结构的关键。由元器件构建电路则可以参考官网和专业技术网站，学会以最快的速度获取资源并解决问题是研发人员的必备技能。

人生短暂而知识无穷，学会高效学习的方法也是本书潜移默化传授的技能之一。本书中的多个知识点强调了批判性地探索真理、灵活运用所学知识服务于社会的课程思政核心思想，旨在培养优秀的、全心全意为人民服务的工程技术人员。

本书分 10 章，周成虎负责第 1、5、7、9、10 章的编写工作，付立华负责第 3 章、第 4 章第 4.1~4.6、4.8 节和第 6 章的编写工作，卢金燕负责第 8 章的编写工作，李小魁负责第 2 章的编写工作，邢军负责第 4 章第 4.7 节的编写工作。付立华负责全书初稿的校对工作，周成虎负责全书终稿的校对工作。丁立中、韩大伟、闫絮、訾涛等提出了宝贵建议，在此表示诚挚的谢意。

与本书配套 PPT 和相关资料可在机工教育服务网（www.cmpedu.com）下载或与主编联系获取，主编邮箱 394311385@ qq. com。

由于电子技术发展迅猛，加上编者的水平有限，书中难免有错误和不完善之处，敬请广大读者批评指正。

编　者

目 录

第1章

安全用电

电作为一种重要的能源可以发光、发热和产生动力,在生产和生活中都必不可少。但同时存在的是电的另一面,即如果不注意安全用电,操作中缺乏足够的警惕,就可能发生设备损坏、电气火灾、触电死亡等事故。而且,电是一种看不见的能源,隐蔽性比较强,潜在的危害性也更大。

所谓安全用电,是指在保证人身及设备安全的前提下,正确地使用电能以及为达到此目的而采取的科学措施和手段。安全用电既是科学知识,也是专业技术,同时更是一种管理制度。作为科学知识,应该向一切用电人员普及;作为专业技术,应该被全体电气工作人员掌握;作为管理制度,应该被严格执行。国家和有关部门根据这些制度制定了安全用电方面的规范、标准与设计手册。

1.1 人身安全

1.1.1 触电危害

触电是电流作用于人体而造成的伤害。触电对人体危害主要有电伤和电击两种。

1. 电伤

电伤是由于电流热效应、机械效应和化学效应而导致人体的创伤。电伤通常是非致命的,主要有以下几种类型。

1) 电烧伤:由于电的热效应而对人体皮肤、皮下组织、肌肉和神经造成的灼伤。电烧伤会引起皮肤发红、起泡、烧焦甚至坏死。电烧伤包括电流烧伤和电弧烧伤。电流烧伤一般发生在低压线路或低压设备上;电弧烧伤是指弧光放电对人体造成的伤害,其中高压电弧烧伤尤其严重。发生电弧烧伤时,在电弧高温作用下,熔化或气化的金属微粒渗入皮肤,使局部皮肤变得粗糙,且呈现的特殊颜色与金属种类有关,称为皮肤金属。

2) 电烙伤:由于电流的机械和化学效应造成人体触电部位的外部伤痕,通常发生在人体与带电体有良好接触的情况下。电烙伤会在皮肤表面形成肿块,造成局部麻木。

3) 机械损伤:电流流过人体时,由于肌肉强烈收缩、体内液体气化等作用导致机体组织断裂、骨折等伤害。

2. 电击

电击是电流通过人体内部,严重影响到人体的心脏、呼吸与神经系统而造成的内部组织损坏。症状有肌肉痉挛(抽筋)、神经紊乱、呼吸停止、心脏室性纤颤等。电击是触电死亡的主要原因。

1

1.1.2 影响触电危害程度的因素

触电对人体的危害程度与通过人体电流大小、电流类型、通电流作用时间、电流路径、人体阻抗及电压大小等因素有关。其中，通过人体电流大小和电流作用时间是决定因素。

1. 电流大小

人体内存在生物电流，一般情况下，一定限度的电流并不会对人造成损伤。对成年男子来说，当短时间内通过人体的电流在交流 10mA 以下或直流 30mA 以下时，危害较轻，超过这个数值，对人体就会造成危害。15～100Hz 电流对人体的作用见表 1-1。

表 1-1　15～100Hz 电流对人体的作用

电流/mA	对人体的作用	备　注
<0.5	无感觉	
1	有轻微感觉	
1～3	有刺激感，一般电疗仪器取此电流	
3～10	感到痛苦，但可自行摆脱（成年男子）	幼儿为 5mA 以下可自行摆脱
10～30	引起肌肉痉挛，短时间无危险，长时间有危险	
30～50	强烈痉挛，时间超过 60s 即有生命危险	
50～250	产生心脏室性纤颤，丧失知觉，严重危害生命	
>250	短时间内（1s 以内）造成心脏骤停，体内造成电灼伤	

2. 电流类型

电流的类型不同对人体的损伤也不同。较低电压的直流电一般引起电伤，交流电则会使电伤与电击同时发生。不论是直流电还是高频和低频交流电，超过上述限制的电流都会对人体造成危害甚至导致死亡。需要注意的是一般的高频电疗仪器通常只有 1～3mA。若把人体等效为电阻，则在任意频率电流的作用下人体都会发热。人体任意部位超出温升极限都会导致组织坏死，因此高频大电流会导致触电甚至死亡。在某些频段的高频电流产生的电磁波甚至可以加热食物（例如：微波炉）在这种频段的交流电流下，要注意人体的防护。

3. 电流作用时间

电流对人体的危害程度可以用电击强度（电流与时间乘积）来表示，通过人体的电流时间越长，对生命的威胁就越大。

4. 电流路径

电流通过大脑，可使人昏迷，严重时会导致死亡；电流通过脊髓可导致人瘫痪；电流通过心脏会造成心跳停止，血液循环中断；电流通过呼吸系统会造成窒息。从左手到胸部是最危险的电流路径；从手到手、从手到脚也是很危险的电流路径；从脚到脚是危险性较小的电流路径。

5. 人体阻抗

人体的阻抗值取决于诸多因素：电流的路径、接触电压、电流的持续时间、频率、皮肤的潮湿程度、接触的表面积、施加的压力和温度等。人体阻抗由电阻性和电容性两个分量组成，其示意图如图 1-1 所示。

人体的内阻抗（Z_i）：主要呈阻性，阻值由电流路径决定，与接触表面积的关系较小。

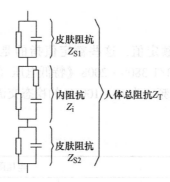

图 1-1　人体阻抗示意图

皮肤阻抗（Z_S）：可视为由半绝缘层和许多小的导电体（毛孔）组成的电阻和电容的网络。皮肤的阻抗值取决于电压、频率、通电时间，以及接触的表面积、接触的压力、皮肤的潮湿程度、皮肤的温度和种类。对较低的接触电压，即使是同一个人，皮肤阻抗值也会随着条件的不同而有很大变化，如接触的表面积和条件（干燥、潮湿、出汗）、温度、快速呼吸等；对于较高的接触电压，皮肤阻抗显著下降，而当皮肤击穿时，阻抗变得可以忽略。

人体总阻抗（Z_T）：包括触电路径的两侧皮肤阻抗和内阻抗。对于较低的接触电压，人体总阻抗 Z_T 随着皮肤阻抗 Z_S 变化；对于较高的接触电压，人体总阻抗受皮肤阻抗的影响越来越小，而它的数值接近于内阻抗 Z_i 的值。人体总阻抗在直流时较高，在交流时随着频率增加而减少。

人体阻抗等效为随电压与干燥程度变化的电阻，电压升高或潮湿程度加大，电阻值减小。当皮肤干燥时，用万用表测量人体双手之间电阻可超过 100kΩ，一旦电压升高（例如220V）或低电压下人体潮湿，人体电阻均可下降到 1kΩ 以下。在大接触面积条件下，50Hz/60Hz 交流电流路径为手到手的人体电阻值见表 1-2。

表 1-2　50Hz/60Hz 时手到手的人体电阻值

接触电压/V	交流电流路径为手到手的人体电阻值/Ω		
	干燥条件	水湿润条件	盐水湿润条件
25	3250	2175	1300
100	1725	1675	1225
200	1275	1275	1135
400	950	950	950
1000	775	775	775
渐近值 = 内阻抗	775	775	775

人体还相当于一个非线性电阻，其电阻值随电压增大而变小，变化趋势见表 1-3。

表 1-3　人体电阻随电压的变化

电压/V	1.5	12	31	62	125	220	380	1000
电阻/kΩ	>100	16.5	11	6.24	3.5	2.2	1.47	0.64
电流/mA	忽略	0.8	2.8	10	35	100	268	1560

6. 电压大小

安全电压是指人体不穿戴任何防护设备时，接触带电体而不发生电击或电伤的电压。国家标准制定了安全电压等级或额定值，这些额定值指的是有效值，分别为：42V、36V、24V、12V、6V 等。国家标准 GB/T 3805—2008《特低电压（ELV）限值》给出了正常和故障两种状态下，稳态直流电压或频率为 15~100Hz 的稳态交流时，在人体处于不同环境下的电压限值，见表 1-4。

表 1-4 安全电压

环境状况	电压限值/V					
	正常（无故障）		单故障		双故障	
	交流	直流	交流	直流	交流	直流
人体浸没 皮肤阻抗和对地电阻均可忽略	0	0	0	0	16	35
人体潮湿 皮肤阻抗和对地电阻降低	16	35	33	70	不适用	
人体干燥 皮肤阻抗和对地电阻均不降低	33①	70②	55①	140②	不适用	

① 对接触面积小于 1cm 的不可紧握部分，电压限值分别为 66V 和 80V。
② 在电池充电时，电压限值分别为 75V 和 150V。

表 1-4 可以看出，当人体完全浸没在水中时，由于人体电阻非常小，即使是十几伏的电压触电也可使心脏通过超过 30mA 的电流，足以致命。因此，人体浸没于水时，安全电压规定为 0V。为了确保人身安全，国家规范对卫生间、浴室、游泳池的接地和等电位联结进行了详细的规定，出版了标准图集以规范施工方法。

正常状态下（非故障状态）频率大于 100Hz 时，在人体干燥和潮湿两种情况下的交流电压限值如图 1-2 所示。频率为 1~5kHz 范围内的安全电压均为 10V，频率大于 1kHz 时，人体阻抗不再有明显区别，因此潮湿与干燥状况的安全电压相同。

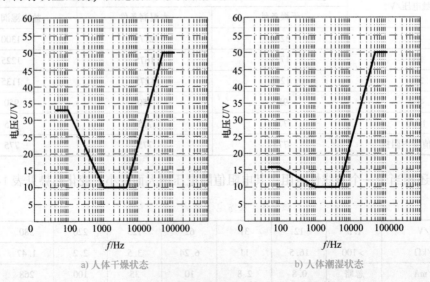

a) 人体干燥状态　　　　　　　　　b) 人体潮湿状态

图 1-2 人体干燥和潮湿情况下的交流电压限值

7. 触电者体质状况

人的体质不同，对电流的敏感程度也不一。一般情况下，儿童较成年人敏感，女性较男性敏感。例如，皮肤擦破时，人体电阻大幅度减小，此时流过人体的电流增大，危险程度也增大；如果触电者的身体健康状况不佳，如患有心脏病、神经病等，则危险性大大高于身体健康的人。

1.1.3 触电方式

人体触电方式有直接触电和间接触电两种。其中，直接触电又可分为单相触电和双相触电。

1. 单相触电

一般工作和生活场所供电为380V/220V中性点接地系统，人体的某一部位触及单相带电体时，电流通过人体流入大地（或中性线），称为单相触电。电力线路因外力原因造成断落后，人们不小心误拾、误踩、误碰引起的触电或接触发生故障的家用电器带电外壳发生的触电都是单相触电。如图1-3所示，单相触电的电网包括中性点接地和不接地两类，一般情况下，中性点接地的单相触电比中性点不接地的单相触电危险性大。

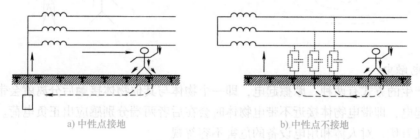

a) 中性点接地　　　　　　　　　　　b) 中性点不接地

图 1-3　单相触电示意图

2. 双相触电

如图1-4所示，双相触电是指人体两处同时触及同一电源的两相带电体，电流从一相导体流入另一相导体的触电方式。双相触电大都在带电工作时发生，触电时加在人体上的电压为线电压，且一般的保护措施都不起作用，危险性极大。

这里强调一个问题，国家规范对于安全电压的规定是操作人员不穿戴任何护具时所能承受的电压。如果操作人员穿绝缘鞋、戴绝缘手套、站在绝缘垫上，而且接触的电压路径经过绝缘鞋、绝缘手套、绝缘垫，则人体的电阻和

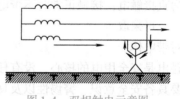

图 1-4　双相触电示意图

绝缘鞋、绝缘手套、绝缘垫串联，当人体总阻抗的分压小于安全电压时，人体是安全的。反之，虽然操作人员穿绝缘鞋、戴绝缘手套、站在绝缘垫上，但是接触的电压路径避开了绝缘鞋、绝缘手套、绝缘垫，例如头部和大腿部位发生双相触电，则人体能承受的电压仍然仅仅是安全电压。

3. 跨步电压触电

当带电体接地时，有电流向大地流散，在以接地点为圆心的圆面积内形成分布电位如图1-5所示。人若走进这一区域，两脚之间（以0.8m计算）的电位差称为跨步电压

（U_k），由此引起的触电事故称为跨步电压触电。高压故障接地点处或有大电流流过的接地装置附近都可能出现较高的跨步电压。人体离接地点的距离越近或两脚距离越大，跨步电压值也越大。

4. 高压电弧触电

人靠近高压带电体时，二者之间会发生电弧放电，如图 1-6 所示，电压越高，对人身的危险性越大。高压电弧触电使人遭受电击的同时还会对人体造成严重烧伤，而且电弧产生的辐射对眼睛的刺伤也非常严重。此外，还会引起皮肤组织的金属化，留下终身不愈的伤疤。

图 1-5　跨步电压触电　　　　　　　　　　　　图 1-6　高压电弧触电

5. 静电触电

静电产生的方式有两种：摩擦起电，即一个物体与其他物体接触后分离就会带上静电电荷；感应起电，即带电物体接近不带电物体时会在后者两端分别感应出正负电荷。静电电压最高可达几万伏，对人体和用电设备的危害不容忽视。

1.2　安全用电技术

触电可分为直接触电和间接触电。直接接触或过分接近正常运行的带电体而造成的触电为直接触电；接触正常时不带电、因故障而带电的金属导体而造成的触电为间接触电。直接触电可采取对带电体绝缘、屏护、隔离或保持足够的安全间距等防护措施；间接触电可采取对带电体加强绝缘、进行隔离、保护接地或使用安全电压、自动断开电源等防护措施。预防触电是安全用电的核心，没有任何一种措施或一种保护器是万无一失的，最保险的方法就是要具备安全意识、警惕性以及良好的操作习惯。

1.2.1　电击防护

电击防护的基本原则是在正常条件下和单一故障情况下，危险的带电部分不应是可触及的，而可触及的导电部分不应是危险的带电部分。除了采用安全电压的电器之外，电击防护还包括以下部分：

1. 绝缘防护

绝缘防护就是用绝缘材料将带电导体封护或隔离开来，防止人身触电事故的发生。例如：导线的外包绝缘、变压器的油绝缘、敷设线路的绝缘子、塑料管、包扎裸露线头的绝缘胶布等。优质的绝缘材料和正确的绝缘措施是人身与设备安全的前提与保证。

2. 屏护

这种防护措施是用遮拦或外护物将带电场所隔离开来，防止人员意外接触或接近带电体。屏护有遮拦、护盖、围墙等。遮拦和外护物应牢固牢靠且只有在使用钥匙、工具或者断开电源时才允许移动或打开。

3. 安全距离

安全距离又称间距，是指为防止发生触电事故或短路故障而规定的带电体之间、带电体与地面之间、带电体与其他设施之间、工作人员与带电体之间必须保持的最小距离或最小空气间隙。安全距离的大小取决于电压的高低、设备的类型和安装的方式。

1.2.2 接地保护

在低压配电系统中，有变压器中性点接地和不接地两种系统。在中性点不接地的配电系统中，电气设备宜采用接地保护。这里的"接地"同电子电路中简称的"接地"不是一个概念。电子电路中"接地"是指接公共参考电位"零点"，这里的"接地"是真正的接大地，即将电气设备的某一部分与大地土壤进行良好的电气连接。直接与土壤接触的金属称为接地体，连接接地体与设备的导线称为接地线。

如图 1-7 所示，设备外壳与其中一相短路，Z 为相线对地的阻抗，R_d 为接地电阻，R_r 为人体等效电阻，U 为相电压。当没有接地保护时，流过人体的电流为 $I_0 = U/(R_r + Z/3)$。当接上接地保护时，相当于接地电阻与人体电阻并联，短路电流不再只从人体流走，而是多了接地线这条通路，此时流过人体电流为 $I = R_d I_0/(R_r + R_d)$。接地电阻一般小于 4Ω，人体电阻一般为几百欧，短路电流的大部分都从接地线流入大地，从而达到了保护人身安全的目的。由此也可看出，接地电阻越小，保护越好，这就是为什么在接地保护中总要强调接地电阻要小的原因。

需要注意的是，接零保护是指用中性线兼做电气外壳防护的一种保护措施，由于三相电路缺相会导致中性线对地电压比较高，因此接零保护是一种不安全的保护措施，在目前的国家规范中已基本不采用接零保护。

将保护接地导体、接地导体或接地端子（或母线）、建筑物内的金属管道和可利用的建筑物金属结构等可导电部分连接在一起，称为等电位联结。

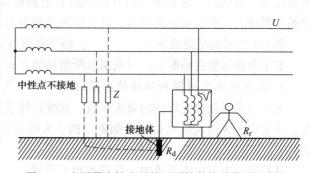

图 1-7 变压器中性点不接地系统的接地保护示意图

建筑物的低压电气装置应采用等电位联结以降低建筑物内接触电压和不同可导电部分之间的电位差；避免自建筑物外经电气线路和金属管道引入的故障电压的危害；减少保护电器动作不可靠带来的危险和有利于避免外界电磁场引起的干扰，改善装置的电磁兼容性。

1.2.3 剩余电流保护与电气火灾监测

1. 剩余电流探测器

剩余电流保护又称为漏电保护，是一种防止低压触电事故的后备保护，当人体触碰带电体时，剩余电流保护能在瞬间切断电源，减轻电流对人体的伤害程度；电气设备或线路发生漏电或接地故障时，能在人尚未接触之前就把电源切断。电流型保护既可用于中性点接地系统也可用于中性点不接地系统；既可单独使用也可与保护接地联合使用。典型的剩余电流断路器原理图如图 1-8 所示。

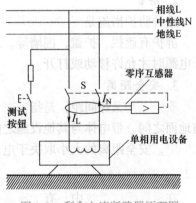

图 1-8　剩余电流断路器原理图

剩余电流探测器通过探测剩余电流的大小来判断是否触电。根据基尔霍夫电流定律，没有漏电现象时，流入电路中结点的电流矢量和（用有效值表示）为零，即 $\Sigma I = 0$。对于三相供电的电路，相线 A、B、C 与中性线 N 一起穿过零序电流互感器（不能包括地线），没有漏电现象时，三相的电流矢量和，即零序电流 $I_o = I_A + I_B + I_C + I_N = 0A$；对于单相供电的电路，相线 L 与中性线 N 一起穿过零序电流互感器（不能包括地线），没有漏电现象时，$I_o = I_L + I_N = 0A$。如果发生漏电现象，一部分电流流经地线 E 或者直接流经大地，这时电流矢量和 $I_o \neq 0A$，这个电流 I_o 被称为剩余电流，I_o 的大小和漏电程度有关。用这种方法可以检测出电路是否漏电。对于三相供电的电路，有中性线的电路一定要选择带中性线的剩余电流探测器。

剩余电流探测器的传感器为零序电流互感器，零序电流互感器通常是有铁心的电感线圈，当电流矢量和 $I_o \neq 0A$ 时，剩余电流在电感线圈中产生感应电流。当图 1-8 所示的开关 S 闭合且用电设备漏电时，剩余电流通过地线分流，零序互感器检测到剩余电流（或称为不平衡电流）并达到一定数值时，输出控制信号断开开关 S。规格最小的漏电动作电流最小值为 30mA，根据用电线路中断路器容量大小的不同，电流型剩余电流断路器的漏电动作电流范围在 30～100mA。这是因为所有的线路和电器或多或少都存在对地泄漏电流，断路器保护的范围越大，剩余电流就越大，只有检测到剩余电流达到报警值时才报警。

图 1-8 所示的电路设置了测试按钮，按下测试按钮就模拟了从相线 L 向地线 E 漏电的过程，如果断路器能自动断开，说明漏电断路功能正常，否则执行机构或电感线圈出现故障。

2. 剩余电流探测器和温度传感器组合用于电气火灾监测

火灾常常导致群死群伤的重大事故，据统计建筑物内部的火灾 2/3 是由于电气火灾引起的，火灾中 2/3 的人员死亡是被烟熏死的。大部分电气火灾难以被感烟探测器所感知，因此，在电气火灾容易发生的区域（例如变压器室）广泛使用感温探测器探测电气火灾。

从长期与电气火灾斗争中，逐渐找到了目前最有效的火灾早期探测方法。这种方法是在断路器的输出端检测剩余电流，使用剩余电流探测器和温度传感器组合用于电气火灾监测。当电气火灾发生之前，线路有热量积聚的过程，在这个过程中，电气线路和设备的绝缘程度下降，剩余电流增加。用于电气火灾监测的剩余电流通常设定为 100～500mA。

剩余电流电气火灾监控器分为独立式和组合式两种，原理图如图 1-9 所示。图 1-9a 是独立式剩余电流电气火灾监控器，包括零序电流互感器和脱扣器。

图 1-9b 是三相有中性线的组合式剩余电流电气火灾监控器，包括断路器、剩余电流探测器、零序互感器和温度传感器四个部分。剩余电流探测器接两芯电源线，两芯探测线分别连接零序电流互感器和温度传感器。无源脱扣器在断路器内部，从外部电源线取电源，当剩余电流探测器检测到足够大的零序电流时，控制剩余电流探测器内的触点闭合，无源脱扣器

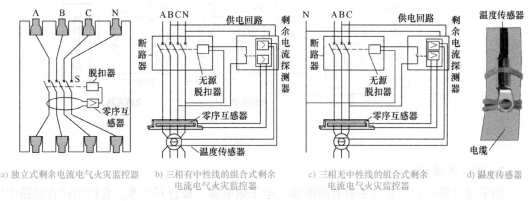

a) 独立式剩余电流电气火灾监控器　　b) 三相有中性线的组合式剩余　　　c) 三相无中性线的组合式剩余　　　d) 温度传感器
电流电气火灾监控器　　　　　　　　电流电气火灾监控器

图 1-9　剩余电流电气火灾监控器原理图

动作使断路器断开。

图 1-9c 是三相无中性线的组合式剩余电流电气火灾监控器，其工作原理与图 1-9b 所示的电路基本相同。当电路中含有中性线时，必须使用图 1-9b 所示三相四线断路器和接线方式。当电路中不含中性线时，可以使用图 1-9b 或图 1-9c 所示的断路器。

电气设备的温度超过设计标准是造成绝缘失效，引起漏电、火灾的主要原因。在靠近断路器的电缆、电线、母线上检测温度是一种有效的电气火灾探测方法。电气火灾探测所用到的温度传感器安装在距接线位置较近的部位，同时尽量选择有绝缘材料的位置，这样既能更快检测出温度，同时又可以保证电气隔离。图 1-9b 或图 1-9c 所示的电路中，当温度传感器温度超限，也可以使剩余电流探测器内的触点闭合，无源脱扣器动作使断路器断开。图 1-9d 所示的温度传感器应绑扎在电缆端头上。

1.3　电气设备安全

电气设备在运行过程中，由于内部材料的缺陷、磨损、受热、老化、绝缘损坏或者运行中误操作等原因，可能发生各种故障，所以要对电气设备进行必要的保护。对电气设备的保护主要有过电压保护、过电流保护、短路保护、欠电压和失电压保护、断相保护及防止误操作保护等。

1. 过电压保护

过电压保护就是当被保护电路的电源电压高于一定数值时，保护器切断电路，当电源电压恢复正常值时，保护器自动接通电路。过电压保护装置主要有压敏电阻、瞬变电压抑制器、集成过电压保护器、静电放电抑制器。过电压保护器工作原理如图 1-10a 所示。当电路正常工作时，功率开关断开；当电源电压超过保护阈值时，采样放大器使功率开关动作，电源短路，熔断器断开，从而保护设备安全。

瞬变电压抑制器（Transient Voltage Suppressor，TVS）是一种稳压二极管形式的二端高效能保护器件。TVS 可以按极性分为单极性和双极性两种，图 1-10b 为其电路原理图。当瞬态稳压二极管受到反向瞬态高能量冲击时，两极间的阻抗迅速降低，可吸收几千瓦的浪涌功率，两极间的电压钳位在一个预定值，从而保护了电子元件遭受浪涌电压而损坏。TVS 的优点是响应时间快、瞬态功率大、剩余电流低和体积小。

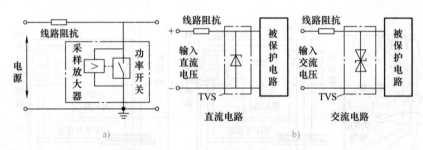

图 1-10　过电压保护器工作原理图

2. 过电流保护

用于过电流保护的装置主要有熔断器、电子继电器、聚合开关等，它们串接在回路中以防止电流超限。熔断器结构简单、价格低。不足之处是反应速度慢，不能自动恢复。电子继电器过电流开关，也称电子熔断丝，反应速度快、可自行恢复，但较复杂，成本高，在普通电器中难以推广；聚合开关实际上是一种阻值可以突变的正温度系数电阻器，当电路正常工作时呈低阻，当电流超过阈值后阻值很快增加几个数量级，使电路电流降至毫安级，当温度恢复正常，电阻又降至低阻，具有自锁和自动恢复功能。

1.4　电子装接操作安全

1.4.1　防止触电的措施

电子装接工作通常被称为"弱电"，但实际工作中离不开"强电"。常用的电动工具（电烙铁、电钻、电热风机等）、仪器设备和大部分电气装置需要接市电，实践证明以下两点是安全用电的基本保证。

1. 安全措施

电气事故往往令人猝不及防，但任何事故都有规律可循。如果人们在思想上始终将"安全用电"放在第一位，在掌握安全用电知识和技术的同时采取正确的防范措施，就可以减少甚至避免事故的发生。

1）发现绝缘损坏及时处理，如包缠电工胶布等，发现绝缘老化要及时更换线路或设备。避免皮肤与带电导体直接接触。养成不用皮肤测试导体是否带电的习惯。

2）电子设备的金属外壳与土壤进行良好的电气连接称为接地。金属壳电器及配电装置应装设保护接地。

3）装设剩余电流保护器。它可以在漏电时自动切断电源。

4）手持电动工具尽量使用安全电压工作。常用的安全电压为36V，潮湿的环境下是24V或者更低。在使用手持旋转类电动工具时，不要戴有诸如棉纱、毛绒等织物构成的手套进行作业。

5）在雷雨天，不要走进高压电杆、铁塔、避雷针的接地导线周围20m内。当遇到高压线断落时，周围10m之内，禁止人员进入；若已经在10m范围之内，应以极小的步距走出危险区。

6）带电操作时要戴绝缘手套，穿着绝缘靴或站在绝缘板上。

7）防止使用移动工具或设备时，导线被拉断。

8）防止电气火灾，线路与电器负荷不能过高，注意电气设备位置距易燃可燃物不能太近，注意不要在烙铁上堆放衣物或纸张。

9）合理选用电气装置。例如，在室外环境中，可采用防水和抗绝缘老化的电气装置；在潮湿和多尘的环境中，应采用封闭式电气装置；在易燃易爆的危险环境中，必须采用防爆式电气装置。

10）防止降压变压器反接变成升压变压器。

11）断电检修前，确保多电源供电的所有路径都切断电源，并且在验证不带电之后方可检修。切断电源的断路器除了悬挂"禁止合闸"标志外，一定要安排专人值守，防止不明真相的人员误合闸。

2. 养成安全操作习惯

习惯是一种下意识的、不经思索的行为方式，安全操作习惯可以经过培养逐步形成，并使操作者终身受益。主要安全操作习惯有：人体触及任何电气装置和设备时先断开电源；测试、装接电力线路时采用单手操作；触及电路的任何金属部分之前都应进行安全测试。

1.4.2 防止机械损伤

电子装接工作中要注意以下几点：

剪引线时防止断线飞射打伤眼睛或人体其他部位。不要反握螺钉旋具、镊子等尖锐物体聊天或走动。

在操作电锯、台钻、车床等转动类机床时，不能戴手套、飘散衣角或者披散长头发，实践中曾发生过手、手臂、衣服以及头发被高速旋转的钻具卷入，造成严重伤害的事故。操作钻床或手工钻时，必须佩戴护目镜，以防止高速旋转的钻头折断后飞入眼睛。一旦碎屑入眼，不可揉搓，应及时去医院由医生取出碎屑。一旦将硬质异物揉入眼球内部，直至眼球溃烂之前都不会再有疼痛的感觉。

使用打磨机磨削钻头，一定要目光注视着钻头，因为身体接触到飞速旋转的磨削砂轮时往往感觉不到疼痛。操作中曾出现过打磨钻头时因为与人聊天而磨断手指的严重事故。

1.4.3 防止烫伤

造成烫伤的原因及防止措施如下：

（1）电烙铁和电热风枪 电烙铁是电子装接的必备工具，一般的电烙铁头表面温度为250～500℃，如果人体皮肤直接接触电烙铁头必定会造成烫伤。所以在焊接过程中，电烙铁不用时，应该置于工作台前方的电烙铁架上。预知电烙铁温度时，不可直接用手触摸电烙铁头，而应当用电烙铁头去熔化松香来判断温度。

（2）电路中发热的电子元器件 变压器、功率器件、电阻、散热片等长时间工作时，其表面温度会升高，特别是电路发生故障时，有些元器件可能达到几百摄氏度的高温，如果不小心触碰，就会造成烫伤，还有可能发生触电。

（3）过热液体烫伤 电子装接工作中接触到的过热液体主要有熔化状态的焊锡和加热的溶液等。

烫伤的时候热量由人体外部向内部高速扩散，用水冲洗的时间不宜过短，短时间内皮肤内部的热量来不及扩散到皮肤表面，由于人体的感觉细胞集中在皮肤表面，此时感觉不到疼痛，离开水后热量持续向人体表面传导，会造成皮肤表面红肿、起泡甚至坏死。发生烫伤后首先一定要用凉水冲洗 20min，冲洗后再就医。如果没有自来水，可用其他凉水代替。

1.4.4 自觉树立高于规范规定的安全意识

举例说明：某施工队在拆除一根中间电杆的过程中，一个工龄二十多年的电工爬上电线杆剪线，该电工严格按照操作规程操作，当剪完电线后只剩下孤零零的电线杆时，电线杆意外倒地，他从电杆上跳下来后全身 5 处骨折，其中 2 处粉碎性骨折。事后发现该电杆为临时施工线杆，施工时电杆埋深 1.3m，符合规范要求，在电杆施工完成以后，被取走了自然地坪以下、设计地坪以上的覆土，致使电杆埋深只剩 0.2m，由于电杆上有导线交叉且绑扎得很结实，电杆仍能竖立在原处，剪除电线后电杆无法竖立导致事故发生。这位老电工瘫痪在病床上近两年时间，百思不得其解，此后他问另一位工程师："为什么你多次指挥临时电杆拆除工程均未发生任何事故，而我严格按照电工操作规程作业却出了事故呢？"那位工程师告诉他："国家标准规范和电工操作规程没有规定如何拆除电杆，所以我在电杆拆除时先找来十个左右的建筑工人从三个方向拉住电杆，或者找来吊车使电杆固定，这样做既安全，又能保证被拆电杆的质量，这是我自己想出来的办法，你既要严格遵守电工操作规程，又要在遇到具体问题时采取高于规范的应对办法才能确保安全"。

1.5 触电急救与电气消防

1.5.1 触电急救

1. 切断或脱离电源

发生触电时，首先使触电者脱离电源并保护救护者安全，然后抢救。脱离电源的措施是拉闸或拔出电源插头，如果找不到开关，可用绝缘物（如带绝缘柄的工具、木棒、塑料管等）移开或切断电源线。既要快速又要避免自身触电，一两秒的迟缓都可能造成无法挽救的后果。如果触电现场远离开关或不具备关断电源的条件，对于低压触电者可以用一只手抓住触电者的衣服将其迅速拉离电源。

实验研究和统计表明，如果从触电后 1min 开始救治，有 90% 的救活率；如果从触电后 6min 开始抢救，仅有 10%；从触电后 12min 开始抢救，则救活的可能性极小。因此，当发现有人触电时，应争分夺秒，采用一切可能的方法。

2. 对不同触电患者的救治

1）触电者神志尚清醒，但感觉头晕、心悸、出冷汗、恶心、呕吐等，应让其静卧休息，减轻心脏负担。

2）触电者神志有时清醒，有时昏迷，应静卧休息，并请医生救治。

3）触电者无知觉，有呼吸、心跳，应在请医生的同时，应施行人工呼吸。

4）触电者呼吸停止，但心跳尚存，应施行人工呼吸；若心跳停止，呼吸尚存，应采取胸外心脏按压法；若呼吸、心跳均停止，则须同时采用人工呼吸法和胸外心脏按压法进行抢救。

1.5.2 电气消防与安全工具

1. 发生电气火灾后的消防注意事项

1）发现电气设备、电缆等冒烟起火，首先要切断总开关或火灾回路的电路开关。

2）在切断电源前，使用砂土、二氧化碳或四氯化碳等不导电的灭火介质灭火，切忌用泡沫或水灭火。

3）灭火时不可将身体或灭火工具触及导线和电气设备。

2. 安全工具

电工安全用具包括绝缘杆、绝缘夹钳、绝缘靴、绝缘手套、绝缘垫和绝缘站台。**绝缘安全工具分为**基本安全用具和辅助安全用具，**前者的绝缘强度能长时间承受电气设备的工作电压，能直接用来操作带电设备**，后者的绝缘强度不足以承受电气设备的工作电压，只能加强基本安全用具的保安作用。

绝缘杆，又称令克棒、绝缘棒、操作杆或拉闸杆，是基本安全工具。绝缘杆由电木、塑料、环氧玻璃布棒等材料制成，包括工作部分、绝缘部分、保护环和手握部分。绝缘杆可用来操作高压隔离开关、跌落式熔断器，安装和拆除临时接地线、避雷器等。绝缘夹钳用来拆除和安装熔断器等工作。绝缘杆和绝缘夹钳如图 1-11 所示。

手握部分　保护环　　　绝缘部分　　　　工作部分

图 1-11　绝缘杆和绝缘夹钳

辅助安全工具有绝缘手套、绝缘靴、绝缘垫和绝缘站台，**实物如图 1-12 所示。绝缘手套通常由绝缘性能良好的特种橡胶制成。绝缘靴有高压、低压两种。绝缘垫通常用橡胶制成。绝缘站台用木板或木条制成，相邻板条之间的距离不得大于 2.5cm，以免鞋跟陷入。**

绝缘手套　　　绝缘靴　　　　绝缘垫　　绝缘站台

图 1-12　辅助安全工具实物

课后思考题与习题

1-1　触电对人体的危害主要有哪两种？

1-2　直接接触式触电有几种方式？分别是什么？

1-3　为什么人体在潮湿或浸没水中时，触电更危险？

1-4　如何进行触电急救？

第2章

常用电子仪器仪表

常用的电子仪器仪表有万用表、示波器、稳压电源、信号发生器、交流毫伏表、万用电桥、晶体管图示仪等。本章主要介绍万用表、交流毫伏表、示波器、信号发生器及稳压电源的功能与使用方法。

2.1 万用表

万用表又称多用表、三用表、复用表。万用表主要测量交直流电压、电流和电阻，可以粗略测量电容量、电感量以及半导体元器件的参数，例如晶体管的放大倍数 β 等。万用表按显示方式分为指针式和数字式两类。指针式万用表的抗电磁干扰能力较强，在强磁场环境数字万用表测出来的结果可能不准确。

2.1.1 指针式万用表

指针式万用表又称为模拟式万用表，其表头是一个灵敏度很高的直流电流表。常见的指针式万用表有 MF-500 型、MF-47 型、MF-64 型、MF-50 型、MF-15 型等，其结构和原理基本相同。实物如图 2-1 所示。

图 2-1 指针式万用表实物

1. MF-47 型指针式万用表面板说明

MF-47 型指针式万用表是一款磁电系、整流式、多量程仪表。MF-47 型万用表面板如图 2-2 所示。

MF-47 型万用表由表头、表内测量电路、功能转换开关、表笔和内附电源等部分组成。表头是一个动圈式直流微安表。表内测量电路把被测量变换成电流送入微安表，在表盘上印刷有被测量的刻度，即可读出被测量的数值。刻度盘如图 2-3 所示。

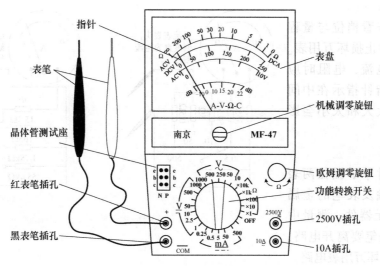

图 2-2　MF-47 型指针式万用表面板

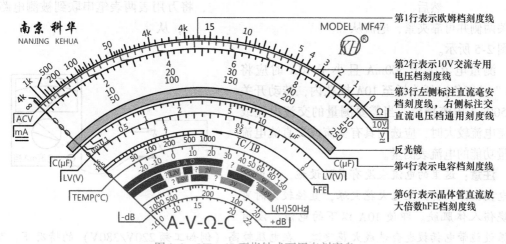

图 2-3　MF-47 型指针式万用表刻度盘

　　刻度盘上的第 1 行是欧姆档刻度线，其右端为零，左端为∞，刻度值分布是不均匀的。第 2 行表示 10V 交流专用电压档刻度线，左边标注"ACV"，右边标注"10$\underline{\vee}$"交流。第 3 行左侧标注直流毫安档刻度线，右侧标注交流、直流电压档通用刻度线，两侧标注共用一条刻度线。第 4 行是电容档刻度线，两侧标注"C(μF)"。第 6 行晶体管直流放大倍数"hFE"档刻度线。在第 4 行上方有一条反光镜，当观察者的视线与表盘垂直时，反光镜中的指针与实际的指针才会重合，这时观察和读取到的数值才是万用表的真实读数。

　　指针式万用表测量电流和电阻的原理示意图如图 2-4a 所示。指针式万用表测量电阻的原理示意图如图 2-4b 所示。将被测信号转化为电流在万用表的表头指示出来，使用电阻分流原理，通过改变分流电阻的大小改变被测电流或电阻的量程。

2. MF-47 型指针式万用表使用方法

（1）**测量前的准备**　首先将黑表笔接"-"（COM）插孔，红表笔根据测量对象不同接"+"插孔、高电压插孔或大电流插孔。用螺钉旋具旋转机械调零旋钮，使指针指向表盘左侧电流刻度线的 0A 位置。测量前查看档位与量程是否正确，防止损坏万用表。测量电压、电流、电阻时应调整量程使指针指示在中间位置，量程太大和太小会影响测量精度。如果被测值未知时，应选最大量程再逐步调整。测量时单手握住两表笔，手指不触及表笔的金属部分和被测元器件。测量中转换量程前表笔要离开电路，否则有可能损坏万用表电路。

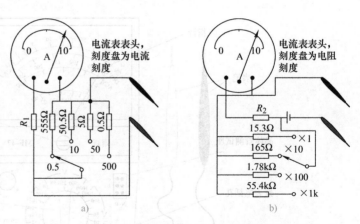

图 2-4　指针式万用表测量电流和电阻的原理示意图

（2）电流的测量　将万用表的转换开关置于 DC 毫安档的合适量程上，测量电流时通常将开关断开，然后按照电流从"＋"到"－"的方向，将万用表两表笔串联到被测电路的开关两侧并可靠夹紧，电流从红表笔（"＋"插孔）流入，从黑表笔（"－"插孔）流出，如图 2-5 所示。

测量电流大于 500mA 且小于 10A 时应将"＋"（红色）插头插至 10A 插孔内，转动开关在 500mA 电流档位。当需要测量的交流电流或直流电流较大时，应选用具有交流或交直流电流测量功能的电流表测量。

注意：这里的电流表没有灭弧设施，大电流带电插拔探头会产生电火花火球，直径较大时可能烧伤人体肌肤。即使 10A 以下的电流，没有

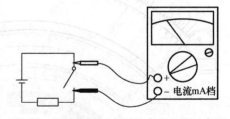

图 2-5　指针式万用表测量直流电流示意图

灭弧设施带电插拔也会造成火花飞溅。在电压较高（例如工频 220V/380V）的情况下，70A 电流的火球直径为 0.5m 以上，可导致大面积烧伤人体皮肤。

测电流时如果误将万用表与负载并联，因表头的内阻很小，可能会造成短路，从而烧毁仪表。

（3）电压的测量　直流电压测量选用 DC 0.25～1000V 档，交流电压测量选用 AC 10～1000V 档，转动开关至所需档位，红表笔接高电位，黑表笔接低电位，将两表笔和被测电路或负载并联，观察对应档位的交流电压刻度线，读出测试的结果。若表笔接反，表头指针会反方向偏转，容易撞弯指针。若不清楚电路中的高电位，可先用点测的方法找出高电位，即先用一支表笔接住一端，另一支表笔快速触碰另一端，观察指针是否反偏，确定正确接法。选用 AC 10V 档测量时使用 AC 10V 专用量程刻度线。

通常 DC 1500V/AC 1000V 以上称为高压。注意：探针导线的绝缘层耐压值（以及电缆耐压值）通常指的是导线能耐受的电压峰值。高于探针导线绝缘层耐压值的电压可击穿普通探针的导线绝缘层，威胁人身安全。例如，测量额定电压为 AC 380V 的电器，考虑电压的波动系数为 ±10%，则探针导线的绝缘层耐压值至少为 $380 \times \sqrt{2} \times 1.1V \approx 591V$，因此不

能用绝缘层耐压值为 500V 以下的探针导线测量该电压。测量高于 380V 的电压必须选用绝缘强度高于被测电压的探针，测量时仍应防止短路、戴绝缘手套、穿绝缘鞋或站在地面绝缘垫上以确保安全。

通常指针式万用表交流电压档只能用于测量正弦交流电压，不能准确测量方波、锯齿波、三角波、正负脉冲等非正弦电压。

（4）电阻的测量　首先，将 MF-47 型指针式万用表装入 1.5V 与 9V 电池各一个。然后，对所使用的欧姆档调零：将两表笔短接，同时调节"欧姆调零旋钮"，使指针指在表盘右侧欧姆刻度线的零位。如果指针无法调到零位，可能是电池电压不足或仪表内部有问题。每换一次量程，都需要重新进行欧姆调零。再将两表笔跨接于电阻两端，观察万用表指针并读出阻值。选择量程时，应使指针位于刻度尺的中间位置，读数较为准确。

（5）电容的测量　电容测量见本书第 3.3.5 节。

（6）晶体管放大倍数 hFE 的测量

① 将功能转换开关打到 hFE 档（或 ADJ），这个档位也是电阻 R×10Ω 档，测量之前先进行欧姆调零。

② 确定晶体管是 PNP 型还是 NPN 型，PNP 型对应晶体管测试座的 P，NPN 型对应晶体管测试座的 N。

③ 然后将晶体管的电极 E、B、C 三引脚分别插入测试座上的对应插孔内，观察 hFE 刻度线，可读出放大倍数。此时万用表显示的是 hFE 的近似值，测试条件为基极电流 $10\mu A$，U_{ce} 约 2.8V。

（7）负载电压与负载电流的测量　LV(V)、LI(A) 档测量不同电流下，发光二极管、整流二极管、稳压二极管以及晶体管的电压降或稳压二极管的反向电压降（稳压性能）。测量使用电阻档，表盘刻度选用 LV(V) 刻度线，各档位满度电流见表 2-1。其中，使用 R×1～R×1kΩ 电阻档时，选用 0～1.5V 刻度线；使用 R×10kΩ 电阻档时，选用 0～1.5V 刻度线（可测 10V 以内稳压管）。

表 2-1　万用表电阻档对应的满度电流

电阻档位	R×1Ω	R×10Ω	R×100Ω	R×1kΩ	R×10kΩ
满度电流	90mA	9mA	0.9mA	$90\mu A$	$60\mu A$
测量范围	0～1.5V				0～10.5V

（8）电池电量的测量（BATT 档）　该档位可测量 1.2～3.6V 各种电池（不包括纽扣电池）的电量，负载电阻 R_L 为 8～12Ω。测量时，将黑表笔搭在电池负极，红表笔接正极，观察 BATT 刻度线，绿色区域表明电池电力充足；"?"区域表明电池勉强可用，红色区域表明电池电力不足，不宜再用。若要测量纽扣电池及小容量电池，可选用直流 2.5V 的电压档（R_L=50kΩ）进行测量。

（9）音频电平的测量（dB 档）　测量在一定负载阻抗上的放大器增益和线路传输中的损耗，测量单位为分贝（dB）。音频电平测量有专用的 dB 刻度线。指示值大于 22dB 时，可借用交流电压档测量电平值。如南京生产的 MF-47 型万用表在 50V 以上时各量程的测量（根据厂方说明书），其修正值见表 2-2。如果被测电路中带有直流电压成分，则可在"+"插座中串联一个 $0.1\mu F$ 的隔直电容器。

表2-2　音频电平修正值

交流电压量程/V	电平刻度增加值/dB	电平的测量范围/dB
10		−10 ~ 22
50	14	4 ~ 36
250	28	18 ~ 50
500	34	24 ~ 56

3. 使用万用表的注意事项

测量电压、电流时，不能带电变换量程。在电路中测量电阻时，不能带电操作，否则可能损坏表头。电路中有电容时要先放电再测量。为了保护万用表的多极多位开关，测量中旋转功能转换开关时，应顺时针转动。例如：电阻档在 R × 10Ω 档，要转到 R × 1kΩ 档，就需要旋转超过 360° 的一大圈。在欧姆档每次变换量程时，都需要进行欧姆调零，无须机械调零。读数时，应正对表盘，视线与表面垂直。用毕，将功能转换开关打到交流电压最大档或 OFF 档。

2.1.2　数字式万用表

数字式万用表以数字形式把测量结果显示出来，具有测试功能多、测量精度高、分辨力强、测量范围宽及读数直观清晰等优点。数字式万用表实物图如图 2-6 所示。

图 2-6　数字式万用表实物

1. FLUCK17B 型数字式万用表面板说明

FLUCK17B 型数字式万用表面板如图 2-7 所示，其面板功能说明见表 2-3。

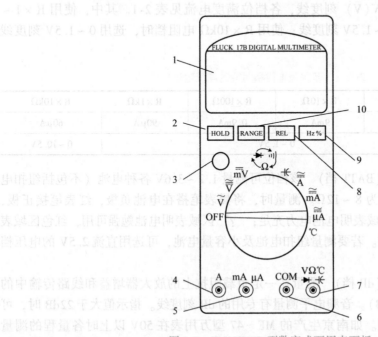

图 2-7　FLUCK17B 型数字式万用表面板

表 2-3　FLUCK17B 型数字式万用表面板功能说明

序号	名称	功能说明
1	LCD 液晶显示屏	直观显示测量值
2	HOLD	保存当前读数按钮
3	功能按钮	在测量中可进行交、直流切换，启动蜂鸣器测试及二极管测试
4	表笔插孔	用于交流和直流电流测量（最高可测 10A）、频率测量
5	表笔插孔	用于交流和直流电流的微安以及毫安测量（最高可测 400mA）、频率测量的输入端子
6	表笔插孔	适用于所有测量的公共接线端子
7	表笔插孔	电压、电阻、通断性、二极管、电容、频率和温度测量的输入端子
8	REL	保存需要的参考值按钮
9	Hz%	频率测量按钮
10	RANGE	手动选择量程按钮

2. FLUCK17B 型数字式万用表使用方法

1）手动量程和自动量程。进入或退出手动量程模式：按 "RANGE" 按钮进入手动量程模式，按一次 "RANGE" 按钮就增加一次量程，当达到最高量程时，万用表会回到最低量程。按下 "RANGE" 保持两秒，退出手动量程模式。在自动量程模式内，万用表会为检测到的输出量选择最佳量程。在有超出一个量程的测量功能中，万用表默认值为自动量程模式，此时，显示屏相应位置显示 "Auto Range"。

2）数据保持。按下 "HOLD" 按钮，保持当前读数键，再按 "HOLD" 按钮恢复正常操作。

3）相对测量。万用表能显示除频率以外所有的相对测量功能。当万用表设在想要的功能时，让表笔接触以后测量要比较的电路。按下 "REL" 按钮将测量值存储为参考值，并启用相应的测量模式，会显示参考值和后续读数间的差异。按住 "REL" 按钮两秒以上，可使万用表返回正常操作模式。

4）测量交直流电压。为最大程度减少交流或交直流混合电压部件内的未知电压读数错误，应首先选择交流电压档，同时记下产生正确测量结果所在的交流量程。然后，手动选择直流电压档，使直流量程等于或大于前面的交流量程。该过程可最大限度降低交流瞬变所带来的影响，保证准确测量直流。

测量时转动转换开关至$\widetilde{v}$、$\overline{v}$或$\overline{m}v$，选择交流或直流。红表笔接入插孔$V\Omega^{\circ}C$，黑表笔接入COM 端。将表笔接触测试点进行测量并阅读显示屏上的电压值。

注意：只有通过手动量程才能调至交流 400mV 量程。

5）测量交直流电流。测量时，先断开电路电源再将万用表串联到电路中。数字式万用表测量交直流电流示意图如图 2-8 所示。测量时转动转换开关至合适的$\overline{A}$、$\overline{m}A$或$\overline{\mu}A$。按下功能按钮，在交流或直流电流测量间切换。将红表笔接入 A、mA 或 µA 的插孔内，黑表笔接入COM 端。断开待测电路路径，然后将表笔连接断口并接通电源，阅读显示屏上的电压值。

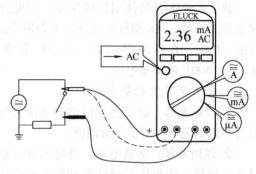

图 2-8　数字式万用表测量交直流电流示意图

6）测量电阻。为防止可能发生的电击、火灾或人身伤害，测量电阻、电容或二极管等元器件参数之前，先断开电路电源并将所有高压电容器放电。

首先旋转开关打到，确保已切断待测电路的电源。将红表笔接入插孔，黑表笔接入 COM 端。将表笔接触测试点进行测量。

7）测试通断性。旋转开关打到，按下功能按钮两次，激活通断性蜂鸣器。若电阻低于 50Ω，蜂鸣器将持续发声，表明出现短路；若万用表读数显示"OL"，则表明电路断路。

8）测量电容。首先旋转开关打到。将红表笔接入插孔，黑表笔接入 COM 端。然后将表笔接触电容器引脚。待读数稳定后（最多 15s），阅读显示屏上的电容值。

9）测量温度。旋转开关打到"℃"。将热电偶接入和 COM 端，确保标记有"＋"符号的热电偶插入万用表的端子，读出显示屏上的摄氏温度值。

10）测试二极管。旋转开关打到。按下功能按钮一次，启动二极管测试。将红表笔接入插孔，黑表笔接入 COM 端。将红表笔探针接到待测二极管的正极，黑表笔探针接到负极。阅读显示屏上的正向偏置电压。表笔极性与二极管极性相反，读数显示为"OL"，以此可以判断二极管的正负极。

11）测量频率和占空比。万用表在进行交流电压或交流电流测量时可测频率或占空比。按"Hz%"按钮将万用表切换至手动量程，在测量前选择合适的量程。

① 在万用表处于交流电压或交流电流模式时，按"Hz%"按钮。

② 阅读显示屏上的交流信号频率。

③ 要进行占空比测量，则再次按"Hz%"按钮。

④ 将红表笔探针接待测二极管的正极，黑表笔探针接二极管负极。

⑤ 阅读显示屏上的占空比百分数。

2.1.3 交流毫伏表

交流毫伏表是专门测量正弦交流电压有效值的交流电压表。其精度高，稳定性好。交流毫伏表以测量频率范围可分为低频毫伏表、高频毫伏表、超高频毫伏表和视频毫伏表；按测量电压分为有效值毫伏表和真有效值毫伏表；按显示方式分为指针式毫伏表和数字式毫伏表。DA-16 指针式交流毫伏表实物如图 2-9 所示。

数字式毫伏表的使用比较简单，因此这里以实验室常用的 DA-16 型指针式毫伏表为例介绍其使用方法。DA-16 可测量 20Hz～1MHz 频率范围内 100μV～300V 的交流电压。

1. 交流毫伏表的基本操作

① 机械调零。电源接通前调整毫伏表的机械零点（一般情况下不需要经常调整）。

② 逐档调零。接通电源，将输入线（红、黑测试夹）短接，待毫伏表指针摆动数次至稳定后，调节调零电位器，使指针指在零位且每一档都需要调

图 2-9 DA-16 指针式交流毫伏表实物

零。未设置调零电位器的毫伏表无须逐档调零。

③ 选择量程。最小量程 1mV，最大量程 300V。量程的选择应该使指针偏转到刻度盘 1/2～2/3 位置。若无法确定被测电压的大小，量程开关应先从最高档开始再逐渐减小到较低档位，以免损坏设备。

④ 读取数值。DA-16 毫伏表的表盘有 4 条刻度线，其中第一条和第二条刻度线表示被测电压的有效值。当量程开关置于 "1" 打头的量程位置时（如 1mV，10mV，0.1V，1V，10V），读取第一条刻度线，当量程开关置于 "3" 打头的量程位置时（如 3mV，30mV，0.3V，3V，30V，300V），则读取第二条刻度线。

2. 交流毫伏表使用注意事项

测量电压较高时，尽量避免接触可能漏电的地方。被测电压不能超过最大量程，否则可能造成毫伏表损坏。不使用时，应将电源关闭，并将量程置于最高电压档。交流毫伏表输入阻抗很高，容易受到外界电磁干扰的影响。在低电压量程下，输入端的悬空可能造成指针大幅度摆动，甚至持续满偏，很容易造成指针损坏。如果被测信号不是标准正弦波，测量的结果会有偏差。

2.1.4　直流低电阻测量仪（数字毫欧表）

测量电阻常用到低电阻测量仪（数字毫欧表），第一款是优利德 UT620A 直流低电阻测量仪（数字毫欧表），首先从优利德科技（中国）股份有限公司官网（https：//www.uni-trend.com.cn）下载 UT620A 说明书。根据说明书的说明，操作步骤如下：首先将优利德 UT620A 拨档开关旋转到一个档位，测量前先将两个鳄鱼夹短路，按下 START/stop 按钮，等到测量结果稳定后，按下清零键（ZERO）设置此状态为 0Ω。再接入被测电阻，每次测量被测电阻时，都要按一下 START/stop 按钮启动测量。使用优利德 UT620A 测量晶闸管内阻如图 2-10 所示，其中，图 2-10a 为短路校零；图 2-10b 为测量晶闸管内阻。

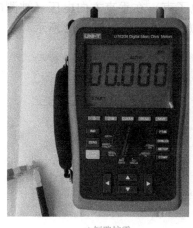
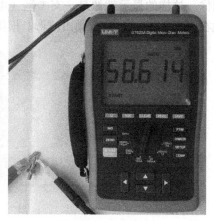

a) 短路校零　　　　　　　　　　　　b) 测量晶闸管内阻

图 2-10　使用优利德 UT620A 测量晶闸管内阻

2.1.5　钳形电流表

钳形电流表可在不断开电路的情况下测量电流。钳形电流表有三种类型，第一种是互感式钳形电流表，其由电流互感器和整流电流表组成，原理图如图 2-11 所示，互感式钳形电流表只能测交流电流；第二种是电磁式钳形电流表；第三种是采用霍尔电流传感器的钳形电流表，后两种可以测量直流电流。

使用钳形电流表前首先确定被测电压不高于钳形电流表的最大限制电压。使用前，检查钳口上的绝缘材料有无脱落、破裂等损伤现象。测量前应先选大量程，再根据测量结果选择合适的量程。转换量程应先退出被测导线。测量电流时按动扳手打开钳口，将被测线路的一根载流电线置于钳口内，再松开扳手使两钳口表面紧紧贴合。通常不允许用钳形电流表测量裸导线的电流，如果必须测量时，应当对裸导线实施绝缘隔离，防止意外情况发生。

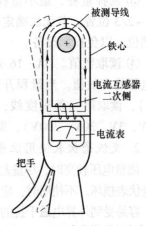

图 2-11　互感式钳形电流表

2.2　示波器

示波器能把肉眼看不见的电信号变成图像在屏幕上显示，而且还能以图像方式显示被测电信号的幅值、频率、相位等参数。示波器与传感器及其测量电路结合，还能观测一切可以转化为电压的电学量或非电学量，如温度、压力、声、光等。示波器分为模拟式和数字式。本章主要介绍数字式示波器的功能与使用方法。

2.2.1　模拟示波器

普通模拟示波器由显示电路、垂直（Y轴）放大电路、水平（X轴）放大电路、扫描与同步电路、电源电路五部分组成。显示电路中的示波管是模拟示波器的重要组成部分，它是一种特殊的电子管，由电子枪、偏转系统和荧光屏组成。工作时，电子枪向荧光屏发射电子，电子经聚焦形成电子束并打到内表面涂有荧光物质的荧光屏上，使电子束打中的点发光从而显示图像。这样的显示就像是一支画笔（电子束）在垂直方向电压（被测电压）的控制下不断地在画布上（荧光屏）画出波形。模拟示波器实物如图2-12所示。

图 2-12　模拟示波器实物

从显示原理可知，模拟示波器显示的波形是连续的，是信号真实的波形，而且反应速度非常快，几乎没有延迟，这是模拟示波器最大的优点。因此，模拟示波器特别适于观测瞬时变化的信号，例如在观察混沌现象时多采用模拟示波器。但模拟示波器的带宽受示波管的影响，目前只能达到200MHz，这是它的一个劣势。

2.2.2　数字示波器

数字示波器是综合数据采集、A/D转换、软件编程等一系列技术的高性能示波器。要提高数字示波器的带宽只需要提高前端的 A/D 转换器性能，这是数字示波器最大优势。与模拟示波器相比，数字示波器不仅能自动测量频率、上升时间、脉冲宽度等多种参数，而且可以长期存储波形，并且对存储的波形有强大的处理能力。数字示波器还能通过 GPIB、RS232、USB 接口同计算机、打印机、绘图仪连接，可对文件进行打印、存档、分析等处理。数字示波器实物如图 2-13 所示。

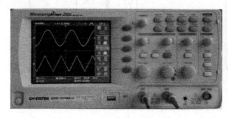 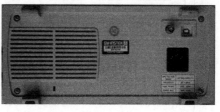

a) 正面　　　　　　　　　　　　　　　　　b) 反面

图 2-13　数字示波器实物

　　数字示波器显示的波形是经过数字电路采样得来的点组成的，是不连续的波形，采样率越高的示波器，越与真实波形接近。数字示波器在显示速度上要劣于模拟示波器，而且失真比较大，测量复杂信号能力较差，还可能出现假象和混淆波形等问题。如果采用不正确的方法使用数字示波器，会产生较大的测量误差。

　　自学示波器的方法有：在官网下载说明书；学会使用帮助按钮（Help）；下载视频课件自学。以固纬 GDS－1072A－U 为例从官网下载产品说明书的方法如下：在网上搜索"GDS－1072A－U"，查到生产厂家为固纬电子实业股份有限公司，然后在其官网 http：//www. gwinstek. com. cn/，查到示波器，单击示波器界面，双击 GDS－1072A－U 图像，出现下载界面，在下载界面下载产品说明书以及相关软件等资料。帮助按钮的使用方法在下面的内容中讲解。GDS－1072A－U 型数字存储示波器的带宽为 70MHz，支持 U 盘存储和 12 种语言选项。

1. GDS－1072 型数字示波器面板及功能介绍

GDS－1072 型数字示波器前面板如图 2-14 所示。

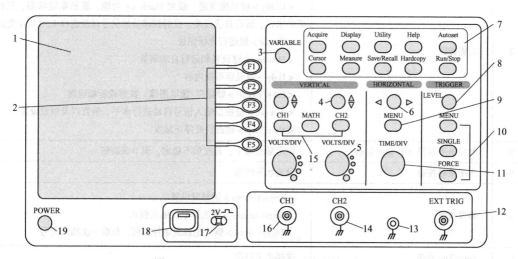

图 2-14　GDS－1072 型数字示波器前面板

GDS-1072型数字示波器后面板如图2-15所示。

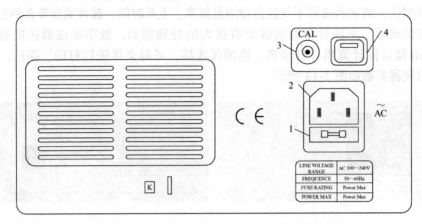

图2-15 GDS-1072型数字示波器后面板

GDS-1072型数字示波器前面板各旋钮与按键的功能说明见表2-4。

表2-4 GDS-1072型旋钮与按键功能说明

序号	名称	功能说明
1	LCD液晶显示器（LCD Display）	TFT彩色，320×234分辨率，宽视角LCD显示
2	F1~F5功能键（Function keys）	启动LCD屏幕右侧的功能
3	旋钮（Variable）	顺时针旋转增加数值或移动到下一个参数，逆时针旋转减少数值或回到前一个参数
4	垂直位置旋钮（Vertical position）	垂直移动波形
5	Volts/Div旋钮	选择垂直档位
6	水平位置旋钮（Horizontal position）	水平移动波形
7	功能键区	<Acquire>键设置采样模式 <Display>键显示屏幕设置 <Utility>键系统设定。设置Hardcopy功能、显示系统状态、选择菜单语言、运行自我校准、设置探棒补偿信号以及选择USB host类型 <Cursor>键运行光标测量 <Measure>键设置和运行自动测量 <Help>键显示帮助内容 <Save/Recall>键储存/读取图像，波形或面板设置 <Autoset>键根据输入信号自动进行水平、垂直以及触发设置 <Run/Stop>键进行或停止触发
8	触发电平旋钮（Trigger level）	设定触发电平，若波形不稳定，调节该旋钮
9	水平菜单按键	设置水平图像
10	触发按键	<Trigger menu>键触发设置 <Single trigger>键选择单次触发模式 <Trigger force>键无论触发条件如何，获取一次输入信号
11	Time/Div旋钮	选择水平档位
12	外部触发输入	接受外部触发信号

（续）

序号	名称	功能说明
13	接地端子	连接被测体的接地导线
14	输入通道 2	接收输入信号
15	通道 1/通道 2 按键、数学运算按键	CH1 设置通道的垂直刻度和耦合模式，CH2 设置通道的垂直刻度和耦合模式，MATH 执行数学运算
16	输入通道 1	接收输入信号
17	探棒补偿输出	探棒补偿信号，即校准信号。输出 $2V_{P-P}$、1kHz 方波
18	SD 卡槽	转移波形数据、显示图像和面板设置
19	电源开关	启动或关闭示波器

GDS－1072 型数字示波器后面板功能说明见表 2-5。

表 2-5　GDS－1072 型数字示波器后面板功能说明

序号	名称	功能说明
1	断路器座	安装交流电源断路器 1A/250V
2	电源插口	AC 100～240V/50～60Hz
3	校正输出	用于垂直刻度精度校正的校正信号
4	USB slave 接口	接收 B 型 USB 连接器，用来远程控制示波器

2. 示波器探棒

示波器探棒一般由阻容元件和有源器件组成。使用时要求探棒对被测电路的影响必须达到最小，并对测量值保持足够的信号保真度。探棒结构如图 2-16 所示，其中探极钩和探极针用于接触测量点；补偿调节点用于校准。有些探棒衰减系数为 1 倍 "Voltage ×1"（也就是不衰减）；有些探棒衰减系数为 10 倍 "Voltage ×10"（也就是衰减为原始信号的 1/10）；有些探棒衰减系数为 1 倍 "Voltage ×1" 和 10 倍 "Voltage ×10" 两个档位可调，图 2-16 所示的探棒具有两个档位可调的功能。探棒的选购要与示波器和被测电路进行良好的匹配。普通示波器探棒上的公共端与示波器电源插头的接地引脚连通，如果测量示波器自带的测试信号，探棒的接地端可不接地；如果测量的是与示波器共地的电路，探棒公共端（黑夹子）必须接地；不同通道的探棒公共端（黑夹子）必须接在同一个电位点或者只接 1 个探棒公共端，当接在不同电位点时会短路。某些高配置的示波器具有电位隔离功能，探棒公共端可以接在不超过限制电压的任意电位点。

示波器的探棒通常标注最大允许电压，例如："×10：600Vpk" 表示在衰减系数为 10 倍时耐压值为 600V 峰值；"×1：200Vpk" 是指在不衰减时耐压值为 200V 峰值。

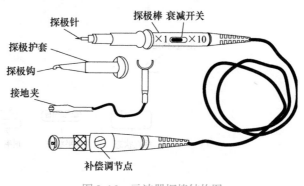

图 2-16　示波器探棒结构图

3. 基本操作方法

（1）校准探棒　首先，按下电源开关，启动示波器。然后按 < Save/Recall > 键，选择"Default Setup"。再将探棒接入"CH1"输入端，探棒尖端与示波器探棒补偿信号输出端连接并按下 < CH1 > 键，如图 2-17 所示。

接下来将探棒衰减设置为 ×10。再按 < Autoset > 键，显示屏显示的波形幅值比探棒不衰减条件下的测量结果缩小 10 倍、频率仍然为 1kHz 的方波信号。然后按 < Display > 键→按 < Type > 软键，选择矢量波形类型。观察屏幕上的波形，可能有几种情况，如图 2-18 所示。旋转探棒的调节点，将方波调整到正常状态。

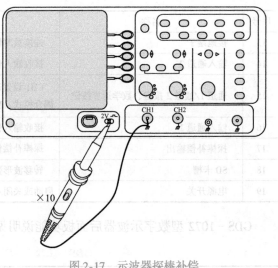

图 2-17　示波器探棒补偿

a) 正常　　　　　　　b) 过补偿　　　　　　c) 欠补偿

图 2-18　补偿方波形状

（2）示波器显示屏　示波器显示屏如图 2-19 所示，由屏幕下方可读出，水平方向每小格表示 250μs，第 1 通道垂直方向每小格表示 2V，显示信号的方波信号幅值为 5V（峰峰值），频率为 1kHz。第 2 通道信号垂直方向每小格表示 2V，显示信号的三角波信号幅值为 5V（峰峰值），频率为 1.5kHz。

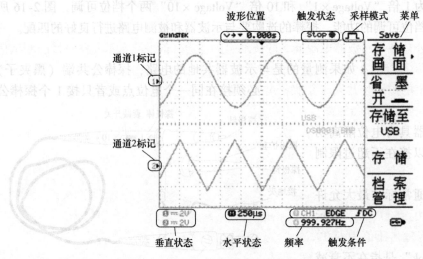

图 2-19　示波器显示屏

（3）基本测量

① 按下 < CH1 > 通道键或 < CH2 > 启动输入通道。将输入信号连接至示波器，按 < Autoset > 键，自动完成面板设定，显示最佳视图（< Autoset > 键在输入信号频率低于 20Hz 或输入信号振幅小于 30mV 不可用）。这时波形出现在显示器中间。若波形不稳定，则调节触发电平旋钮。

② 按 < Run/Stop > 键运行或终止触发功能，可以在 Run 或 Stop 模式下移动或调整波形。

③ 旋转水平位置旋钮或 "Time/Div" 旋钮改变水平位置和刻度。旋转垂直位置旋钮或 "Volts/Div" 旋钮改变垂直位置和刻度。

（4）自动测量　自动测量功能可以测量输入信号的特性并且更新其在显示屏的状态，屏幕右边的菜单栏随时更新 5 组自动测量项目，还可以根据测量需要显示所有自动测量类型。

① 按下 < Measure > 键，屏幕右侧菜单中显示测量结果且不断更新。

② 按 < F1 > ~ < F5 > 功能键选择需要编辑的测量项目。出现编辑菜单后旋转 "Variable" 旋钮，选择测量项目。

③ 重复按 < F1 > 或 < F2 > 键改变测量通道。按 < F3 > 键观察所有测量项目（可进行编辑）。

④ 按 < F3 > 键返回。按 "Previous Menu" 软键确认所选项或返回测量结果。

（5）游标测量　水平或垂直游标线显示输入波形的精确位置或数学运算结果。水平游标追踪时间、电压和频率，垂直游标追踪电压，所有的测量都实时更新。以使用水平游标为例：

① 按下 < Cursor > 键，游标出现在显示屏上。按 < X > 软键→< Y > 软键选择水平游标。

② 重复按 "Source" 软键选择通道源，游标测量结果出现在菜单上。

③ 移动水平游标。按 < X1 > 软键后旋转 "Variable" 旋钮，移动左游标；按 < X2 > 软键后旋转 "Variable" 旋钮，移动右游标；按 < X1 >、< X2 > 软键后旋转 "Variable" 旋钮，同时移动两组游标。

（6）存储　使用存储/调取功能可以将当前示波器的设置、波形、屏幕图像以多种格式保存到内部存储器或 U 盘中，并可以在需要时重新调出已保存的轨迹、设置或波形。

1）存储面板设定。

① 将卡插入卡槽（存储至 U 盘），按两次 < Save/Recall > 键，进入 "Save" 菜单，再按 < Save Setup > 软键。

② 重复按 "Destination" 软键，选择存储位置。旋转 "Variable" 旋钮，改变内部存储位置（S1 ~ S5），若存储至 SD 卡，无文档数量限制。存储后，设定文档存储在根目录。

③ 按 "Save" 软键，确认存储。完成后，显示器下方出现提示信息。

2）存储波形。

① 将卡插入卡槽（存储至 U 盘），按两次 < Save/Recall > 键，进入 "Save" 菜单，再按 "Save Waveform" 软键。

② 按 "Source" 软键，旋转 "Variable" 旋钮，选择信号源。重复按 "Destination" 软键，选择文档目的地址。旋转 "Variable" 旋钮，选择存储位置。再按 < Save > 软键，确认存储。完成后，显示器下方出现提示信息。

3）存储显示图像。

① 将卡插入卡槽（存储至 U 盘）。按两次 < Save/Recall > 键，进入 "Save" 菜单，再按 "Save Image" 软键。

② 重复按"Ink Saver"软键，选择是否反转背景颜色。

③ 按"Destination"软键。存储至 SD 卡，无文档数量限制。存储后，图像文档存储在根目录。

④ 按"Save"软键，确认存储。完成后，显示器下方出现提示信息。

（7）调取

1）调取默认面板设定

按 < Save/Recall > 键。再按"Default Setup"软键，调取出厂面板设定。

2）调取参考波形至显示器

先存储参考波形。按 < Save/Recall > 键。再按"Display Refs"软键，显示参考波形菜单。然后选择参考波形，按"RefA"或"RefB"软键。显示器上显示波形，并且周期和振幅出现在菜单中。再次按"RefA"或"RefB"软键从显示器上清除波形。

3）调取波形

将卡插入卡槽（从 U 盘调取）。按 < Save/Recall > 键。再按"Recall Waveform"软键，显示有效波形源和目的地址。然后重复按"Source"软键，选择文档源、内部存储器或 U 盘。按"Destination"软键，旋转"Variable"旋钮，选择存储器位置。按"Recall"软键确认调取。完成后，显示器下方出现提示信息。

（8）帮助按钮的使用方法　帮助按钮"Help"的调用方法对一般示波器是类似的。先按下帮助按钮"Help"，再按下想要了解功能的按键，例如：通道一（CH1），则在显示屏上出现文字帮助内容。文字内容的翻页通常使用显示屏右上角的调节旋钮"VARIABLE"。

4. 交流毫伏表、万用表与示波器对比

① 交流毫伏表只能用来测量正弦交流电压有效值，不能测量直流电压和非正弦交流电压有效值。

② 万用表可以测量直流电压和正弦交流电压有效值，表 2-6 可以看出它们在测量交流电压上异同点。

表 2-6　交流毫伏表与万用表交流电压档参数比较

测量交流电压指标	万用表（MF-47 型）	交流毫伏表（DA-16 型）
频率范围	45~65Hz	20Hz~1MHz
交流输入阻抗	4kΩ/V	1MΩ
交流电压范围	10~1000V	100μV~300V

③ 一般通用示波器无法直接测量正弦交流电压的有效值，只能通过测量其峰值或峰峰值，再计算得到有效值，而且示波器本身的测量精度低于交流毫伏表。测量时，可以用一般示波器先定性观察被测信号的波形，若波形不失真，再用晶体管毫伏表进行定量测试。

2.3　信号发生器

信号发生器又称信号源或振荡器，是一种能提供各种频率、波形和输出电平电信号的设备，如图 2-20 所示。信号发生器在测量各种电信系统或电信设备的幅值特性、频率特性、传输特性以及元器件的特性与参数时，用作测试的信号源或激励源。

　　　　　a) 正面　　　　　　　　　　　　　　　　b) 反面

图 2-20　信号发生器实物

2.3.1　DG1022 函数发生器功能介绍

　　DG1022 函数发生器能够产生多种波形（如三角波、锯齿波、矩形波（含方波）、正弦波）的电路称为函数信号发生器。函数信号发生器在电路实验和设备检测中应用非常广泛。例如在通信、广播、电视等系统中，都必须把音频信号、视频信号或脉冲信号"搭载"在高频信号上发射出去，这就需要能够产生高频信号的振荡器；在工业、农业、生物医学等领域，如高频感应加热、熔炼、淬火、超声诊断、核磁共振成像等，也都需要功率或大或小、频率或高或低的振荡器。

　　DG1022 函数发生器功能如下：使用直接数字合成技术（DDS），可生成精确、稳定、低失真的输出信号；双通道输出，可实现通道耦合，通道复制；输出 5 种基本波形，内置 48 种任意波形；可编辑输出 14 位、4k 点的用户自定义任意波形；100MSa/s 采样率。

　　DG1022 函数信号发生器前面板如图 2-21 所示。DG1022 函数信号发生器前面板旋钮与按键功能说明见表 2-7。

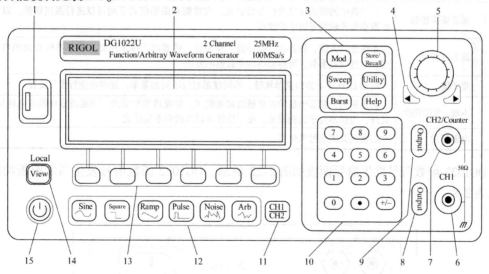

图 2-21　DG1022 函数信号发生器前面板

表 2-7　DG1022 函数信号发生器旋钮与按键功能说明

序号	名称	功能说明
1	USB 连接端口	存储、读取波形配置参数、自定义任意波形
2	LCD 液晶显示器	显示波形及参数

（续）

序号	名称	功能说明
3	模式/功能键	<Mod>键可输出经过调制的波形，并可通过参数来改变输出波形。可使用 AM、FM、FSK 或 PM 调制波形，可调制正弦波、方波、锯齿波或任意波形（不能调制脉冲、噪声和 DC） <Sweep>键对正弦波、方波、锯齿波或任意波形产生扫描（不允许扫描脉冲、噪声和 DC） <Burst>键可产生正弦波、方波、锯齿波、脉冲波或任意波形的脉冲串波形输出，噪声只能用于门控脉冲串 （以上三个功能只适用于 CH1） <Store/Recall>键存储或调出波形数据和配置信息 <Utility>键进行设置同步输出开/关、输出参数、通道耦合、通道复制、频率计测量；查看接口设置、系统设置信息；执行仪器自检和校准等操作 <Help>键查看帮助信息列表
4	方向键	用于切换数值的数位、任意波文件/设置文件的存储位置
5	旋钮	在 0~9 范围内改变某一数值大小；用于切换内建波形种类、任意波文件/设置文件的存储位置、文件名输入字符
6	CH1 输出端子	输出信号
7	CH2 输出端子/频率计输入端子	输出信号/作为频率计使用时信号源接入端
8	CH1 输出使能按钮	启用或禁用前面板的输出连接器输出信号。按下 <Output> 键的通道显示"ON"且键灯被点亮
9	CH2 输出使能按钮	在频率计模式下，CH2 对应的 Output 连接器作为频率计的信号输入端，CH2 自动关闭，禁用输出
10	数字键盘	直接输入需要的数值，改变参数大小
11	通道切换按钮	当前选中的通道可以进行参数设置。在常规和图形模式下均可以进行通道切换，以便用户观察和比较两通道中的波形
12	波形选择键	正弦波、方波、锯齿波、脉冲波、噪声波、任意波。按下该键，波形图标变为相应的波形，通过设置参数，可得到不同参数值的波形
13	菜单键	启动 LCD 屏下方的菜单软键，不同波形对应不同的菜单。选中可进行参数设置
14	本地、视图切换	切换视图，使波形显示在单通道常规模式、单通道图形模式、双通道常规模式之间切换。此外，当仪器处于远程模式，按下该键可以切换到本地模式
15	电源开关	启动或关闭信号发生器

　　DG1022 函数信号发生器后面板如图 2-22 所示。DG1022 函数信号发生器后面板功能说明见表 2-8。

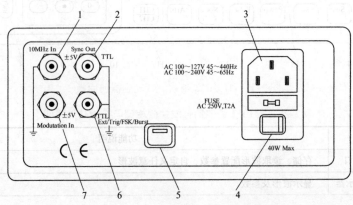

图 2-22　DG1022 函数信号发生器后面板

表 2-8　DG1022 函数信号发生器后面板功能说明

序号	名称	功能说明
1	10MHz 参考输入	仪器之间的时钟同步
2	同步输出	提供 CH1 的同步输出，所有标准输出函数（DC 和噪声除外）都具有一个相关的同步信号
3	电源插口	AC 100～127V 45～440Hz、AC 100～240V 45～65Hz
4	总电源开关	控制接入三相电源
5	USB 端口	存储、读取波形配置参数、自定义任意波形
6	外部触发	FSK 选择外调制时，外部信号输入端；扫频波形选择外部触发源时的输入端；设置 N 循环脉冲串时，选择外部触发源时的输入端
7	调制波输入	幅度、频率、相位调制，选择外调制时的外部调制信号输入端

2.3.2　DG1022 函数发生器基本操作方法

例 2-1：输出一个频率为 20kHz，峰-峰幅值为 2.5V，偏移量为 DC 500mV，初始相位为 10°的正弦波形。

操作步骤如下：

（1）设置频率值

① 按 <Sine> 键→按"频率/周期"软键切换，软键菜单"频率"反色显示。

② 使用数字键盘键入"20"，选择单位"kHz"，设置频率为 20kHz，如图 2-23a 所示。

（2）设置幅度值

① 按"幅值/高电平"软键切换。

② 使用数字键盘键入"2.5"，选择单位"VPP"，设置幅值为 2.5VPP。

（3）设置偏移量

① 按"偏移/低电平"软键切换。

② 使用数字键盘键入"500"，选择单位"mVDC"，设置偏移量为 500mVDC。

（4）设置相位

① 按"相位"软键使其反色显示。

② 使用数字键盘键入"10"，选择单位"°"，设置初始相位为 10°。

上述设置完成后，按 <View> 键切换为图形显示模式，信号发生器输出正弦波如图 2-23b 所示。图 2-23c 为示波器测量时显示的波形，由图中底部可以看到正弦波的各类参数。

例 2-2：输出一个频率为 2MHz，电压有效值为 2.5V，偏移量为 DC 10mV，初始相位为 60°的指数上升函数。

操作步骤如下：

（1）内置任意波的类型

① 按 <Arb> 键→按"装载"软键，对已存储在信号发生器中的波形进行选择。

② 按"内建"→按"数学"软键，使用旋钮选中"ExpRise"，按"选择"返回任意波 Arb 主菜单。

（2）设置频率值

① 按"频率/周期"软键切换，软键菜单"频率"反色显示。

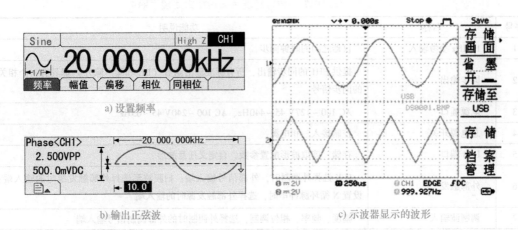

a) 设置频率

b) 输出正弦波

c) 示波器显示的波形

图 2-23　信号发生器与示波器实际操作

② 使用数字键盘键入 "2"，选择单位 "MHz"，设置频率为 2MHz。

（3）设置幅度值

① 按 "幅值/高电平" 软键切换。

② 使用数字键盘键入 "5"，选择单位 "VRMS"，设置幅值为 2.5VRMS。

（4）设置偏移量

① 按 "偏移/低电平" 软键切换。

② 使用数字键盘键入 "10"，选择单位 "mVDC"，设置偏移量为 10mVDC。

（5）设置相位

① 按 "➡" 软键→按 "相位" 软键，使其反色显示。

② 使用数字键盘键入 "60"，选择单位 "°"，设置初始相位为 60°。

上述设置完成后，按 < View > 键切换为图形显示模式，信号发生器输出正弦波如图 2-24 所示。

例 2-3：输出一个如图 2-25 所示的自定义锯齿波波形。

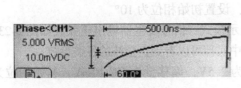

图 2-24　指数上升函数波形

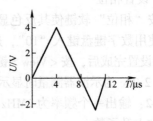

图 2-25　自定义锯齿波波形

操作步骤如下：

1）创建新波形。按 < Arb > 键→按 "编辑" 软键→按 "创建" 软键，启用波形编辑功能。通过对波形中的每个点指定时间和电压值来定义波形。

2）设置周期。按 "周期" 软键切换，软键菜单 "周期" 反色显示。使用数字键盘键入 "12"，选择单位 "μs"，设置频率为 12μs。

3）设置波形电压限制。按 "电平高" 软键，使用数字键盘键入 "4"，选择单位 "V"，设置高电平为 4V。按"电平低"软键,使用数字键盘输入"−2",选择单位"V",设置低电平为 −2V。

4)选择插值方法。按"插值开/关"软键,启用在波形点之间进行线性内插。

5)设置波形的初始化点数。设置初始化点数为"4",按"确定"软键。

6)编辑波形点。对波形中的每个点的电压和时间进行编辑,来定义波形。如果需要的话,可插入或删除波形点。按"编辑点"软键,使用数字键盘或旋钮在不同点数之间切换。

7)存储波形。首先按"保存"软键,将编辑完成的任意波形存储到 10 个非易失性存储位置 ARB1 ~ ARB10 中的任一个位置上。然后按"存储"软键,输入文件名后再按"存储"软键将编辑完成的任意波形存储到指定非易失存储器中,每个非易失性存储器只能存储一个自定义波形,如果有新波形存入,旧波形将被覆盖。再按"读取"软键将已存波形读到易失性存储器并进行输出。最后按 < View > 键切换为图形显示模式,信号发生器输出自定义波形如图 2-26 所示。注意:在波形中,最后一个可定义的时间点必须小于指定的循环周期。

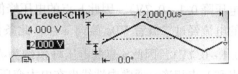

图 2-26 自定义锯齿波波形

2.4 稳压电源

直流稳压电源是提供稳定输出电压的直流电能装置。稳压电源分为线性稳压电源和开关电源两大类,按变压器隔离类型分为隔离型和非隔离型两大类。

2.4.1 线性稳压电源和开关稳压电源的特性

直流稳压电源示意图如图 2-27 所示。直流稳压电源产品通常使用市电供电,图 2-27a 是变压器隔离型线性稳压电源,通常其内部包含降压变压器、整流桥和稳压电源电路。线性稳压电源的输入和输出电压差几乎全部降落在内部的调整管 VT_1 上(通常是晶体管),因此通常线性稳压电源的效率比较低。为了提高线性稳压电源的效率,一般在线性稳压电源输入端前面级联降压变压器和整流桥 $VD_1 ~ VD_4$,并尽可能减少线性稳压电源的输入和输出电压差。由于线性稳压电源的调整管 VT_1 工作在放大状态,输出电压的稳定性好,对外界的电磁干扰比较小,因此常用于雷达、音响等对电磁干扰要求高的地方。

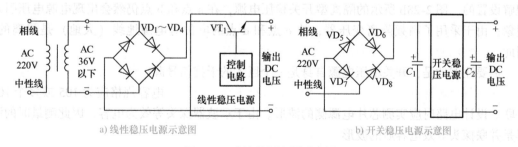

a) 线性稳压电源示意图　　　　　b) 开关稳压电源示意图

图 2-27 直流稳压电源示意图

开关稳压电源的示意图如图 2-27b 所示。通常其内部包含整流桥、滤波电容 C_1、C_2 和稳压电源电路。开关稳压电源是采用对半导体开关器件斩波的方式获取高效率的直流电能的装置。开关稳压电源的输入通常是交流电源(例如市电)或直流电源,输出供给则是需要直流电源的设备。开关电源对半导体开关器件斩波的频率通常为 20 ~ 200kHz 之间，斩波得到的开关电压通常是典型的方波。根据傅里叶公式，20 ~ 200kHz 之间的方波可以等效为 20kHz ~ ∞ 频率正弦波的叠加。由于开关稳压电源功率通常远远高于信号电路的功率，因此，开关稳压电源对信号电路的干扰比较大，应针对开关稳压电源采取接地和屏蔽措施。即便如此，开关稳压电源对模拟电路的影响仍然无法忽视。

　　如果开关稳压电源内部是非隔离型，也就是不采用高频隔离变压器，则电压输出端会出现电源电压引入现象，如此高的电压对人身安全影响极大。电源电压引入示意图如图 2-28 所示。图 2-28a 所示的非隔离型开关稳压电源，当电源电压为负半波时，b 点的电流经过二极管 VD_7 流向相线，此条件下 b 点的对电源地线（大地）的电压约等于相线电压（二极管电压降 0.1 ~ 0.7V），因此 b 点的电压峰值约为 $-\sqrt{2} \times 220V$；当电源电压为正半波时，相线的电流经过二极管 VD_8 流向 a 点，此条件下 a 点的电压约等于相线电压（二极管电压降 0.1 ~ 0.7V），因此 a 点的电压峰值约为 $\sqrt{2} \times 220V$。这种现象通常被称为电源电压引入。c 点和 b 点相连，通常中性线也在电力变压器输出端接地，c 点对电源地线的电压峰值是电源电压峰值。虽然 c 点和 d 点的相对电压是直流，但是 d 点的对地电压是交流，而且电压峰值为电源电压峰值与直流电压的差值。需要注意，电源线的相线和中性线调换后仍然会出现电源电压引入现象。

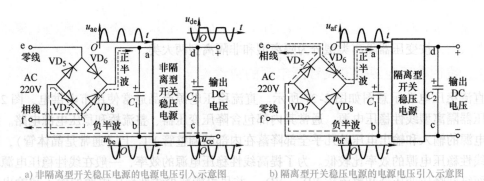

a) 非隔离型开关稳压电源的电源电压引入示意图　　b) 隔离型开关稳压电源的电源电压引入示意图

图 2-28　电源电压引入示意图

　　注意图 2-28b 和图 2-28a 相比电源中性线和相线颠倒了位置，这是为了加强对此概念的理解设置的。图 2-28b 所示的隔离型开关稳压电源，在 a 点和 b 点仍然会出现电源电压引入现象；由于采用了高频隔离变压器，故 c 点和 d 点的电位对电源地线（大地）是隔离的。因此，开关电源通常采用隔离型并严禁非专业人员带电拆解操作。

　　需要注意的是，开关稳压电源自身是一个巨大的干扰信号源，用开关稳压电源供电的电路，应在每个芯片电源引脚和接地引脚之间并联无极性电容，电容规格应为 105 或多个 105 并联。设计电路时应实测芯片电源侧的波形。由于示波器探头等效为电容，因此测量时的波形是并联探头等效电容后的波形。

2.4.2　变压器隔离型双路线性直流稳压电源

　　本节以 YB1731 型直流稳压电源为例讲解其使用方法，其面板如图 2-29 所示，该电源是一种变压器隔离型双路线性直流稳压电源。

　　YB1731 型直流稳压电源面板旋钮与按键功能说明见表 2-9。

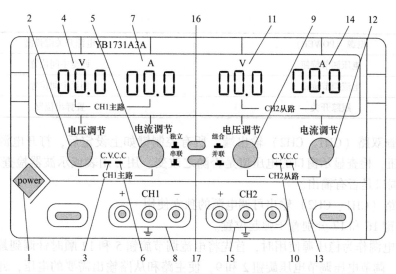

图 2-29　YB1731 型直流稳压电源面板

表 2-9　YB1731 型直流稳压电源面板说明

序号	名称	功能说明
1	电源开关	按下为"开"，弹起为"关"
2	主路电压调节旋钮	顺时针旋转时电压升高，逆时针旋转时电压降低
3	主路恒压指示灯（C.V）	主路处于恒压时灯亮
4	显示屏	主路电压显示窗口
5	主路电流调节旋钮	顺时针旋转时电流增大，逆时针旋转时电流减小
6	主路恒流指示灯（C.C）	主路处于恒流时灯亮
7	显示屏	主路电流显示窗口
8	输出端口 CH1	主路输出端口
9	从路电压调节旋钮	顺时针旋转时电压升高，逆时针旋转时电压降低
10	从路恒压指示灯（C.V）	从路处于恒压时灯亮
11	显示屏	从路电压显示窗口
12	从路电流调节旋钮	顺时针旋转时电流增大，逆时针旋转时电流减小
13	从路恒流指示灯（C.C）	从路处于恒流时灯亮
14	显示屏	从路电流显示窗口
15	输出端口 CH2	从路输出端口
16	电源独立/组合控制开关	按下时进入跟踪状态，弹出时两路独立使用
17	电源串联/并联控制开关	按键 16 按下，17 弹起时，两路进入串联跟踪状态，此时调节主路电压旋钮，从路输出电压严格跟踪主路输出电压，输出电压最高可达两路电压额定值之和；开关 16、17 同时按下时，两路进入并联跟踪状态，此时调节主路电压旋钮，从路输出电压严格跟踪主路输出电压，调节主路电流旋钮，从路输出电流跟踪主路输出电流，输出电流最高可达两路电流额定值之和

（1）控制键常规位置设定　控制键的常规位置见表 2-10。

表 2-10　控制键的常规位置

电源（POWER）	电源开关键弹出
电压调节旋钮	调至中间位置
电流调节旋钮	调至中间位置
跟踪开关	置弹出位置

（2）检查双路（CH1、CH2）输出端　所有控制键如上设定后，打开电源开关。调节电压调节旋钮，检查显示窗口的电压值是否随之改变。用万用表或示波器检查双路（CH1、CH2）输出端口是否有输出。

（3）双路（CH1、CH2）输出可调电源的独立使用

① 将按键 16 和 17 分别置于弹起位置。

② 可调电源作为稳压源使用时，首先将电流调节旋钮 5 和 12 顺时针调到最大，然后打开电源开关，调节电压调节电压旋钮 2 和 9，使主路和从路输出需要的电压，此时恒压状态指示灯 3 和 10 点亮。

③ 可调电源作为稳流源使用时，先将电压调节旋钮 2 和 9 顺时针调到最大，同时将电流调节旋钮 5 和 12 逆时针调到最小，然后接上所需负载，顺时针调节电流调节旋钮 5 和 12，使输出电流达到所需要的值，此时恒压状态指示灯 3 和 10 熄灭，恒流状态指示灯 6 和 13 点亮。

④ 作为稳压源使用时，电流调节旋钮一般应该调到最大。另外，还可以任意设定限流保护点。设定方法：打开电源，逆时针将电流调节旋钮调到最小，然后短接正负端子，并顺时针调节电流调节旋钮，直至将输出电流调到所限流保护点的电流值，设置完成。

（4）双路输出电压源的串联使用

① 将按键 16 按下，按键 17 弹起。此时，调节主路电压调节旋钮，从路的输出电压严格跟踪主路的输出电压，输出电压最高可达两路电压的额定值之和。

② 两路电源处于串联状态时，两路的输出电压由主路控制，但两路的电流仍然是独立的。因此，在两路串联时应注意从路电流调节旋钮 12 的位置，若该旋钮处于逆时针到底或从路输出电流超过限流保护点，则从路的输出电压将不再跟踪主路的输出电压。因此，两路串联使用时应将旋钮 12 顺时针旋到最大。

（5）双路输出电流源的并联使用

① 将按键 16 和 17 分别置于按下位置，此时两路电源并联。调节主路电压调节旋钮，两路输出电压相同。同时，主路恒压指示灯点亮，从路恒压指示灯熄灭。

② 电源处于并联状态时，从路电源的电流调节旋钮不起作用；电源作为稳流源使用时，只需调节主路的电流调节旋钮。此时主、从路的输出电流相同且都受其控制，输出电流最大值为两路输出电流之和。

2.5　电感测量仪

TH2776 电感测量仪如图 2-30 所示，该仪器可以产生给定工作频率，并测量给定工作频率下电感、变压器的电感量 L、电感的内阻 R_S 和品质因数 Q。

有磁心电感器的电感量受磁心材料的磁导率 μ 的影响，其磁化曲线如图 2-31a 所示，磁

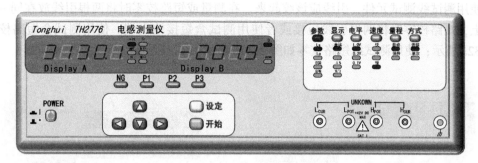

图 2-30　TH2776 电感测量仪

心的磁感应强度 B 随流过电感线圈的电流所产生的磁场强度 H 的变化而变化。磁感应强度 B、磁场强度 H、电感 L 的关系曲线如图 2-31b 所示，当磁性材料处于静态磁场时，磁场强度 H 正比于流过的电流 I_L，磁感应强度 B 随着磁场强度 H 的增加而非线性增加，电感量 $L \propto$ 磁导率 μ，磁感应强度 B = 磁导率 μ × 磁场强度 H。

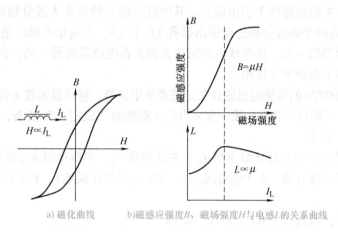

a) 磁化曲线　　b)磁感应强度B、磁场强度H与电感L的关系曲线

图 2-31　磁化曲线以及磁感应强度 B、磁场强度 H 与电感 L 的关系曲线

　　铁心材料的非线性特性会导致测试信号电流失真。在接近坐标原点的初始磁导率区域，磁感应强度 B 缓慢增加，此时电感量较小，电感量随着电流的增加而增加，当电感器磁心超过饱和点时，电感量随着电流的增加而减小。当测量电感器施加较高电压的测试信号时，在高频区域某些频率点上，磁心损耗将会明显增加，这主要取决于电感器磁心的材料和结构。因此，电感器的测量结果随测试电压、电流大小和测量频率变化。在电感器工作的电路中，由于电压与电流的不同，其实际运行的电感量与测量结果不相同，有时相差较大。不同仪器的信号源频率、测试电流、输出电压和内阻不同，电感量测试结果也不同。

　　电感器在不同频率、不同瞬时电流条件下的趋肤效应程度不同，导致电感的内阻随频率以及电流瞬时增加而增加，根据品质因数公式：

$$Q = \omega L / R = 2\pi f L / R \tag{2-1}$$

可见，在频率、电压、电流不同的条件下测试或使用电感，其品质因数 Q 的数值相差悬殊。

　　注意：高精度电阻测量仪（例如优利德 UT620A 数字毫欧表，采用惠斯通电桥结构）测量的是直流状态下的电阻，而电感测量仪 TH2776 可用于测量六种给定频率（100Hz、120Hz、1kHz、10kHz、40kHz、100kHz）的电感、Q 值和内阻。

使用测试线测试元件，引线应该绞起来。在测量或短路校零时将两根引线放在同一个水平面上，短路校零时将两根引线短接或者使用测试盒短接输入端。使用测试盒短路校零如图 2-32a 所示；使用测试线短路校零如图 2-32b 所示。

a) 使用测试盒短路校零   b) 使用测试线短路校零

图 2-32 短路校零电路

测试线有两个引出线夹，注意，每个线夹的两个夹板分别连接一个引出插孔，也就是两个引出线夹，四个夹板连接四个引出插孔。其中红色线夹的两个夹板分别连接引出插孔 HD 和 HS，黑色线夹的两个夹板分别连接引出插孔 LD 和 LS。在测量电感时通常将红色线夹的两个夹板夹在电感器的一端，黑色线夹的两个夹板夹在电感器的另一端，在测量变压器的某些参数时需要将四个夹板独立使用。

电感测量仪 TH2776 的功能通过键盘在三层菜单中获得，将仪器未按 <设定> 键而处于正常测量状态时称为"测量"状态，按一次 <设定> 键称为"设定一"状态，按两次 <设定> 键称为"设定二"状态。

在"测量"状态：可选择串联电感 L_S、并联电感 L_P、串联电阻 E_{SR} 和并联电阻 E_{PR}。

显示方式：可选择直读、Δ（绝对误差）、Δ%（百分比误差）、V/I（电压/电流）四种显示方式。

测试信号电平：可选择 1.0V、0.3V、0.1V。

测量速度：可选择快速、中速、慢速。

量程选择方式：可选择自动、保持。

测量方式：可选择连续、单次。

在"设定一"状态可以完成以下设定：

① 测量频率转换（FRE－）：可选择 100Hz、120Hz、1kHz、10kHz、40kHz、100kHz。

② 平均次数（AVE－）：1～99 可调。

③ Q 值的 PPM 显示（PPQ－）：可选择开（ON）、关（OFF）。

④ 讯响音量控制（VOL－）。

⑤ 讯响状态（ALA－）。

⑥ 显示非"清 0"测量参数（NCL－）。

⑦ 串行口允许工作（RSC－）。

⑧ 打印口允许工作（PRN－>）。

⑨ HANDLER 允许工作（HAN－）。

⑩ 分选工作选择（SOR－）：百分比偏差 Δ%（PER）、绝对偏差 Δ（ABS）、直读（DIR）、关（OFF）。

⑪ "清 0"（CLR）：开路（OPEN）、短路（SHORT）。

在工厂测试时，常用 P1 表示一等品，P2 表示二等品，P3 表示三等品，MG 表示不合格品。在"设定二"状态：可以设定一等品上下限（P1￣￣）（P1_）、二等品上下限（P2￣￣）（P2_）、三等品上下限（P3￣￣）（P3_）、品质因数 Q 下极限设定（Q_）、标称值设定（STD –）等。

实际的电感在电路中可以等效为电感和内阻的串联结构或并联结构，如图 2-33 所示，串联结构由串联电感 L_S 和串联电阻 E_{SR} 组成；并联结构由并联电感 L_P 和并联电阻 E_{PR} 组成。一般情况下将实际的电感等效为电感与电阻的串联，通常测试串联电感 L_S 和串联电阻 E_{SR}。

图 2-33　电感和内阻的并联结构

TH2776 提供 0.1V、0.3V、1.0V 三种测试电平，为了降低铁心材料的非线性效应，应降低测试信号电平。测试对象阻抗范围为 0 ~ 40Ω 时，信号源的内阻约为 15Ω。在电感器工作的电路中如果存在直流，TH2776 提供了外加直流偏置电压和偏置电流的方案，需要用户制作外接扩展测试电路，并连接外部直流电源。其中外部直流电压源最大偏压为 100V，外加直流电流源的偏置电流为 0 ~ 2A。

校零开始时先按一次 < 设定 >，再按左右键，显示器 B 出现"清 0"（CLR），默认是开路状态（显示器 A 显示"OPEN"），按下开始按键自动校零。再将短路板或端子短接（按上下按键，显示器 A 显示"SHORT"），再按下开始按键自动校零，校零电路如图 2-32 所示。测量前用左右键选择设置参数、显示、电平、速度、量程、方式。用上下键在参数的下边选择串联电感 L_S，在显示下边选择直读，电平选择 1.0V。按一次 < 设定 > 键选择测量频率为 40kHz，将电感接入仪器中，按"开始"按钮得到串联电感 L_S 的测量结果，再按上下按键得到串联电阻 E_{SR} 和品质因数 Q 的测量结果。电感的测试频率尽量接近工作频率，例如，工频变压器测量电感量要选择 100Hz 频率。测量电感器时应远离金属材料以减少涡流。

变压器是电感器的一种组合应用，变压器的主要参数简图如图 2-34 所示。变压器一、二次侧均可以等效为电感和内阻的串联，端子之间有等效电容。

测量一次或二次电感量、内阻和品质因数 Q 的电路原理图如图 2-35a 所示。测量时应使二次绕组开路，测量结果包括一次极间电容 C_1 的影响。用 TH2776 电感测量仪的红线夹和黑线夹分别夹住端子 1 和端子 2，设定为测量串联电感 L_S 可以测量一次电感量 L_1，左边显示电感量 L_1，右边显示品质因数 Q；设定为测量串联电阻 E_{SR}，可以测量一次磁损与铜损 R_1，左边显示 R_1，右边显示品质因数 Q；用同样的方法可以测量二次电感量 L_2 和二次磁损与铜损 R_2。

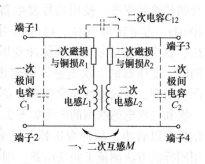

图 2-34　变压器的主要参数简图

测量漏感量的电路如图 2-35b 所示，测量时将二次侧短路。这个测量电路的红线夹和黑线夹不动，将二次侧短路测量一次电感量，可测量得到漏感量。

测量变压器互感量的原理图如图 2-35c 所示，注意红线夹的两个夹板分别连接引出插孔

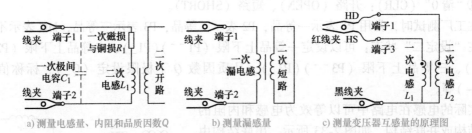

a) 测量电感量、内阻和品质因数Q   b) 测量漏感量   c) 测量变压器互感量的原理图

图 2-35　使用电感测量仪测量电感量、内阻、品质因数 Q、漏感量和互感量的电路原理图

HD 和 HS。测量时将一侧同名端短接并连接黑线夹，另一侧两个同名端分别连接红线夹的 HD 和 HS 夹板。

测量一、二次侧之间的电容量原理图如图 2-36 所示，电容测量仪的红线夹和黑线夹分别夹住端子 1 和端子 3，将另外两个端子悬空，可测量一、二次侧之间的电容量 C_{12}。

测量变压器匝比和同名端的测量电路如图 2-37 所示。如果事先不知道同名端，可以采用下面的方法得到。TH2776 不能直接进行匝比和同名端的测量，可以使用信号发生器产生一个合适频率的电压信号，这个信号连接到变压器任意一级绕组，分别用示波器测试两侧绕组的电压，即可得到变压器的变比和同名端根据变压器原理，当端子 1 和端子 3 同名端时，电压 U_1 和 U_2 是同相的。

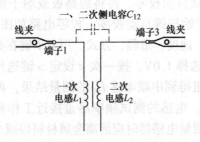

图 2-36　使用电容测量仪测量一、二次侧之间电容量原理图

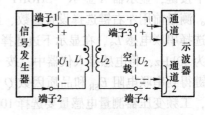

图 2-37　匝比和同名端的测量电路

我们可以用图 2-37 所示的电路判断变压器最适合的传输频率段。使用信号发生器输出一个频率为 100Hz、占空比为 50%、峰峰值为 1V 的方波信号 U_1，这个方波信号加载到脉冲变压器的一次电感线圈时，变压器的二次电感线圈输出波形 U_2 会发生严重畸变，传输特性非常糟糕，测量脉冲变压器的一次和二次电感线圈的电压如图 2-38 所示。从测量结果可以看出，脉冲变压器不适合在低频段使用。

图 2-38　变比和同名端的测量电路

用同样的方法测量工频变压器，则在高频段会出现严重的畸变现象。

2.6　逻辑分析仪

逻辑分析仪是以单通道或多通道获取与触发事件相关的逻辑信号，并显示触发事件前后所获取的信号的仪器。它能够用文本、波形等形式在计算机上显示和存储。

逻辑分析仪面板如图 2-39 所示。在面板的右下角是 USB2.0 兼容接口，USB 连接线一端接到逻辑分析仪，一端连接计算机，用于从 USB 总线获取电源输入以及和计算机之间的通信。右上角是电源开关，按下电源开关则电源 LED 发光。当出现触发条件时，触发 LED 会发光。当逻辑分析仪传输数据到计算机时，读取 LED 会发光。当逻辑分析仪等待触发条件时，运行 LED 会发光。启动开关用于触发信号捕获，按下一次启动一次单次运行功能。

这时按要求安装软件，注意安装软件时同时安装了 USB 驱动程序。如果驱动没有安装成功，则在设备管理器的文件列表中出现的图标左下角会有提示"△"，如图 2-40 所示。这时应到官网咨询售后服务人员，一般是由于 Windows 操作系统的版本不兼容软件引起的。当没有提示图标时，软件即可正常使用了。

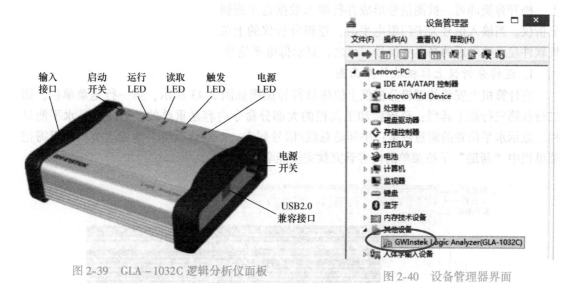

图 2-39　GLA–1032C 逻辑分析仪面板

图 2-40　设备管理器界面

逻辑分析仪的端口如图 2-41 所示。输入接口 A0 ~ A7、B0 ~ B7、C0 ~ C7、D0 ~ D7 为信号输入端子。信号输入端子的最大输入电压峰值范围是 – 30 ~ 30V，这里的峰值包括尖峰电压，超过这个电压时要用电阻分压方法获取信号。

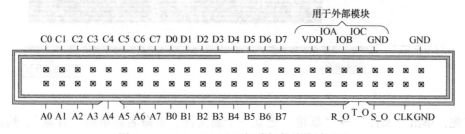

图 2-41　GLA–1032C 逻辑分析仪接线端子图

用于外部扩展模块的五个端子如下：VDD 是 + 3.3V 扩展模块的电源输出端子、IOA/IOB 和 IOC 是扩展模块的 IO 端口、GND 是扩展模块的接地端子。

R_O、T_O 和 S_O 是用于监控数据采集和触发定时的输出信号。将这三个输出信号分别连接到输入端子 B5 ~ B7，它们的波形示意图如图 2-42 所示。启动输出（S_O，B7 端子），输出高电平脉冲表示逻辑分析仪已启动等待触发条件，触发输出（T_O，B6 端子），输出高电平脉冲表示触发条件已产生，（R_O，B5 端子）输出高电平脉冲表示输入波形的数据传输到 PC。

图 2-41 所示的 CLK 表示 0.001Hz～100MHz 的外部（同步）时钟信号输入。在这里 CLK 外接 24MHz 信号。图 2-41 中位于右上方和右下方的两个 GND 是通用接地端子。测量信号前要将信号地和逻辑分析仪的接地端子连接起来。将杜邦线一端插接在逻辑分析仪的输入接口上（输入接口为 A0～A7、B0～B7、C0～C7、D0～D7）。将探头一端插入杜邦线，按压弹簧扣紧杜邦线，另一端连接被测信号，连接时按压弹簧，将前端金属夹子扣在被测端子上，松开弹簧即可。被测信号形成并行输入数据送至逻辑分析仪。当输入信号大于门限电平时，逻辑分析仪的上位机软件显示整形后的高电平信号，反之，显示低电平信号。

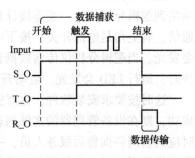

图 2-42　R_O、T_O 和 S_O 的输出信号波形

1. 逻辑分析仪上位机软件界面图

在计算机上安装的逻辑分析仪上位机软件界面图如图 2-43 所示，第一行是菜单栏，第二行和第三行是工具栏；菜单栏和工具栏的大部分命令内容是重叠的；第四行是水平测量栏，显示水平位置的测量数据；中间是总线/信号列表。一般情况下，学习这类软件只需把菜单栏中"帮助"下拉菜单的内容看完就完全能学会使用了。

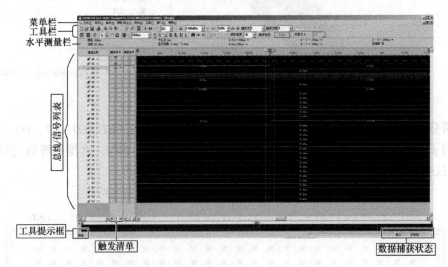

图 2-43　逻辑分析仪上位机软件界面图

首先，单击"文件"→"新建"建立一个新文件，重命名后单击"存储"，然后可以将文件保存到指定位置。注意，重命名时不能修改后缀名。在第二行或第三行的最右端空白处单击鼠标右键，将弹出的选项左端全部勾选。

2. 采样设定

单击"采样设定"图标，弹出"采样设定"对话框，可以设定为"内部采样信号"或"外部采样信号"。内部采样信号使用逻辑分析仪内部的时钟，在上升沿或下降沿取样，供选择的频率是 100Hz～200MHz，默认值 100MHz。使用内部采样信号上升沿采用的信号波形示意图如图 2-44 所示。因为外部信号和逻辑分析仪内部的时钟是异步的，所以只有内部采样信号的频率大于被测信号的频率 2 倍以上时才有可能检测到被测信号的每个高电平和低电平。这种现象可以用奈奎斯特抽样定理解释。通常当内部采样信号的频率大于被测信号的频率 4 倍以上时才能得到较为准确的信号波形。即使如此，对于频率较高的毛刺信号是难以捕获并显示出来的。

在使用外部 CLK 条件下测量被测信号的波形示意图如图 2-45 所示。当逻辑分析仪使用外部电路提供的 CLK 信号时，分为两种情况：一种情况是测量与外部 CLK 使用同步时钟分频的被测信号，如图 2-45a 所示，只要内部采样信号的频率大于或等于

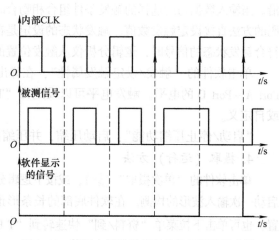

图 2-44　使用内部采样信号的信号波形示意图

被测信号的频率的 2 倍就可以检测到被测信号的每个上升沿和下降沿；另一种情况是测量与外部 CLK 使用异步时钟的被测信号，如图 2-45b 所示，这种情况下软件显示的信号波形与使用内部采样信号测量得到的波形一致。

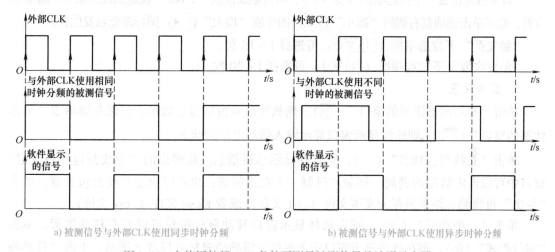

a) 被测信号与外部CLK使用同步时钟分频　　　　　　b) 被测信号与外部CLK使用异步时钟分频

图 2-45　在使用外部 CLK 条件下测量被测信号的波形示意图

因此，当测量与外部 CLK 使用同步时钟分频的被测信号时，优先使用外部时钟测量模式。外部 CLK 的取样频率由使用者自行输入，从 0.001Hz ~ 100MHz 之间的范围皆可，使用者只有准确输入外部 CLK 的真实频率，才能在软件中显示准确的被测量信号的频率。

如果想把几根信号线归纳为总线，只需使用在按下 < Ctrl > 键时单击所需的信号线；或按下 < Shift > 键时单击所需的信号线，即可同时选中多条信号线。注意选择的先后顺序，先选的为低位，后选的为高位。然后右击，出现右键菜单后选择"归纳信号为总线"即可。归纳为总线信号后，单击"单次摄取"，可以在电脑屏幕上读取到总线信号。若需解除总线，可以在总线上右击，选"解开总线信号线"即可。

3. 触发方式设置方法

每个测量通道的触发状态可设定任意信号、上升沿、下降沿、高电平、低电平、任意边

沿。当输入数据与所选择的触发条件组合相吻合时，就产生触发信号。对于总线信号可以用编码的方法直接设定触发数值。触发状态的设定是在被测的信号中找到基准点，当被测信号出现符合触发状态的信号时，逻辑分析仪从触发位置的设定值再拾取一定字节的数据后结束。

单击软件的"触发/设定触发属性"，在弹出的对话框"触发内容/触发电平"选择端口Port A ~ Port D 的电平。触发电平可以设定为"TTL""CMOS（3.3V）""CMOS（5V）""ELC"或自定义。

"启动/停止压缩功能"：启动压缩，并压缩数据储存模式，一般不选择此项。

4. 摄取（运行）方法

单击软件的"单次摄取"（▶），或按下逻辑分析仪面板上的启动开关＜START＞按键，即可启动一次输入波形的检测。在软件底部的长条形预览窗口中，单击预览位置可快速到达波形位置，也可单击下拉菜单"资料/到"快速转到"T Bar"（ᵀᵇᵃʳ）、"A Bar"（ᴬᵇᵃʳ）或"B Bar"（ᴮᵇᵃʳ）。

"内存容量"下拉选项框（2K▼）：在选项框中有 2 ~ 256K 可供选择，也可单击选项框右侧的"减小"（ᴹ）或"增大"（ᴹ）改变内存容量。

"内部采样频率"下拉选项框（100 Hz▼）：在选项框中有 100Hz ~ 200MHz 可供选择，也可单击选项框右侧的"减小""增大"改变内部采样频率。

"设定触发位置"下拉选项框（50%▼）：可将触发位置"T Bar"设定到波形从 0 ~ 100% 的位置，也可单击选项框右侧的"减小"（◄）图标或"增大"（►）图标改变触发位置。

"触发页"下拉选项框（15▼）：可选择 1 ~ 15 页。

"触发次数"下拉选项框（20▼）：可选择 1 ~ 20 次。

5. 显示设置

单击"显示波形图形的窗口"（⊞），则软件显示窗口显示波形。鼠标左键单击"显示状态的窗口"（⊞），则软件显示窗口显示输入信号电平的状态。

单击"总线封包列表"（▯），则软件显示总线信息。在弹出的"总线封包列表设定"窗口中可以设定数据的进制，例如二进制、十六进制等；也可以设定总线封包长度。单击"导出"可将测试结果另存为文本文件（.txt 文件）或者 Excel 文件（.csv 文件）。

单击"一般模式"（▯），则在软件显示窗口转动鼠标滚轮可以左右移动图形。单击"缩放模式"（▯），则在软件显示窗口按下鼠标左键拖动鼠标可以放大图形。单击"移动模式"（▯），则在软件显示窗口按下鼠标左键出现小手形状，拖动鼠标可以左右移动图形。单击"启用数据统计"（▯），则在软件显示窗口下方出现统计窗口，在这个窗口可以设定通道、栏位、范围、警示参数等。

单击下拉图标（▼）可在"显示被选择范围全部波形"（▯▼）和"显示所有波形"（▯▼）两个选项之间切换，将显示窗口部分显示或完全缩放。

单击"缩放率"下拉图标（1 ms▼），选择显示窗口每格的时间长度，可在 10μs ~ 10000ks 之间切换。也可由选项框右侧的"缩小"（▯）或"放大"（▯）改变窗口内图形的大小。

单击下拉图标（▼）可在"波形宽度资讯"下拉菜单选择时间模式显示🕐▼、采样点模式显示▯▼、频率模式显示▯▼或不显示波形时间▯▼选项，可以显示波形的脉宽时间、采样点或频率。

单击"设定波形高度"（□28▼），可将波形的高度的值设为 18～100，从而改变波形显示的高度。

此外，逻辑分析仪还可以测量 I^2C 总线和 RS232 等总线信号。单击选择总线，再单击"工具"→"总线属性"，弹出"总线属性"对话框。在对话框中单击"总线协议"可以选择对应的总线。单击"参数配置"，弹出"参数配置"对话框，可以设置编码方式。单击"确定"后可以在显示界面观察到总线分析的波形。

当需要存盘时，可将文件或封包列表导出为文本文件（即 .txt 文件）或者 excel 文件（即 .csv 文件）。

2.7　绝缘电阻测试仪

2.7.1　绝缘电阻测试仪的简介

绝缘是使用不导电的物质将带电体隔离或包裹起来，以对触电起保护作用的一种安全措施。良好的绝缘是保证电气设备与线路的安全运行，防止人身触电事故发生的最基本和最可靠的手段。

绝缘通常可分为气体绝缘、液体绝缘和固体绝缘三类。在实际应用中，固体绝缘被广泛使用，且是最可靠的绝缘物质。气体绝缘物质与液体绝缘物质被击穿后，一旦去掉外界因素（强电场）后即可自行恢复其固有的电气绝缘性能，因此被称为可逆性绝缘击穿。而固体绝缘物质被击穿以后，则不可逆地完全丧失了其电气绝缘性能，因此被称为不可逆绝缘击穿。

电气线路与设备的绝缘除选择必须与电压等级相配合外，还须与使用环境及运行条件相适应，以保证绝缘的安全作用。这是由于日光照射、风雨侵蚀等环境因素的长期作用，或者腐蚀性气体侵蚀、空气相对湿度过大、导电性粉尘以及机械损伤等原因，均可能使绝缘性能降低甚至破坏。

由于绝缘电阻测试仪（即绝缘电阻表）测试的绝缘电阻通常非常大，因此习惯上称为兆欧表，旧称为绝缘摇表，可用来测量电路、电机绕组、电缆、电气设备等的绝缘电阻。绝缘电阻表按显示方式分为指针式绝缘电阻表和数字式绝缘电阻表。

在使用绝缘电阻表对电气装置进行绝缘测试时，需要满足《GB 50150—2016 电气装置安装工程 电气设备交接试验标准》第 3.0.9 条的规定，正确选择绝缘电阻表的电压及其测量范围。绝缘电阻表的电压等级和被测设备电压等级以及绝缘电阻表最小量程的选用关系见表 2-11。注意，本条规定仅针对一般设备，当该规范对具体设备另有专项规定时执行专项规定。

表 2-11　设备电压等级与绝缘电阻表的选用关系

序号	设备电压等级/V	绝缘电阻表电压等级/V	绝缘电阻表最小量程/MΩ
1	<100	250	50
2	100≤电压<500	500	100
3	500≤电压<3000	1000	2000
4	3000≤电压<10000	2500	10000
5	电压≥10000	2500 或 5000	10000

电压高的电力设备，须使用电压高的绝缘电阻表来测试，可见表 2-11 和对应的国家标准规定。一些低电压的电力设备，它的内部绝缘所能承受的电压不高，为了设备安全，测量

绝缘电阻时，不能用电压过高的绝缘电阻表。如测量额定电压小于 500V 的线圈的绝缘电阻时，就应选用 500V 的绝缘电阻表。绝缘电阻表的电压等级通常指的是直流输出电压值。设备的电压等级大部分是交流有效值。例如，测量额定电压为交流 380V 的电器，考虑 ±10% 的波动系数，则最大峰值为 $380 \times \sqrt{2} \times 1.1V \approx 591V$，选用绝缘电阻表电压等级为 500V。

1. 绝缘电阻表的结构

指针式绝缘电阻表的原理图如图 2-46a 所示。它的主要部分由磁电系比率表和一台手摇发电机组成。手摇发电机产生的电压，经过整流得到直流电压，通常有 500V、1000V、2500V 等。动圈 1 和 2 是两个可动线圈，其中一个线圈产生转动力矩，另一个线圈产生反作用力矩。动圈的电流采用柔软的细金属丝（简称"导丝"）引入。在仪表内的圆柱形铁心上开有缺口，使气隙中磁场为不均匀的。两个动圈的位置有固定夹角"α_1"，并连同指针固接在同一轴上，可在不均匀的磁场中偏转。

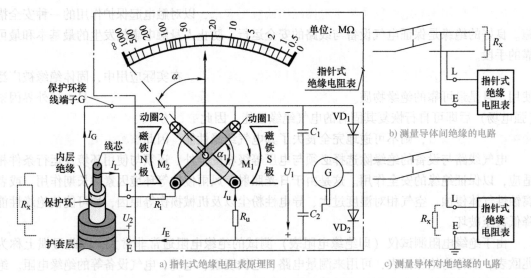

图 2-46 指针式绝缘电阻表测试电路原理图

若将被测绝缘电阻 R_x 接在端子"线（L）"与"地（E）"之间，则当发电机 G 的手柄转动时（一般为 120r/min，可允许 ±20% 的变化），动圈 1 和动圈 2 中的电流分别为

$$I_E = \frac{U_1}{R_i + R_{iat} + R_x} \tag{2-2}$$

$$I_u = \frac{U_1}{R_u + R_{uat}} \tag{2-3}$$

式中，R_i、R_u 是附加的电阻；R_{iat}、R_{uat} 分别为两个动圈 1、2 的内阻；R_x 是被测物体的绝缘电阻。可以看出，I_E 与 R_x 有关，I_u 与 R_x 无关。

两个动圈在 I_E 和 I_u 的作用下所产生相反的力矩均与动圈的角位移 α 有关，即

$$M_1 = B_1 S_1 W_1 \cdot I_E = f_1(\alpha) \cdot I_E$$
$$M_2 = B_2 S_2 W_2 \cdot I_E = f_2(\alpha) \cdot I_u$$

式中，S_1、S_2 和 W_1、W_2 均为常数；气隙中 B_1、B_2 是位置函数。

当 $M_1 = M_2$ 平衡时，线圈停止转动，此时有

$$f_1(\alpha) \cdot I_E = f_2(\alpha) \cdot I_u$$

或

$$\frac{I_E}{I_u} = \frac{f_2(\alpha)}{f_1(\alpha)} = f_3(\alpha)$$

或

$$\alpha = F\left(\frac{I_E}{I_u}\right) \tag{2-4}$$

由此得到

$$\alpha = F\left(\frac{R_u + R_{uat}}{R_i + R_{iat} + R_x}\right) \tag{2-5}$$

式 (2-4) 表明线圈偏转角 α 的大小只与两个电流的比值有关，而与两个电流的数值大小和电源电压无关。

当 $R_x = 0$ 时，I_E 最大，指针偏转也最大；当 $R_x \to \infty$ 时，I_E 最小，指针在最小位置上，因此具有反向刻度特性。由于绝缘电阻表无游丝，所以不使用时指针可停留在标尺的任意位置上。

手摇发电机发出的电压通常是数百伏，所以仪表可用来测大电阻。虽然发电机发出的电压与手摇速度的快慢有关，但只要转速不是过慢，仪表指针的偏转总是不变的，并与被测电阻有关。当 R_x 改变时，则 I_E 的大小改变，比值 I_E/I_u 也随之改变，从而指针的偏转角 α 也改变，所以指针的不同偏转对应不同的被测电阻 R_x 的值。

2. 绝缘电阻表的接线

一般绝缘电阻表上有三个接线柱，"线"（或"相线"）接线柱"L"，在测量时与被测物和大地绝缘的导体相接："地"接线柱"E"，在测量时与被测物的外壳或其他导体部分相接；"保护"（或"屏"）接线柱"G"，在测量时与被测物上的保护环或其他无须测量部分相接。一般测量时只用"线"和"地"两个接线柱，"保护"接线柱只在被测物表面漏电很严重的情况下才使用。测量导体间绝缘的电路如图 2-46b 所示，测量导体对地绝缘的电路如图 2-46c 所示。

对于具有内层绝缘和外层绝缘护套的电缆、电线金属线芯等被测物，当被测物表面的影响很显著而又不易除去时，须接"保护"线。在大多数情况下，擦拭干净被测物的外层绝缘表面就能把表面的不良情况排除，使测得的数值接近绝缘物内层绝缘电阻的实际值。但是在特殊的条件下，如空气太潮湿，绝缘材料的外层绝缘表面受到浸蚀而不能擦干净时，上述方法就不可行。有时测出来的绝缘电阻值过低，需要判别是内层绝缘不好，还是外层绝缘表面漏电的影响，测量前就要在内层绝缘套上"保护环"，用导线将"保护环"与绝缘电阻表上"保护环接线端子 G"连接起来。如果在不接"保护"线时，绝缘电阻的数值就已相当高，就不一定要把外层绝缘表面和内层绝缘的情况分开了。

例如，测量电缆芯线与护套层之间的内层绝缘电阻时采用图 2-46a 所示的接线方式。I_L 是由电缆护套层经过内层绝缘到电缆金属线芯流向绝缘电阻表的测量机构的电流，使绝缘电阻表发生偏转，指示出一定的数值。因为 I_L 的大小是与内层绝缘电阻 R_j 的大小有关的，所以绝缘电阻表的指示也就反映出内层绝缘电阻的数值。I_G 是电缆表面的漏电流，为使 I_G 不流过绝缘电阻表的测量机构，在内层绝缘套上一个金属制成的圆环，与内层绝缘紧密接触，称为"保护环"，使 I_G 由电缆内层绝缘，经"保护环接线端子 G"直接流向发电机的负极。这样也就排除了漏电流 I_G 的影响。

注意分别将"线"接线柱及"地"接线柱用单根导线与被测物相连。特别要注意的是，"线"端钮用的连接线一定要对大地绝缘良好。因为这一条连接线的绝缘电阻相当于和被测物的绝缘电阻相并联。若用双股绞线，一股接地线，一股接相线，则测量结果不准确。

3. 绝缘电阻表使用注意事项

绝缘电阻表使用时如接线和操作不正确不仅影响到测量结果，而且会危及人身安全，因而必须注意：

1）不要使测量范围过多的超出被测绝缘电阻的数值，以免读数时产生较大的误差。

2）测量前必须切断被测设备的电源，并接地短路放电，不允许用绝缘电阻表测量带电设备的绝缘电阻，以防发生人身和设备事故。

3）测量前被测物的表面应擦拭干净，以免表面绝缘随各种外界影响而变动。

4）绝缘电阻表应放在平稳的地方，并远离大电流导体和外磁场。

5）测量前应检查绝缘电阻表是否能正常工作。将绝缘电阻表开路，摇动发电机手柄到额定转速，指针应指在"∞"位置，再将"线""地"两接线柱短接，缓慢转动发电机手柄，指针应指向"0"位。

2.7.2 数字式绝缘电阻测试仪

数字式绝缘电阻测试仪，又称为数字式绝缘电阻表，使用电池供电，用于测量绝缘电阻。使用数字式绝缘电阻表测量绝缘电阻和使用指针式绝缘电阻表一样，都需要注意接线和操作的正确性。

1. 测量电压

在测量绝缘电阻时，需要检查被测物体是否有电压，如果存在电压，则影响测量绝缘电阻的精度。因此使用数字式绝缘电阻测试仪测量绝缘电阻前应测量被测物体的电压。

首先将红测试线插入"V"输入端口，黑测试线插入"G"输入端口；然后将功能旋钮旋转到 ACV 档位即可进行交流电压测量。使用数字式绝缘电阻测试仪测量绝缘电阻如图 2-47a 所示。

注意： 当输入高于交流 750V（有效值）的电压，有损坏仪器或电击危险。在完成所有的测量操作后，要断开测试线与被测电路的连接，并从仪器输入端拿掉测试线。如果电池盖被打开，则不可进行测量。

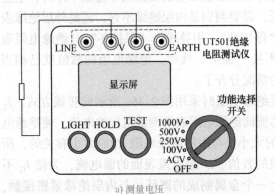
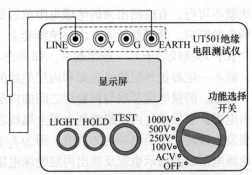

a) 测量电压   b) 测量绝缘电阻

图 2-47　使用 UT501 型数字式绝缘电阻测试仪测量电压和绝缘电阻

2. 测量绝缘电阻

使用数字式绝缘电阻测试仪测量绝缘电阻如图 2-47b 所示。测量绝缘电阻时，请将两条测试表笔严格分开放置，不能在电压输出状态将其短路或绞放在一起，不能在电压输出之后再去测量绝缘电阻，也不能在电池盖被打开时测量。

按国家标准规定选择测试电压档位，电压档位分别为 100V/250V/500V/1000V。在测量绝缘电阻前，待测电路必须完全放电，并且与电源电路完全隔离。将红测试线插入 "LINE" 输入端口，黑测试线插入 "EARTH" 输入端口。将红、黑鳄鱼夹接入被测电路。注意电压正极是从 "LINE" 端输出的。

按下 <TEST> 键后启动测量操作，此键自锁进行连续测量，从端口输出测试电压，同时测试灯发出红色警告，在测试完毕以后，再按下 <TEST> 键，解除自锁停止测量。

需要注意的是，在测试前，确定待测电路没有电压存在，不可测量带电设备或带电线路的绝缘。测试完毕，不可用手触摸电路。测试导线离开连接的电路，不能用手触摸，直到测试电压完全被释放。

2.8 数字式接地电阻测试仪

接地是将电路或设备与地面以低电阻方式连接。接地电阻就是电流由接地装置流入大地的电阻，它包括接地线和接地体自身的电阻，接地体与大地的接触电阻以及大地到无限远处的大地电阻。在单点接地系统，可以采用打辅助地极的测量方式进行测量。接地电阻分为保护接地、防静电接地和防雷接地三种。防雷接地也称过电压保护接地。

1. UT521 型接地电阻测试仪简介

UT521 型接地电阻测试仪具有背光和电池低电压显示、数据保持和存储、自动关机等功能，如图 2-47 所示。它采用 9V 电压供电，可以测量接地电压或者接地电阻。接地电压测量范围为 0～200V（50/60Hz）。接地电阻测量范围 0～20Ω；0～200Ω；0～2000Ω（注意：为了保证测量的准确性，测量接地电阻时的接地电压值 ≤10V_{ac}）。

测量接地电阻时，可采用精密的三线式测量，也可采用简易的二线式测量。当 C 端口或 E 端口与测试线接触不良，LCD 将显示 "Ω" 警示；当超量程显示 "OL"（表示过载 "overload"）警示。使用测试仪时必须严格按照产品说明书所述的步骤和安全规则进行操作，否则可能导致伤害事故或仪器损坏。

UT521 型接地电阻测试仪中图形标志有以下几种："⚠" 表示危险、警告、注意标志；"回" 表示有双重绝缘或强化绝缘保护；"～" 表示交流（AC）；"⊥" 表示接地；"CE" 表示符合欧洲联盟（European Union）标准。

UT521 型接地电阻测试仪不可以在易燃易爆环境测试，否则可能产生火花引起爆炸。当测试仪潮湿或手潮湿时不可进行接线操作。注意测试时不要打开电池盖，不要在测试线胶壳破裂、测试线断裂、测试线脱皮外露等情况下测试。

根据产品说明书介绍，UT521 型接地电阻测试仪具有过载保护功能，使用接地电阻档时电压达到 AC 200V 并超过 10s 电路将自动保护；使用接地电压档时电压达到 AC 400V 并超过 30s 电路将自动保护。

测量时要求测量电路与外壳之间的绝缘阻抗不小于 20MΩ。

2. 精确测量接地电阻的方法（用标准测试线测试）

使用 UT521 型接地电阻测试仪精确测量接地电阻的示意图如图 2-48 所示，包括 LCD 显示屏、<LIGHT/LOAD>键、<HOLD/SAVE>键、<TEST>键、功能选择开关、测试端口。

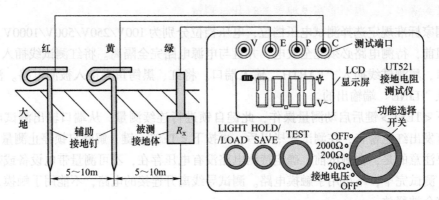

图 2-48　使用 UT521 型接地电阻测试仪精确测量接地电阻的示意图

测量前将功能选择开关置于接地电压档或接地电阻档，若 LCD 上显示的电池符号为"□"，表示电池处于低电状态，需更换电池，否则测试仪不能正常使用。测量前确认测试线插头已完全插入测试端，连接不紧密将会影响测试值的精度。测试仪的 C 端口是辅助电极端口，P 端口是电位电极端口，E 端口连接被测接地体。将连接 P 和 C 端口的接地钉打入大地，两个接地钉和待测接地设备排列成一条直线，且彼此间隔为 5～10m。接地钉插入在潮湿的土壤时可以直接测试，若土壤干燥，则需要加足量的水。石质或沙地也要变潮湿后才能测试。如果周围都是水泥地面难于打辅助地桩时，可用两块尺寸不小于 25cm×25cm 的钢板（或用现有的辅助接地钉）平放在水泥地上，绑上湿毛巾，浇上足量的水，代替测量电极，一般情况下也可以测量到较为准确的结果。

注意： 使用 UT521 型接地电阻测试仪进行接地电阻功能测试时，在接线端 E、C 之间会产生最高约 50V 的电压，请勿接触测试线金属外露部分和辅助接地钉，以免触电。

将测试线分别插入 E 端口、P 端口和 C 端口，另一端连接测试点，V 端口不插入测试线。首先进行接地电阻测试：功能选择开关旋到接地电阻 2000Ω 档（也就是最大档），按<TEST>键测试，LCD 显示接地电阻值，然后根据所测电阻值将功能选择开关旋到合适的接地电阻档，LCD 显示接地电阻的测量值。也可以按照其他的选档顺序进行测量，总之一定要选择最佳的测量档位去测量才能使所测的值最准确。

按<TEST>键时，按键上的状态指示灯会点亮，表示 UT521 型接地电阻测试仪正处在测试状态中，数据稳定后方可读出测试结果。

注意： 当 C 端口或 E 端口测试线接触不良，辅助接地电阻或接地电阻过大（如 20Ω 档大于 14kΩ 时），或是测试端处于开路状态，LCD 都将显示"－－－－Ω"，此时要重新检查测试线连接是否良好，土壤是否太干燥，辅助接地钉是否可靠接地。

当被测接地电阻大于该档位的测试范围并且 20Ω 档小于 14kΩ（200Ω 档小于 26kΩ 时或 2000Ω 档小于 78kΩ）时，LCD 均将显示"OL"（表示超量程"overload"）。警告：UT521 型接地电阻测试仪所用辅助接地钉弯曲或接触其他物体，会影响到读数。当连接测试线时，一定要先清洁辅助接地钉，辅助接地钉阻值太大也会造成读数误差。

在开机状态下按键和功能选择开关无动作，约 10min 后 UT521 型接地电阻测试仪会自动关机节省电源（接地电阻档测试状态除外）。

当光线暗时可按 < LIGHT/LOAD > 键开启背光功能，再次按 < LIGHT/LOAD > 键取消背光功能。测试时按 < HOLD/SAVE > 键在 LCD 上保持显示测量结果，再次按 < HOLD/SAVE > 键取消保持功能。

存储数据的方法如下：长按 < HOLD/SAVE > 键 2s 存储数据，再次按 < HOLD/SAVE > 键存储第二数据，再次按 < HOLD/SAVE > 键存储第三数据，若需要取消存储功能，则再次长按 < HOLD/SAVE > 键约 2s 即可。

查看保存数据的方法如下：长按 < LIGHT/LOAD > 键约 2s，将调出地址号码为 01 保存的数据，再轻按 < LIGHT/LOAD > 键调出地址号码为 02 保存的数据……直到第 20 组数据被调出。若想返回到前一地址查看所存的数据，则按一下 < HOLD/SAVE > 键即可。

（在此状态下轻按 < HOLD/SAVE > 键和 < LIGHT/LOAD > 键实际上可当作上下键用）退出此功能请再长按 < LIGHT/LOAD > 键约 2s 即可。

清除保存的数据的方法如下：先同时按住 < HOLD/SAVE > 键和 < LIGHT/LOAD > 键再开机，LCD 显示 "CL."，此时存储器里面的数据将被清除。

3. 简易测量（用所配简易测试线测量）

使用 UT521 型接地电阻测试仪简易测量接地电阻的示意图如图 2-49 所示。这种方法是当辅助接地钉不方便使用时，可将外露的其他低接地电阻物体用作电极，如金属水槽、水管、供电线路公共地、建筑物接地端等。当采用此方法时，使用带有鳄鱼夹的简易测试线，其中红色的测试线将 P 端口和 C 端口短接。使用 E 端口和 P&C 端口测试接地电阻，UT521 型接地电阻测试仪的操作方法与精确测量方法相同。

注意： 当使用商用电力系统接地点作为参考点测试时要防止电击。

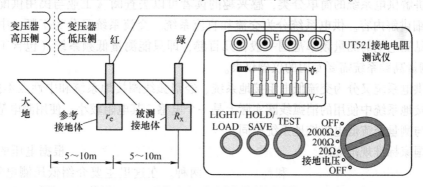

图 2-49　使用 UT521 型接地电阻测试仪简易测量接地电阻的示意图

4. 接地电压测试

使用 UT521 型接地电阻测试仪简易测量接地电压的示意图如图 2-50 所示。将功能选择开关旋到接地电压档，LCD 显示接地电压测试状态；将测试线插入 V 端口和 E 端口（其他测试端口不要插测试线），再接上待测点，LCD 将显示接地电压的测量值（注意：测接地电压不需要按 < TEST > 键），若量测值 >10V，则要将相关电气设备关闭，待接地电压降低后再进行接地电阻测试，否则会影响接地电阻的测试精度。

注意：接地电压测试仅在 V 端口和 E 端口进行，C 端口和 P 端口的连接线一定要断开，否则可能会导致人身危险或仪器损坏。当测试仪长时间不使用时请将电池取出，以免电池漏液，腐蚀电池盒与极片。

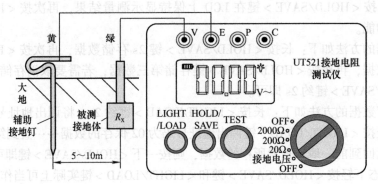

图 2-50　使用 UT521 型接地电阻测试仪简易测量接地电压的示意图

2.9　低压测电笔

测电笔俗称电笔，它是用来检测导线、电器和电气设备的金属外壳是否带电的一种电工工具。测电笔的工作原理是将测电笔接触被测电路，借助人体的电阻构成闭环通路，在测电笔内部产生电流，测电笔根据电流的大小显示不同的亮度或不同的电压等级。测电笔测量电路的电压，实质上是测量通过测电笔的电流。因此，测量环境的不同会影响测量结果，不正确的使用测电笔测量的结果是不可靠的。穿绝缘鞋、站在绝缘垫上或戴绝缘手套测量电压，所得到的结果会比没有绝缘护具测量的结果更小。

下面讲解供电系统的简单分类，感兴趣的读者可以去查阅《工业与民用供配电设计手册》的详细讲解内容。供电系统分为交流和直流系统。交流系统又分为工频、中频和高频系统，常见测电笔的测量频率范围一般在几百赫，即只能测量低频系统（包含工频或直流系统）。测量高频系统需要专用的仪器仪表。

交流供电系统又分为交流低电阻接地系统、经消弧线圈接地系统和中性点不接地系统。消弧线圈接地系统中使用的消弧线圈实际上是一个电感，其电阻较小，使用测电笔测量时的测量方法与测量交流低电阻接地系统相同。

根据国家标准规范规定，直流 1500V 或交流 1000V 以上为高压。根据电压的不同将测电笔分为高压测电笔（验电棒）和低压测电笔两种。在这里主要介绍低压测电笔的使用。使用时严格依据测电笔的电压等级测量电路，用低压测电笔测量高压电路有触电的危险。

2.9.1　测电笔测量交流系统

手持测电笔测量交流系统示意图如图 2-51 所示。图 2-51a 是手持测电笔测量三相低电阻接地系统的示意图，人体手持测电笔并触摸电笔的金属笔帽，与接地系统和电路的相线构成导电通道，测电笔发光显示。

图 2-51b 是手持单测电笔测量三相不接地系统的示意图，虽然没有接地系统，但是三路相线 L1、L2、L3 分别与大地之间存在交流等效电容和等效绝缘电阻。正常情况下，绝缘电阻极大，可以忽略不计。由于交流等效电容的存在，人体手持测电笔并触摸测电笔的金属笔

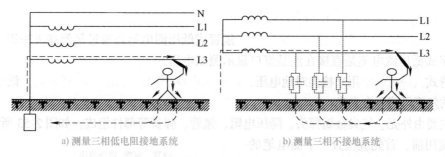

a) 测量三相低电阻接地系统   b) 测量三相不接地系统

图 2-51 手持单测电笔测量交流系统示意图

帽，与交流等效电容和电路的相线构成导电通道，测电笔有可能发光显示。低压系统一般是接地系统，在特殊场合使用不接地系统，例如隔离变压器输出的电路一般使用不接地系统。

三相不接地系统正常无接地短路现象时，与同样电压等级的三相低电阻接地系统相比，前者的测量结果更小。如果被测量的电路是隔离变压器输出的无接地工频低压电路，则用单测电笔测得的电压较小或检测不到电压。

对于中性点不接地的 380V 三相三线制供电线路，如果其中一路相线接地，测电笔触及三根相线时，有两根比通常稍亮，而另一根的亮度要弱一些。

2.9.2 测电笔测量直流系统

手持测电笔测量直流系统的示意图如图 2-52 所示。图 2-52a 是单测电笔测量直流低电阻接地系统的示意图。人体单手持测电笔并触摸测电笔的金属笔帽，与接地系统和电路的正极线 L 构成导电通道，测电笔发光显示。

图 2-52b 是双测电笔测量直流不接地系统的示意图。此条件下人体单手持测电笔并触摸测电笔的金属笔帽测试电路的正极，由于没有构成回路，测电笔不发光；如果发光，则说明直流系统有接地现象。对于这种系统的测量方法是双手分别持一支测电笔测量不同的相线或者正极线 L 相对零线 N 的电压，被测直流电路的电压是两只测电笔测得电压的总和。

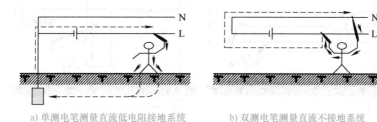

a) 单测电笔测量直流低电阻接地系统   b) 双测电笔测量直流不接地系统

图 2-52 手持测电笔测量直流系统示意图

需要注意的是，直流电击对人体的伤害主要体现在发热上，直流 400V 接近人体炭化电压，若直流 400V 系统单手臂两点短路触电可导致手臂炭化。

一手触摸低压直流系统的一个极，另一手持测电笔测量另一个极的方法是非常危险的。如果接触的是超过安全的直流低电阻接地系统的正极线 L，则导致人体触电，因此双手持测电笔的方法具有安全可靠的特点。如果被测电压低于安全电压，为了避免因为交流电源电压入侵导致被测电路局部电压升高带来的安全风险，也不要采用一手触摸低压直流系统的一个极，另一手持测电笔测量另一个极的方法。

2.9.3 使用氖管式低压测电笔测试电路

低压测电笔分为氖管式和数字显示式。氖管式低压测电笔是通过氖管亮灭来识别是否有电；数字式低压测电笔是直接在液晶窗口显示测试电压。

氖管式低压测电笔用来检验对地电压，测量电压范围一般在 $60 \sim 500V$ 之间。低于 $60V$ 时测电笔的氖管可能不会发光；高于 $500V$ 时不能用低压测电笔测量，否则容易造成触电。低压测电笔主要由外壳、笔尖金属探头、降压电阻、氖管、弹簧等部件组成，如图 2-53 所示。

在使用前，首先应检查一下测电笔的完好性，然后在有电的地方验证一下，只有确认测电笔完好后，才可进行验电。在使用时，手握笔尾金属体，笔尖金属探头接触带电设备，不要在手潮湿时去验电，测量时不能用手接触笔尖金属探头。使用

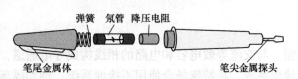

图 2-53　氖管式低压测电笔

测电笔测量电路时要防止测电笔的笔尖触碰两处导体导致短路。测量工频交流电路时，用测电笔触碰导线，氖管发光的是相线；氖管不发光的是中性线（或者是地线）。

为了得到准确的测量结果，可以穿绝缘鞋或站在绝缘垫上，或者采用其他绝缘方法使人体对地绝缘，双手分别持一支测电笔测量不同的相线或者相线 L 相对中性线 N 的电压，这样测得的线电压或相电压是两支测电笔的总和；如果双手分别持一支测电笔测量同一相线，则测得的电压约等于 0V，测电笔不发光。

手持测电笔测量三相电路相间电压的示意图如图 2-54a 所示。测量时，左右手各持一根测电笔，站在绝缘的物体上。将两支测电笔同时触碰两根导线，如果两根测电笔的亮度较低（脚下物体的绝缘程度越高，测电笔的亮度越低），则表明此时测量的两条线为同相（且都是相线）。如果两支测电笔的亮度较高，则表明此时测量的两条线为异相（或者一根相线一根中性线）。将两支测电笔分别触碰两根导线，这时得到的测电笔亮度与脚下的绝缘程度有关。

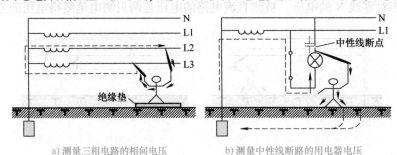

a) 测量三相电路的相间电压　　　　b) 测量中性线断路的用电器电压

图 2-54　手持测电笔测量电压的示意图

当电路中的中性线断路时，测量有些部位显示的亮度比正常相线的亮度低，如果使用数字式低压测电笔，则显示的电压明显小于相线电压。下面以照明灯具电路为例介绍这种现象产生的原因。测量中性线断路的示意图如图 2-54b 所示。闭合灯具开关，用测电笔接触灯座的两个接线端，如果两端都使测电笔氖管发光，而灯具不发光且并未损坏，则说明是中性线断路，此时应仔细查找断路点。需要注意的是，并不是所有的用电器都能观察到这种现象。

如果测量时测电笔中的氖管发生闪烁现象，则可能是因为有线头松动、接触不良、电压不稳定等原因。如果测量全部后级电路时测电笔中的氖管都闪烁，则是前级电路的设备损坏

或接触不良，例如，断路器内部故障等。

　　当电源电压不稳定的时候，LED 和荧光灯很难用肉眼观察到闪烁现象，白炽灯可以很明显地观察到闪烁现象。因此，建议不要使用 LED 和荧光灯作为检查电源电压是否正常的工具。

2.9.4　使用数字式低压测电笔判断电路的特性

　　下面使用优利德 UT15C 型数字测电笔演示测量方法。优利德 UT15C 型数字测电笔外形如图 2-55 所示。

　　（1）双表笔测量方法　使用双表笔测量交流电压时，LED（4）指示电压等级，数字 LCD 显示电压值，并且伴有蜂鸣。如果手指接触圆形的测试触点，则红色表笔 L2 接相线且黑色表笔 L1 接中性线，LED 显示为 R；红色表笔 L2 接中性线且黑色表笔 L1 接相线，LED 显示为 L。

　　测量直流电压时，如果使用红色表笔 L2 接电压的正极，黑色表笔 L1 接电压的负极，则 LED（4）指示电压等级，同时指示正极的 LED 点亮。

　　如果使用 L2 接触电压的负极，黑色表笔 L1 接电压的正极，则 LED（4）指示电压等级，同时指示负极的 LED 点亮，并且伴有蜂鸣。

　　（2）单表笔测试方法　当进行单表笔测试时，手指接触圆形的测试触点，表笔 L2 连接到未知导体上。如果被测导体的交流电压大于 100V，则 LED 灯被电亮，同时伴有蜂鸣。由于人体的电阻和脚下的绝缘电阻是不固定的，单表笔测试只用来判断导体是否有电，并不能指示电压的大小。

　　当被测电场≫100V 时，虽然手指未触及圆形的测试触点，但也可能发生 LED 被点亮和伴有蜂鸣。

　　（3）通断测试　在测试前要确保被测物体不带电，可以先采用测量电压的方式，用两表笔测量导体两端的电压以判断导体是否带电。然后连接两表笔在被测物体的两端，如果电阻在规格范围内，则测电笔会发出蜂鸣，同时 LED（4）被点亮。

　　（4）旋转测试（三相交流电相位指示）　旋转测试用在三相交流电系统中。连接表笔 L1 到三相电中的其中一相，表笔 L2 接另外任意一相，用手指接触圆形的测试触点。LED 显示为 R 或 L，移动其中的一支表笔到另外一相，则 LED 显示为 L 或 R。如果交换两表笔的位置时，LED 显示的 R 或 L 也会被交换点亮。同时，相应电压显示器（LED 或 LCD）也会显示相应的电压。

　　禁止用手指背面直接接触低压电路以检测电路是否带电，有些电工认为人触电后手指肌

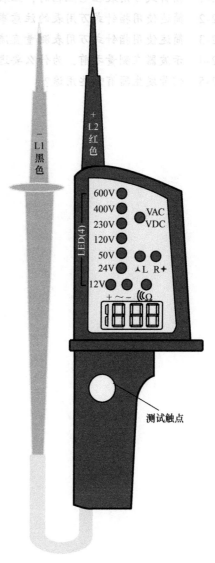

图 2-55　优利德 UT15C 型
数字测电笔

肉收缩可以把手收回来，这种做法是极其危险的。另外，通过人体的电压或电流超过一定值时，人体可以达到炭化点，有些高压触电人员通体发黑，实际上是人体组织炭化的结果。

课后思考题与习题

2-1 指针式万用表在电阻档时，红表笔和黑表笔分别代表什么电源极性？

2-2 简述使用指针式万用表的注意事项。

2-3 简述使用指针式万用表测量直流电流的方法和步骤。

2-4 示波器在测量之前，为什么要进行探棒校准？

2-5 信号发生器有哪些用途？

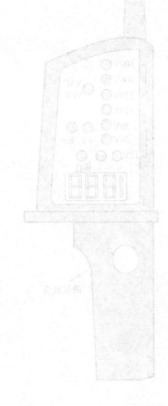

第3章

常用电子元器件

3.1 电阻器

3.1.1 电阻器概述

电子在物体内进行定向运动时遇到的阻力称为电阻。具有一定电阻值的元件称为电阻器（简称为电阻）。电阻器用字母 R 表示，基本单位是 Ω（欧），常用单位还有 $k\Omega$（千欧）、$M\Omega$（兆欧）等。各种电阻器的图形符号如图 3-1 所示。电阻器可以用作发热元件，还可以起到分压、分流的作用，也可与电容组成 RC 电路作为振荡、滤波、旁路、微分、积分和时间常数元件。

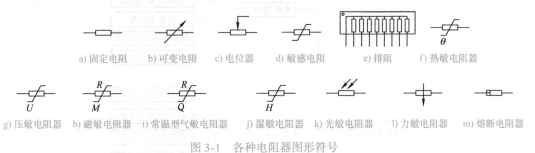

a) 固定电阻   b) 可变电阻   c) 电位器   d) 敏感电阻   e) 排阻   f) 热敏电阻器

g) 压敏电阻器 h) 磁敏电阻器 i) 常温型气敏电阻器 j) 湿敏电阻器 k) 光敏电阻器 l) 力敏电阻器 m) 熔断电阻器

图 3-1   各种电阻器图形符号

部分电阻器的实物如图 3-2 所示。

3.1.2 电阻器的分类

电阻器种类繁多，通常可分为固定电阻器、特殊电阻器与可变电阻器三大类。电阻器的具体分类如图 3-3 所示。其中，固定电阻器按制造工艺、电阻体材料与用途又可分成多个种类，特殊电阻器按用途进行分类。

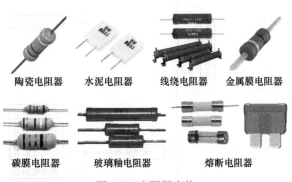

陶瓷电阻器   水泥电阻器   线绕电阻器   金属膜电阻器

碳膜电阻器   玻璃釉电阻器   熔断电阻器

图 3-2   电阻器实物

1. 薄膜电阻器

薄膜电阻器是用蒸发的方法将一定电阻率材料蒸镀于绝缘材料表面制成，常用的绝缘材料是陶瓷或玻璃基板。在生产中，通过控制薄膜的厚度或者通过刻槽使其长度变化来控制阻值。

1) 合成碳膜电阻器（RH）是用有机黏合剂将碳墨、石墨和填充料配成悬浮液涂覆于绝缘基体上，经高温加热聚合而成。因为容易制成高阻值的膜，主要用作高阻高压电阻器。

2）金属膜电阻器（RJ）是以特种金属或合金作电阻材料，在真空中加热合金，合金蒸发，在陶瓷或玻璃基体上形成电阻膜层的电阻器。与碳膜电阻器相比，金属膜电阻器耐热性优良、体积小、噪声低、稳定性好，但成本较高，通常用作精密型和高稳定性电阻器。

3）玻璃釉膜电阻器是由贵金属银、钯、铑、钌等的氧化物和玻璃彩釉黏合剂涂敷在陶瓷基体上，再经高温烧结制成，具有耐高温、温度系数小的特点。

4）碳膜电阻器（RT）是由高温加热分解出的结晶碳沉积在绝缘基体上制成。温度系数为负值，价格便宜，使用量大。

5）金属氧化膜电阻器（RY）是由可水解的金属盐类溶液（如四氯化锡和三氯化锑）喷覆在炽热的玻璃或陶瓷基体上而成。其电阻率较低，阻值范围为 $1\Omega \sim 200\mathrm{k}\Omega$ 之间，高温下稳定、耐热冲击、负载能力强。但其在直流下容易发生电解使氧化物还原，性能不太稳定。

6）化学沉积膜电阻器是用化学方法将电镀溶液中的金属离子在陶瓷表面电镀形成金属薄膜。目前一般沉积的膜是镍膜。

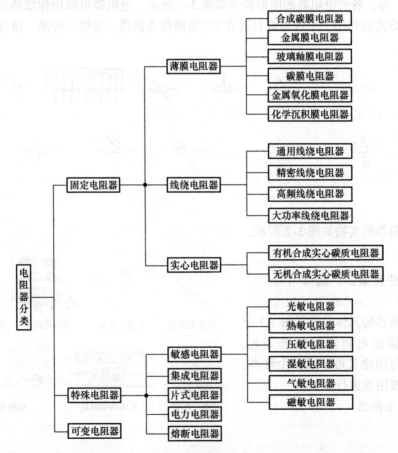

图 3-3　电阻器分类

2. 线绕电阻器

线绕电阻器用镍铬线或锰铜线、康铜线绕在陶瓷基体上制成。它具有阻值精度高、工作时噪声小、稳定性强、温度系数小、能承受高温的优点。其缺点是体积大，阻值较低，大多在 100kΩ 以下。由于结构上的原因，分布电容和分布电感系数大，不能在高频电路中使用。

3. 实心电阻器

1）有机合成实心碳质电阻器（RS）由颗粒状导体（如碳黑、石墨）、填充料（如云母粉、石英粉、玻璃粉、二氧化钛等）和有机黏合剂（如酚醛树脂等）等材料混合并热压成型后制成。其具有较强的抗负荷能力，但噪声大、稳定性差、分布电容和分布电感系数都比较大。

2）无机合成实心碳质电阻器（RN）由导电物质、填充料与无机黏合剂（如玻璃釉等）混合压制成型后，再经高温烧结而成。其温度系数较大，阻值范围较小。

4. 特殊电阻器

（1）敏感电阻器　敏感电阻器是一种对光照强度、压力、湿度等模拟量敏感的特殊电阻器，电阻值会随着敏感模拟量有较大变化。敏感电阻器实物如图 3-4 所示。

① 光敏电阻是用砷化镓、硫化镉、碲化镉等半导体材料，采用涂敷、喷涂、烧结等方法在绝缘基体上制作很薄的电阻体，两端装上电极引线，将其封装在带有透明天窗的管壳里制成。光敏电阻无光照射时的阻值称为暗电阻，阻值可达 1.5MΩ；有光照射时，阻值大幅度变小，这时的阻值称为亮电阻。

压敏电阻　热敏电阻　光敏电阻　气敏电阻　湿敏电阻

图 3-4　敏感电阻器实物

光照越强，亮电阻越低，可低至 1kΩ 以下。光敏电阻体积小、价格低，在检测、通信、自动报警等电路中得到大量应用。

② 热敏电阻由半导体类、金属类、合金类等热敏材料制成。电阻值随电阻体温度的变化而显著变化，其中阻值随温度升高而减小的为负温度系数（NTC）热敏电阻，阻值随温度升高而增加的为正温度系数（PTC）热敏电阻，阻值在温度达到一个临界值时，阻值急剧下降的为临界温度（CTR）热敏电阻。

热敏电阻主要用于温度测量、过电流保护。PTC 热敏电阻主要用于电气设备的过热保护、无触点继电器、恒温控制、电动机起动、时间延迟、火灾报警和温度补偿等方面。

③ 压敏电阻（MY）是以氧化锌为主要材料，具有非线性伏安特性的半导体元件。当其两端电压低于某一阈值时，电流几乎为零；超过这个阈值时，电流随端电压的增大而急剧增加。主要用于在电路承受过电压时进行电压钳位，吸收多余的电流以保护敏感器件。

④ 湿敏电阻（MS）由基体、电极和感湿材料制成，本身阻值跟随环境湿度的变化而变化。感湿材料主要有半导体陶瓷、氯化锂、有机高分子等。常用于空调、加湿器等电气设备中。

⑤ 气敏电阻（MQ）由 SnO_2、ZnO、Fe_2O_3、MgO 等具有气敏效应的半导体材料制成。这些半导体材料表面吸附某种气体时，本身的阻值随气体浓度变化而变化。常用于对有害气体的检测。

⑥ 磁敏电阻（MC）用锑化铟（InSb）或砷化铟（InAs）等对磁具有敏感性的半导体材料制成。当外加磁场的方向或强度发生变化时，磁敏电阻的阻值相应改变。常用于磁场强度、漏磁、磁卡文字识别等磁检测中。

（2）集成电阻器 将多个相同阻值的电阻器组合在一起，形成一排阻值相同的电阻，又称排电阻、排阻或电阻网络。集成电阻器用于相同多点输入的电路中，如有若干个开关量的输入，需要对输入信号进行限流、滤波的回路。集成电阻器内部的电路结构有多种，最常用的结构如图3-5所示。图3-5a、b给出了直插式和贴片式排阻的外形，图3-5c给出了直插式排阻的内部电路图，带点的一侧对应的引脚是公共引脚，公共引脚和其他任意一个引脚之间连接一个电阻，这个电阻的阻值约等于标称值。在两个非公共引脚之间连接两个电阻，相当于两个电阻串联，电阻值约为标称值的2倍。

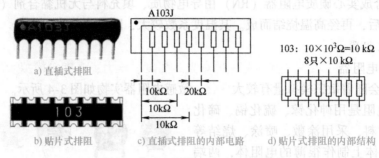

a) 直插式排阻　　b) 贴片式排阻　　c) 直插式排阻的内部电路　　d) 贴片式排阻的内部结构

图 3-5　集成电阻器实物及内部电路图

（3）片式电阻器 片式电阻器俗称贴片电阻。片式电阻器外形如图3-6所示。一般呈黑色扁平的小方块，两侧是银白色引脚。这类电阻器耐潮湿、耐高温、温度系数小、体积小、重量轻、装配成本低，可大大节约电路空间成本，使设计更精细化。片式电阻包括压敏贴片电阻、贴片合金电阻、绕线贴片电阻、贴片自恢复熔丝等。

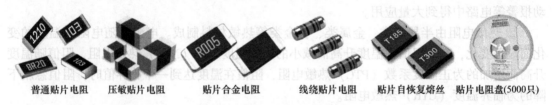

普通贴片电阻　　压敏贴片电阻　　贴片合金电阻　　线绕贴片电阻　　贴片自恢复熔丝　　贴片电阻盘(5000只)

图 3-6　片式电阻器实物

（4）熔断电阻器 熔断电阻器是一种兼具有电阻器和熔断器作用的特殊元件。它在正常使用情况下，具有和普通电阻器相同的电气特性，一旦电路中发生过电流，就会在规定时间内熔断，可防止故障进一步扩大和保护元器件免遭损坏。

了解电阻器的分类，有助于了解电阻器的生产过程。从生产过程可以得出电阻器的基本特性，例如：温度特性、温度系数、频率特性等。使用前应针对所使用的电阻进行仿真分析或测试，测量电阻的等效串联感抗和容抗。在特定的电路中，选用不同类型的电阻有时可以影响到局部电路的研发成败。

3.1.3　电阻器的命名方法

电阻器和电位器的型号一般由四部分组成，各部分代表的含义见表3-1。

例如：RJ72－R表示电阻器（主称），J表示金属膜（材料），7表示精密电阻（分类），2表示生产序号，整个符号表示精密金属膜电阻器。

又如：RTX－R表示电阻器，T表示碳膜，X表示小型碳膜电阻器。

表 3-1　电阻器和电位器的型号命名

第一部分		第二部分		第三部分		第四部分
用字母表示主称		用字母表示材料		用数字或字母表示分类		用数字表示序号
符号	意义	符号	意义	符号	意义	
R	电阻器	H	合成膜	1, 2	普通	
W 或 RP	电位器	S	有机实心	3	超音频	
		N	无机实心	4	高阻	
		T	碳膜	5	高温	
		Y	氧化膜	7	精密	
		J	金属膜（箔）	8	电阻器 – 高压	通常为 1 位数字或省略
		I	玻璃釉膜		电位器 – 特殊函数	
		X	线绕	9	特殊	
		C	沉积膜	G	高功率	
		F	复合膜	T	可调	
		R	热敏	W	微调	
		G	光敏	X	小型	
		M	压敏	D	多圈	

3.1.4　电阻器的参数

1. 标称阻值

标称阻值是电阻"名义"上的阻值，**不一定与它的实际值相等**。为了便于生产，同时**考虑能够满足实际使用的需要**，国家规定了一系列数值作为产品的标准，这一系列值就是电阻的标称系列值。任何固定电阻的阻值都符合标称系列中的数值乘以 $10^n\Omega$，其中 n 为整数。常用的标称阻值系列见表 3-2，此外还有 E48、E96、E192 精密电阻系列。其中，E24、E12 和 E6 系列也适用于电位器和电容器。不同的电路对电阻的偏差有不同的要求，一般电子电路，采用 I 级或者 II 级就可以满足要求。

表 3-2　常用电阻标称阻值系列

系列代号	允许偏差	偏差等级	标称阻值系列
E24	±5%	I	1.0 1.1 1.2 1.3 1.5 1.6 1.8 2.0 2.2 2.4 2.7 3.0 3.3 3.6 3.9 4.3 4.7 5.1 5.6 6.2 6.8 7.5 8.2 9.1
E12	±10%	II	1.0 1.2 1.5 1.8 2.2 2.7 3.3 3.9 4.7 5.6 6.8 8.2
E6	±20%	III	1.0 1.5 2.2 3.3 4.7 6.8

2. 允许偏差

电阻器实际值与标称值的偏差除以标称值的百分比定义为允许偏差。例如，某个 E24 系列电阻的标称值是 1000Ω，偏差是 5%，当这个电阻器的实际值介于 950～1050Ω 之间为合格。一般允许偏差小的电阻器，阻值精度就高，稳定性好，但生产要求也相应提高，成本增大，价格也随之提高。固定电阻器允许偏差等级见表 3-3。

表3-3　固定电阻器允许偏差等级

允许偏差（%）	±0.005	±0.01	±0.02	±0.05	±0.1	±0.25	±0.5
偏差等级符号	E	L	P	W	B	C	D
允许偏差（%）	±1	±2	±5	±10	±20	±30	−20～+50
偏差等级符号	F	G	J	K	M	N	S

3. 额定功率

电阻器的额定功率是指在规定的环境温度和湿度，周围空气不流通，长时间连续工作所允许消耗的最大功率。当超过额定功率时，电阻器的阻值将发生变化，甚至发热烧坏。对同一类电阻器，额定功率的大小决定它的几何尺寸，额定功率越大，外形尺寸越大。为保证安全使用，电阻器的额定功率应比它在电路中消耗的功率高1～2倍。

电阻器额定功率分为19个等级，常用的有 1/20W、1/8W、1/4W、1/2W、1W、2W、4W、5W。在电路图中，非线绕电阻器额定功率的符号表示法如图3-7所示。

线绕电位器常用的有 2W、3W、5W、10W 等，电阻器额定功率系列见表3-4。

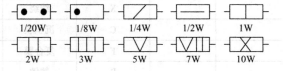

图 3-7　非线绕电阻器额定功率的符号表示法

表3-4　电阻器额定功率系列

类别	额定功率系列/W
线绕电阻	0.05　0.125　0.25　0.5　1　2　4　8　10　16　25　40　50　75　150　250　500
非线绕电阻	0.05　0.125　0.25　0.5　1　2　5　25　50　100
线绕电位器	0.25　0.5　1　1.6　2　3　5　10　16　25　40　63　100
非线绕电位器	0.025　0.05　0.1　0.25　0.5　1　2　3

4. 温度系数

温度系数是温度每变化1℃时所引起的电阻值相对变化。温度系数越小，电阻器的稳定性越好。阻值随温度升高而增大的为正温度系数，阻值随温度升高而减小的为负温度系数。

5. 最高工作电压

最高工作电压是由电阻器、电位器的最大电流密度、电阻体击穿以及结构等因素所规定的工作电压限度。对阻值较大的电阻器，当工作电压过高时，虽然功率不超过规定值，但内部会发生电弧火花放电，导致电阻变质损坏。一般1/8W碳膜电阻器或金属膜电阻器的最高工作电压不能超过150V或200V。

3.1.5　电阻器的标识方法

1. 直标法

用阿拉伯数字和单位符号在电阻器表面直接标出标称值，用百分数表示允许偏差。如图3-8a所示，电阻为金属膜电阻，标称值7.5kΩ，额定功率1W，允许偏差±5%。

2. 文字符号法

用阿拉伯数字和文字符号两者有规律的组合表示标称值，用文字符号表示允许偏差。若电阻上没有标注允许偏差，则均为 ±20%。文字符号法中，用数字代表阻值的有效数字，其中单位标志有以下 5 种：

欧（$10^0\Omega$），用 R 或 Ω 表示；千欧（$10^3\Omega$），用 k 表示；兆欧（$10^6\Omega$），用 M 表示；吉欧（$10^9\Omega$），用 G 表示；太欧（$10^{12}\Omega$），用 T 表示。

文字符号法中，规定整数部分在阻值单位标志符号的前面，小数部分在阻值单位标志符号的后面。例如：5R1 表示 5.1Ω，R51 表示 0.51Ω，5M1 表示 $5.1M\Omega$。

图 3-8b 电阻属性为：碳膜电阻、标称值 $1.8k\Omega$、额定功率 1W，允许偏差 ±10%。

3. 色标法

用不同颜色的色环、色带或色点标在元器件的表面，以表示标称阻值和允许偏差。色标法具有颜色醒目、标志清晰、无方向性的优点，小型化的电阻器都采用色标法。

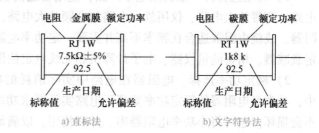

图 3-8　电阻器直标法和文字符号法

普通精度电阻器用四道色环，如图 3-9a 所示。其中前三环表示标称阻值，第一环表示阻值的第一位数，第二环表示阻值的第二位数，第三环表示倍率，第四环表示允许偏差。四环电阻最后一环必为金色或银色，例如，一个电阻器上面的四道色环颜色，从左到右依次为红、紫、橙、金，则可知其阻值为 $27 \times 10^3\Omega = 27k\Omega$，允许偏差为 ±5%。

精密电阻用五道色环，如图 3-9b 所示。其中前三环表示标称阻值。例如，一个电阻器五道色环颜色从左到右依次为棕、绿、黑、金、棕，则可知其阻值为 $150 \times 10^{-1}\Omega = 15\Omega$，允许偏差为 ±1%。

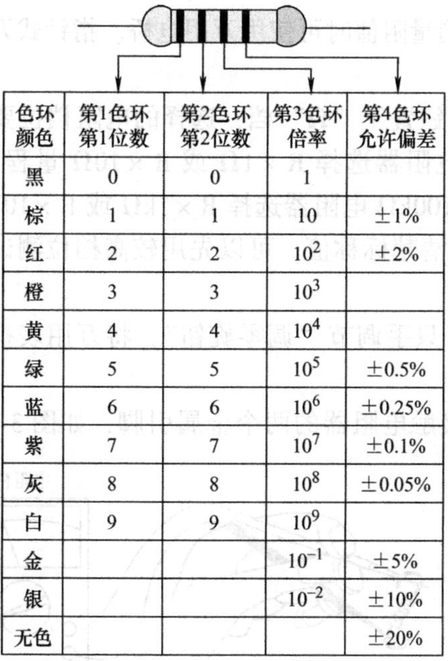

色环颜色	第1色环 第1位数	第2色环 第2位数	第3色环 倍率	第4色环 允许偏差
黑	0	0	1	
棕	1	1	10	±1%
红	2	2	10^2	±2%
橙	3	3	10^3	
黄	4	4	10^4	
绿	5	5	10^5	±0.5%
蓝	6	6	10^6	±0.25%
紫	7	7	10^7	±0.1%
灰	8	8	10^8	±0.05%
白	9	9	10^9	
金			10^{-1}	±5%
银			10^{-2}	±10%
无色				±20%

a) 四环色标法

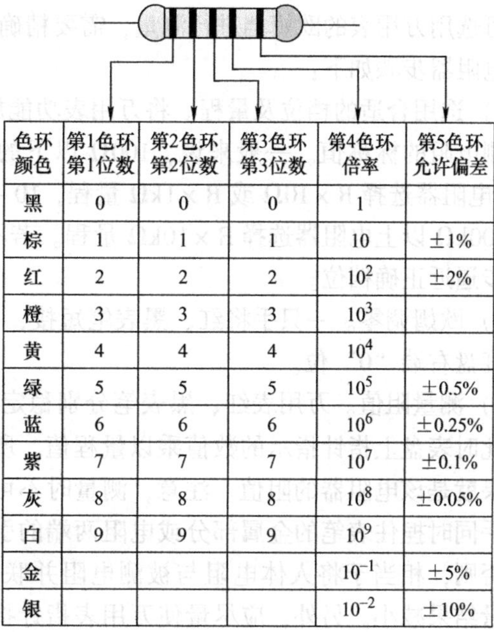

色环颜色	第1色环 第1位数	第2色环 第2位数	第3色环 第3位数	第4色环 倍率	第5色环 允许偏差
黑	0	0	0	1	
棕	1	1	1	10	±1%
红	2	2	2	10^2	±2%
橙	3	3	3	10^3	
黄	4	4	4	10^4	
绿	5	5	5	10^5	±0.5%
蓝	6	6	6	10^6	±0.25%
紫	7	7	7	10^7	±0.1%
灰	8	8	8	10^8	±0.05%
白	9	9	9	10^9	
金				10^{-1}	±5%
银				10^{-2}	±10%

b) 五环色标法

图 3-9　色标法

4. 数码表示法

用三位数字表示普通精度电阻的标称值，前两位表示有效数字，第三位表示 10^n（$n = 0 \sim 8$），单位为 Ω。当 $n = 9$ 时为特例，表示 10^{-1}。贴片电阻多用数码法标示，如 103 表示 $10 \times 10^3\Omega = 10k\Omega$，而标志是 0 或 000 的电阻表示阻值为 0Ω。用四位数字表示高精度电阻的标称值，前三位表示有效数字，第四位表示乘方数，如 1001 表示 $100 \times 10^1\Omega = 1k\Omega$。

3.1.6　电阻器的选用

1）类型选择。一般民用电子产品，选用普通的碳膜电阻器。要求较高的电路，如运放电路、宽带放大电路、仪用放大电路和高频放大电路，可选用金属膜电阻器或金属氧化膜电阻器。线绕电阻器适合在频率不高并需要一定功率电阻器的电路中工作，如常用电阻箱、固定衰减器、精密测量仪器、电子计算机和无线电定位设备中的电子电路。

2）额定功率选择。电阻器在电路中实际消耗的功率不得超过其额定功率。实际应用中，功率型电阻器的额定功率要高于电路实际要求功率的 $1 \sim 2$ 倍，以保证电阻器长期使用不会损坏。也可将小功率电阻器串、并联使用，以满足功率要求。另外，如果安装、维修电路，原则上电阻器的功率按电路图上所标注的数据选用即可，不必再重新加大其裕量。

3）阻值与误差选择。电阻器阻值应选用最接近计算值的一个标称系列值，也可以用两个以上电阻的串并联来代替所需要的电阻。一般电子电路中电阻器误差选用Ⅰ级、Ⅱ级或Ⅲ级即可，精密仪器及特殊电路中的电阻器选用精密型电阻。

4）其他因素。电阻器的温度系数、噪声、工作电压、非线性等也要符合电路的设计要求，还应考虑工作环境与可靠性。

3.1.7　电阻器的检测

1. 普通电阻器的检测

可选用万用表的欧姆档进行测量，需要精确测量阻值时可使用万用电桥。指针式万用表检测电阻器步骤如下：

1）选用合适的档位及量程。将万用表功能旋钮置于"Ω"档，选择的电阻档位要略大于被测电阻的标称值。一般来说，100Ω 以下的电阻器选择 $R \times 1\Omega$ 或 $R \times 10\Omega$ 量程，$1 \sim 10k\Omega$ 电阻器选择 $R \times 10\Omega$ 或 $R \times 1k\Omega$ 量程，$10 \sim 100k\Omega$ 电阻器选择 $R \times 1k\Omega$ 或 $R \times 10k\Omega$ 量程，$100k\Omega$ 以上电阻器选择 $R \times 10k\Omega$ 量程。若不清楚标称值，可以先用较高档位测试，然后逐步逼近正确档位。

2）欧姆调零。一只手将红、黑表笔短接，一只手调节"调零旋钮"，将万用表指针调至刻度盘右端"0"位。

3）测量阻值。万用表红、黑表笔分别稳定接触电阻器的两个金属引脚，如图 3-10 所示。此时表盘上指针指示的数值乘以量程值，所得结果就是该电阻器的阻值。注意，测量时不可用双手同时捏住表笔的金属部分或电阻两端的引脚，否则，相当于将人体电阻与被测电阻并联，使测量结果减小。另外，应尽量使万用表指针指示在刻度盘的中间部分，而且每换一次量程，都需要重新进行欧姆调零。

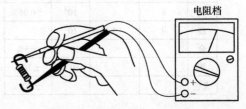

图 3-10　万用表测量固定电阻器

4）判断好坏。测量的结果与电阻器的标称值相近，说明该电阻器良好；若相差太大，则说明存在问题；若在各量程上指针均不偏转，则说明电阻器开路损坏。当电阻连接在电路中时，首先应将电路的电源断开，决不允许带电测量。其次，必须将电阻器的一端从电路中断开，避免电路中其他元器件影响测量结果。

2. 光敏电阻器的检测

（1）遮光检测　用黑纸片遮住光敏电阻的透光窗口，万用表档位选择 R×1kΩ 或 R×10kΩ，此时的测量值为光敏电阻的暗电阻，通常为数兆欧。此值越大，说明光敏电阻性能越好，若此值很小或接近为零，则说明光敏电阻损坏。

（2）受光检测　将一光源对准光敏电阻的透光窗口，此时万用表的指针应以较大幅度向右摆动，阻值通常为几千欧或几十千欧，这个阻值即为光敏电阻的亮电阻。不同光源照射时，亮电阻阻值不同。同一光照下，此值越小，则光敏电阻性能越好，若此值很大甚至无穷大，则说明光敏电阻内部开路损坏，不能使用。

（3）闪光检测　将光敏电阻透光窗口对准入射光线，用小黑纸片在光敏电阻的遮光窗上部晃动，使其间断受光，此时，万用表指针应随黑纸片的晃动而左右摆动，如果万用表指针始终停在某一位置，不随纸片晃动而摆动，那么说明光敏电阻损坏。

3. 压敏电阻器的检测

压敏电阻的标称电压通常都比万用表内的电池电压高，故测出的阻值一般都为无穷大。若测出阻值接近0Ω，则说明压敏电阻已经短路，不能再用。但对于断路或失去功能的压敏电阻，普通万用表无法判断。

4. 热敏电阻器的检测

（1）正温度系数的热敏电阻　检测时，可依据标称电阻值确定欧姆档位，一般置于 R×1Ω或 R×100Ω 档。具体检测可分两步：第一步是常温检测（室内温度接近25℃），将万用表的两表笔接触热敏电阻的两引脚测出其实际阻值，并与标称阻值相对比，二者若相差在±2Ω 内，则该热敏电阻正常；二者若相差过大，则说明性能不良或已损坏。第二步，在常温测试正常的基础上，即可进行第二步测试：加温检测。将一热源（例如电烙铁）靠近热敏电阻对其加热，观察万用表的电阻指示值，若热敏电阻的电阻值随温度的升高而增大，而且阻值改变到一定数值时会逐渐稳定，则说明热敏电阻正常；若阻值无变化，则说明其性能变劣，不能继续使用。

（2）负温度系数的热敏电阻　负温度系数热敏电阻器检测方法与上述的正温度系数热敏电阻器的检测方法相同，区别在于其电阻值随温度的升高而减小，但因为负温度系数热敏电阻器对温度非常敏感，测试时应注意以下几点：

热敏电阻标称电阻值是环境温度为25℃时所测得的，用万用表测量电阻值时，在环境温度接近25℃时的测量结果最准确。测量功率不得超过规定值，以免电流热效应引起测量误差。测试时，不要用手捏住热敏电阻体，以防止人体温度对测试产生影响。不要使热源与热敏电阻靠得过近或直接接触，以防烫坏。

3.2　电位器

3.2.1　电位器概述

电位器是可调电阻器的一种，通常是由电阻体与转动或滑动系统组成，如图 3-11a 所示。电阻体包括动片和定片。两定片之间电阻固定，动片到任一定片的电阻可变。通过手动调节转轴或滑柄，改变动片在电阻体上的位置，从而改变滑动片与任一个固定端之间的电阻值。

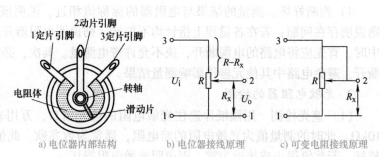

a) 电位器内部结构　　b) 电位器接线原理　　c) 可变电阻接线原理

图 3-11　电位器内部结构与接线原理

电位器用来分压、分流，如图 3-11b 所示，外加电压 U_i 加在定片引脚 1 和 3 端时，动片引脚 2 端将电阻体 R 分成 R_x 与 $R - R_x$ 两部分，1 端与 2 端之间的电压为输出电压 U_o。

电位器也能作为可变电阻器使用，如图 3-11c 所示，此时将 2 端与 3 端短接在一起作为一个引出端，当滑动片在电阻体上滑动时，1 端与 2 端之间的电阻随之平滑改变。

3.2.2　电位器的分类

1. 按电阻体材料分类

1）线绕电位器。其用电阻丝绕制而成，又可分为通用、精细、预调节电位器等。

2）非线绕电位器。其分为实心电位器和薄膜型电位器，实心电位器又分为有机实心、无机实心以及导电塑料等。薄膜型电位器又分为金属膜、碳膜、金属氧化膜、复合膜等。

2. 按调节方式分类

按调节方式分类可分为旋转式电位器、推拉式电位器和直滑式电位器。

3. 按阻值变化规律分类

按阻值变化规律分类可分为线性、对数式、指数式、正余弦式。

4. 按结构特点分类

按结构特点分类可分为单圈、多圈、单联、双联、多联、有止档、无止档、抽头、带开关、紧锁型、非紧锁型、贴片式电位器等。

电位器实物图如图 3-12 所示。

a) 陶瓷微调电位器　　b) 微调电位器　　c) 电阻式角度传感器　　d) 旋转电位器

e) 滑动电位器　　f) 线绕电位器　　g) 摇杆电位器　　h) 四联金属柄旋转电位器

i) 单联金属柄旋转电位器　　j) 双联旋转电位器　　k) 带开关电位器

图 3-12　电位器实物

3.2.3   普通电位器的命名方法

普通电位器的型号命名由四部分组成，第一部分表示电位器的主称，用字母 RP 或 W 表示；第二部分表示电位器电阻体选用的材料，用字母表示；第三部分表示电位器的类别，用字母表示，见表 3-5；第四部分表示电位器的生产序号，用数字表示。例如：微调有机实芯电位器：WSW1，其中，第一部分"W"表示电位器（主称）；第二部分"S"表示有机实芯（材料）；第三部分"W"表示微调（类别）；第四部分"1"表示序号。

表 3-5   电位器表示类别的字母含义

字母	意义	字母	意义	字母	意义
J	单圈旋转精密类	X	小型或旋转低功率类	T	特殊型
D	多圈旋转精密类	G	高压类	B	片式类
Z	直滑式低功率类	H	组合类	Y	旋转预调类
M	直滑式精密类	W	微调、螺杆驱动预调类		
P	旋转功率类	R	耐热型		

3.2.4   电位器的主要参数

1）标称阻值。其是指两个固定端之间的阻值，其系列与电阻的标称系列相同，一般按 E6 或 E12 系列标称。

2）允许偏差。其是指电位器实际阻值与标称阻值的允许偏差范围。通常为 ±20%、±10%、±5%、±2%、±1%，精密电位器的精度可达 ±0.1%。

3）额定功率。其是指两个固定端之间允许耗散的最大功率。一般电位器的额定功率系列为 0.125W、0.25W、0.5W、0.75W、1W、2W、3W；线绕电位器的额定功率有 0.5W、0.75W、1W、1.6W、3W、5W、10W、16W、25W、40W、63W、100W。

4）阻值特性。其也称为电位器的输出特性，即阻值随滑动片触点旋转角度（或滑动行程）之间的变化关系，这种变化关系可以是任何函数形式。常用的有直线式（X）、对数式（D）和指数式（Z）三种，如图 3-13 所示。

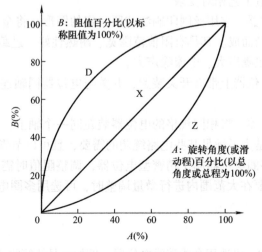

图 3-13   电位器的阻值特性

5）符合度。其又称为符合性，是指电位器的实际输出函数特性和所要求的理论函数特性之间的符合程度，用实际输出与理论输出之间的绝对差值的百分比表示，符合度代表电位器的精度。

6）分辨力。分辨力决定于电位器的理论精度。对于线绕电位器和线性电位器，分辨力用动触点在绕组上每移动一匝所引起的电阻变化量与总电阻的百分比表示；对于具有函数特性的电位器，由于绕组上每一匝的电阻不同，此时的分辨力是指函数特性曲线上斜率最大那一段的平均分辨力。电位器的分辨力对仪器或控制系统的调节精度有重要影响。

7）滑动噪声。其是指电位器特有的噪声。在改变电阻值时，由于电位器电阻分配不当、转动系统配合不当以及电位器存在接触电阻等原因，会使动触点在电阻体表面移动时，输出端除去有用信号外，还伴有随着信号起伏不定的噪声。

对于线绕电位器来说，除了上述的动触点与绕组之间的接触噪声外，还有分辨力噪声和短接噪声。分辨力噪声由电阻变化的阶梯性引起，而短接噪声则是当动触点在绕组上移动而短接相邻线匝时产生的，它的大小与流过绕组的电流、线匝的电阻以及动触点与绕组间的接触电阻成正比。

8）电位器的轴长与轴径。电位器的轴长是指从安装基准面到轴端的尺寸。轴长尺寸系列有 6~80mm 等；轴的直径系列有 2~10mm 等。

3.2.5　常见电位器

1）合成碳膜电位器。它是将经过研磨的石墨、石英等材料涂敷于绝缘基体的表面，再加温聚合后形成的。合成碳膜电位器分辨力高、阻值范围宽（一般为 $470\Omega \sim 4.7\mathrm{M}\Omega$）、种类多、价格便宜、寿命长、制作工艺简单，是目前应用最广泛的一种电位器，但其电流噪声大、耐湿性和稳定性也较差。

2）线绕电位器。它由绕在绝缘骨架上的电阻线圈和沿表面移动的滑动臂组成。线绕电位器接触电阻小、精度高、功率范围宽、温度系数小、耐热性好。其缺点是阻值范围窄、分辨力不高、高频特性差且高阻值的线绕电位器容易断线、体积大、价格高。

3）有机实芯电位器。它由导电材料与有机填料、热固性树脂配置成电阻粉，经过热压在绝缘体的凹槽内制成。结构简单、耐热性好、功率大、可靠性高、体积小、寿命长，但温度系数大、噪声大、制造工艺相对复杂。

4）金属玻璃釉电位器。它用丝网印刷法按照一定的图形，将金属玻璃釉电阻浆料涂敷在陶瓷基体上经高温烧结而成。其具有阻值范围宽、耐热性好、过载能力强、耐潮、耐磨等优点。其缺点是接触电阻噪声大、电流噪声大。

5）开关电位器。电位器上带有开关装置，开关与电位器同轴连接，但彼此独立，互不影响。

6）双联或多联电位器。将相同规格的电位器装在同一个轴上，就可组成同轴双联或多联电位器。此类电位器是为了满足某些电路统调的需要，且可以节省空间、美化板面。

7）多圈电位器。多圈电位器属于精密型电位器，调整阻值时需要使转轴旋转多圈（可多达40圈）。当阻值需要在大范围内进行微量调整时，可选用多圈电位器。

3.2.6　电位器的选用与测量

1. 电位器的选用

在要求不高的电路中，可选用合成碳膜电位器。例如，晶体管收音机中的带有旋转开关的音量电位器、家用电器和其他电子设备中的高负载以及微调电位器。在直流电路和低频电路中可选用线绕电位器，但高频电路不宜选用。精密型电子设备中可选用金属玻璃釉电位器。

电位器的主要参数有标称阻值、允许偏差、额定功率和阻值特性。比如：一台收音机的音量控制电位器阻值一般在数千欧到数十千欧之间，可以选择一个阻值在 $4.7k\Omega \sim 4.7M\Omega$ 间的电位器；电视机、收音机的前置放大电路中的电位器要求电流噪声要小，因此，需要选用滑动噪声小的线绕电位器。

直线式电位器的阻值随旋转角度均匀变化，适合用作分压器，如：电子示波器的聚焦、亮度调节和万用表的调零。对数式电位器适用于收音机、录音机、电视机中的音量调节电路。这是因为人耳对声音的听觉特性接近于对数关系，这与对数型电位器特性正好形成互补关系，使声音变化听起来显得平稳、舒适。指数式电位器适用于电路的特殊调节，如音调控制、电视机的对比度调节。

2. 电位器的质量判别

选用万用表电阻档的适当量程测量电位器两个固定端之间的阻值，若测得的阻值为无穷大或与标称阻值相差很多，说明电位器已开路或损坏。然后，将两表笔分别接电位器滑动端与任一固定端，慢慢转动电位器的轴柄，使其从一个极端位置旋转（或滑动）至另一个极端位置，如图 3-14a 所示。如果万用表表针指示的电阻值从标称阻值（或 0Ω）连续变化至 0Ω（或标称阻值），且在整个旋转过程中，表针平稳变化，没有任何跳动现象，说明电位器质量良好；若在旋转（或滑动）过程中，阻值变化不连续，表针有跳动现象，则说明电位器接触不良。

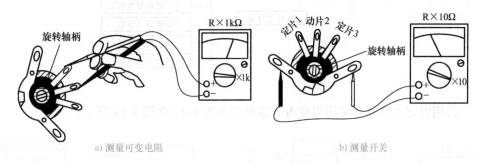

a) 测量可变电阻　　　　　　　　　　　　　　　b) 测量开关

图 3-14　电位器的测量

对于带开关的电位器，除应按以上方法检测电位器的标称阻值及接触情况外，还应检测开关是否正常。先旋转电位器轴柄，检查开关是否灵活，接通、断开时是否有清脆的"咔哒"声。如图 3-14b 所示，万用表选择 $R \times 1\Omega$ 档，两表笔分别接在电位器开关的两个外接引脚焊片上，旋转电位器轴柄，使开关接通，万用表上指示的电阻值应由"∞"变为 0Ω；再关断开关，万用表指针应从 0Ω 返回"∞"处。测量时应反复接通、断开电位器开关，观察开关每次动作时指针的变化情况。若开关在"开"的位置阻值不是 0Ω，在"关"的位置阻值不是"∞"，则说明该电位器的开关已损坏。

3.3　电容器

3.3.1　电容器概述

电容器由两块金属电极之间夹一层绝缘材料（电介质）构成，用字母 C 表示，图形符号如图 3-15 所示。电容器具有隔离直流导通交流的特点，是一种储能元件，当在两金属电极间加上电压时，电极上就会存储电荷。在电路中的作用是隔直、耦合、旁路、滤波、能量转换等。

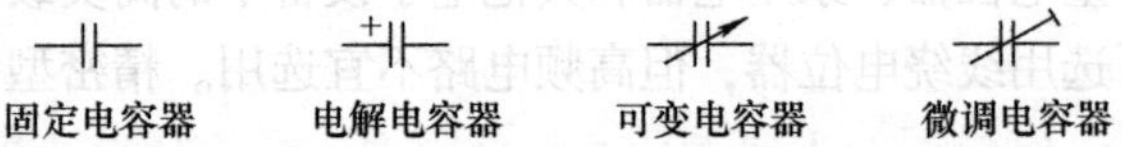

电容器的分类如图 3-16 所示。

固定电容器	电解电容器
可变电容器	微调电容器

图 3-15　电容器图形符号

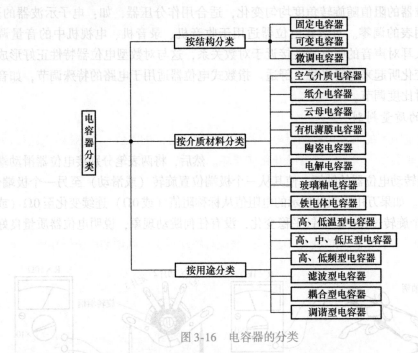

图 3-16　电容器的分类

常用固定电容器和常用可变电容器外形如图 3-17 和图 3-18 所示。

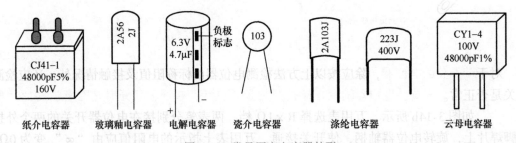

图 3-17　常见固定电容器外形

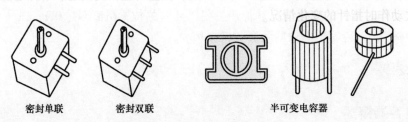

图 3-18　常见可变电容器外形

各种类型的电容器实物如图 3-19 所示。

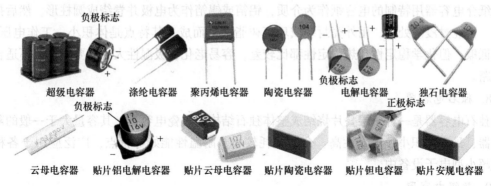

图 3-19 电容器实物

1. 聚酯（涤纶）电容器

聚酯电容器用涤纶作为绝缘介质，金属箔作为电极，类属于有机薄膜电容器。主要特点是介电常数较高、体积小、容量大。其适用于对稳定性和损耗要求不高的低频电路。

2. 聚苯乙烯电容器

聚苯乙烯电容器用电子级聚苯乙烯膜作为介质，高电导率铝箔作为电极卷绕而成圆柱状，并采用热缩密封工艺制作而成，类属于有机薄膜电容器。主要特点是稳定性高、损耗低、体积较大。适用对稳定性和损耗要求较高的电路。

3. 云母电容器

云母电容器采用天然云母作为电介质，造价相对其他电容要高，形状多为方块状。主要特点是介质损耗小、绝缘电阻大、温度系数小、可靠性高，适宜高频电路。

4. 陶瓷电容器

陶瓷电容器用陶瓷作为电介质，在陶瓷基体两面喷涂银层，经低温烧成银质薄膜作为电极制成，外形以圆形居多，也有管形、片式等形状。主要特点是结构简单、介质损耗小、固有电感小、稳定性高、耐热耐湿性好。陶瓷电容器大量用于电子电路中，特别适用于高频高压电路及温度补偿电路。

5. 玻璃釉电容器

玻璃釉电容器具有陶瓷电容器的优点，相对体积小、稳定性较高、损耗小、耐高温（200℃）。适用于脉冲、耦合、旁路等电路。

6. 电解电容器

电解电容器是应用较多的大容量电容器，正极为粘有氧化膜的金属极板，氧化膜作为介质，负极为液体、半液体或胶状的电解液。电解电容器有正、负极之分，只能工作于直流状态下。极性用反时，由于漏电流急剧增加，电解电容器会热损坏，严重时可能发生爆炸。一个新的电解电容器引脚长的一端为正极，短的一端为负极。

电解电容器主要特点是容量大，在短时间内击穿后，具有自动恢复绝缘的能力。其缺点是体积大、误差大、寿命短。常用的电解电容器主要有铝电解电容器和钽电解电容器。电解电容器在电源电路或中频、低频电路中起隔直、滤波、退耦、旁路、信号耦合等作用。

7. 纸介电容器

纸介电容器用特制的电容纸作为介质，铝箔或锡箔作为电极并卷绕成圆柱形，然后接出引线，再经过浸渍处理，用外壳封装或环氧树脂灌封而成。其特点是体积小、工作电压高、成本低廉，但化学稳定性和热稳定性都比较差，容易老化，吸湿性大，需要密封，不适合高频电路。

8. 独石电容器

独石电容器是一种多层叠片烧结成整体独石结构的陶瓷电容器。其容量大于一般的陶瓷电容器，具有体积小、可靠性高、介质损耗较小、耐温性能好等特点，广泛应用于各种小型、超小型电子设备中。

9. 超级电容器

超级电容器是一种电容量可达数千法的极大容量电容器。它采用双电层原理和活性炭多孔化电极，是一种介于传统电容器与电池之间、具有特殊性能的电源。超级电容器可作为电脑内存系统、照相机、音频设备和间歇性用电的辅助设施，其中大尺寸的柱状超级电容器则多用于汽车领域和自然能源采集。

10. 可变电容器

可变电容器是一种电容量可以在一定范围内调节的电容器。它由相互绝缘的两组极片组成，其中固定不动的一组极片称为定片，可动的一组极片称为动片，改变极片间相对的有效面积或距离时，电容量随之改变。可变电容器通常用在无线电接收调谐电路中。

可变电容器按介质材料可分为空气介质可变电容器和固体介质可变电容器。空气介质可变电容器又分为空气单连可变电容器（简称空气单连）和空气双连可变电容器（简称空气双连，由两组动片、定片组成，可以同轴同步旋转）。空气介质可变电容器通常用在收音机、电子仪器、高频信号发生器、通信设备中。

固体介质可变电容器是在动片与定片（动、定片均为不规则的半圆形金属片）之间加云母片或塑料（聚苯乙烯等材料）薄膜作为介质，外壳为透明塑料。其优点是体积小、重量轻；缺点是噪声大、易磨损。固体介质可变电容器分为密封单连可变电容器（简称密封单连）、密封双连可变电容器（简称密封双连，它有两组动片、定片与介质，可同轴同步旋转）和密封四连可变电容器（简称密封四连，它有四组动、定片与介质）。密封单连可变电容器主要用在简易收音机或电子仪器中；密封双连可变电容器用在晶体管收音机和有关电子仪器、电子设备中；密封四连可变电容器常用在 AM/FM 多波段收音机中。

11. 半可变电容器（微调电容器）

微调电容器的调节范围为几十皮法，主要用途是在电路中作为补偿和校正。常用的微调电容器包括有机薄膜微调电容器、瓷介微调电容器、拉线微调电容器和云母微调电容器。

3.3.2　电容器的命名方法

国产电容器的型号一般由四部分组成（不适用于压敏、可变、真空电容器），见表 3-6，依次分别代表主称、材料、特征分类和序号。第一部分：主称，用字母 C 表示；第二部分：材料，用字母表示；第三部分：特征分类，一般用字母表示；第四部分：序号，用数字或字母表示。

表 3-6 电容器型号命名

第一部分		第二部分		第三部分		第四部分
用字母表示主称		用字母表示材料		用字母表示特征分类		用数字或字母表示序号
符号	意义	符号	意义	符号	意义	
		C	陶瓷	T	铁电	
		I	玻璃釉	W	微调	
		O	玻璃膜	J	金属化	
		Y	云母	X	小型	
		V	云母纸	S	独石	
		Z	纸介	D	低压	
		J	金属化纸	M	密封	
		B	聚苯乙烯	Y	高压	品种
		F	聚四氟乙烯			尺寸代号
		BB	聚丙烯			温度特性
C	电容器	L	涤纶			直流工作电压
		S	聚碳酸酯			标称值
		Q	漆膜			允许偏差
		H	纸膜复合			标准代号
		D	铝电解			
		A	钽电解			
		G	金属电解			
		N	铌电解			
		T	钛电解			
		E	其他材料电解			

3.3.3 电容器的参数

1. 标称容量

电容器储存电荷的能力用电容量衡量，电容量基本单位为法拉（简称"法"），用符号 F 表示。在实际应用中，电容器的电容量往往比 1 法小很多，常用较小的单位：mF（毫法）、μF（微法）、nF（纳法）、pF（皮法）等，它们的关系是：$1F = 10^3 mF = 10^6 \mu F = 10^9 nF = 10^{12} pF$。常用的固定电容器标称容量见表 3-7。标称容量系列的定义参考本书 3.1.4 节。

表 3-7 固定电容器标称容量系列

系列代号	允许偏差	电容器类别	标称容量系列
E24	±5%	高频纸介、云母、玻璃釉、高频有机薄膜（无极性）	1.0 1.1 1.2 1.3 1.5 1.6 1.8 2.0 2.2 2.4 2.7 3.0 3.3 3.6 3.9 4.3 4.7 5.1 5.6 6.2 6.8 7.5 8.2 9.1
E12	±10%	纸介、金属化纸复合、低频有机薄膜（有极性）	1.0 1.2 1.5 1.8 2.2 2.7 3.3 3.9 4.7 5.6 6.8 8.2

（续）

系列代号	允许偏差	电容器类别	标称容量系列
E6	±20%	电解电容器	1.0　1.5　2.2　3.3　4.7　6.8
E3	超过±20%	电解电容器	1.0　2.2　4.7

2. 额定电压（耐压）

电容器的额定电压是指在规定的环境温度下，能长期连续可靠工作而不被击穿时的最大直流电压。额定电压的标注有两种方法，第一种是把额定电压值直接标在外壳上，第二种是采用1个数字与1个字母组合表示，数字表示10的幂次方数，字母表示数值，单位是V。例如2B表示额定电压值为$10^2 \times 1.25V = 125V$。额定电压值的字母含义见表3-8。

表3-8　电容器额定电压值字母含义

字母	A	B	C	D	E
额定电压值/V	1.0	1.25	1.6	2.0	2.5
字母	F	G	H	J	K
额定电压值/V	3.15	4.0	5.8	6.3	8.0

3. 允许偏差

电容器的容量等级精度较低，一般分为以下几个等级：I级（±5%）、II级（±10%）、III级（±20%）、IV（+20%～-30%）、V（+50%～-20%）、VI（+100%～-10%）。

固定电容器允许偏差等级与电阻器的允许偏差等级相同。

4. 绝缘电阻

电容器两极之间的绝缘介质不是绝对的绝缘体，它的电阻不是无限大，一般在1000MΩ以上。这个电阻叫作电容器的绝缘电阻或漏电阻，其大小是额定电压下的直流电压与通过电容器的漏电流的比值。漏电阻越小，漏电流越大，电容器质量越差，寿命也越短。

5. 损耗角正切

如果电容器是理想电容器，则在外加交流电压的作用下，电流将超前电压90°。但电容器是一种实际元件，总存在一定的漏电流，因此实际的电流相位将比理想电流相位滞后一个角度δ，这个角度称为损耗角。

电容器的损耗，相当于在理想电容上并联一个等效电阻，如图3-20所示。

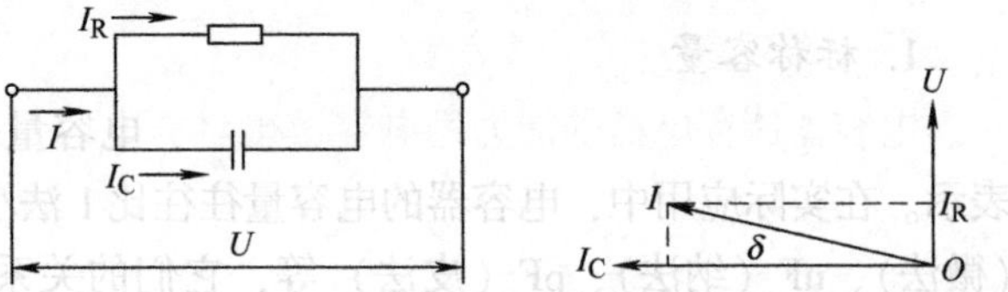

图3-20　电容器等效电路

电容器上储存的无功功率为$Q = UI_C = UI\cos\delta$。

损耗的有功功率为$P = UI_R = UI\sin\delta$。

只考虑损耗功率，而不考虑存储功率不能全面反映电容器的质量，因为功率的损耗与加在电容器上电压和流过的电流有关。而用电容器的有功功率P与无功功率Q的比值$\tan\delta$则可以确切衡量其质量的好坏，$\tan\delta$称为电容器的损耗角正切。

电容器串联时额定电压值增加，容量减小，其总容量C的倒数等于各分容量$C_1 \sim C_n$的倒数之和，即

$$\frac{1}{C} = \frac{1}{C_1} + \frac{1}{C_2} + \cdots + \frac{1}{C_n} \tag{3-1}$$

电容器并联时容量增加，额定电压值是所有并联电容器的最小额定电压值。其等效容量等于各分容量之和，即

$$C = C_1 + C_2 + \cdots + C_n \tag{3-2}$$

3.3.4　电容器的标识方法

1）直标法。直标法是将容量、额定电压、误差等以数字或字母的形式直接标注在电容器上，电解电容器通常采用直标法，如 50V，0.47μF 表示该电容器标称容量为 0.47μF，额定电压值为 50V。

直标法中，有时会省略额定电压值的单位，没有标注额定电压值的通常为 50V。

2）文字符号法。文字符号法是用阿拉伯数字和文字符号两者有规律的组合表示标称容量，用文字符号表示允许偏差。无标识单位读法：对于普通电容器，数字若为整数，单位为pF，数字若为小数，单位为 μF；对于电解电容器，单位统一为 μF。

例如：4N7—4.7NF；0.36—0.36μF；3200—3200pF；

1000V　4N7K—标称容量为 4.7nF，偏差等级为 ±10%，额定电压值为 1000V；

2N2J—标称容量为 2.2nF，即 2200pF，允许偏差为 ±5%；

47NK—标称容量为 47nF 或 0.047μF，允许偏差 ±10%。

3）数码表示法。用三位数字表示标称容量的大小，从左至右，前两位表示有效数位，第三位表示倍率 10^n（$n = 0 \sim 8$）。当 $n = 9$ 时为特例，表示 10^{-1}，单位一律为 pF。

例如：223—22×10^3pF $= 22000$pF $= 0.022$μF；

579—$57 \times 10^{-1} = 5.7$pF；

2A473K—额定电压值为 100V，标称容量为 0.047μF，偏差等级为 ±10%。

有些电容器上面虽然标注的是数字，但只有一位或两位，这种情况下的容量单位一般为 pF，识别时注意要与数码法标注的电容器区别开来。

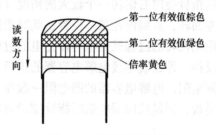

图 3-21　色标法电容器

4）色标法。电容器的色标法与电阻相似，如图 3-21所示，电容器上有三条色带，色码的读码方向从顶部向引脚读，第一、二道色码表示有效值，第三道色码表示倍率，单位一般为 pF。图中电容器的标称容量为 15×10^4pF $= 150000$pF $= 0.15$μF。

3.3.5　电容器的选用与测量

1. 电容器的选用

（1）类型选择　一般用作低频耦合或旁路、电气特性要求较低时，可选用纸介电容器、涤纶电容器和电解电容器；在高频高压电路中要求电容量保持稳定，应选用云母电容器或高频陶瓷电容器；在电源滤波和退耦电路中，应选用电解电容器。

（2）额定工作电压选择　无论选用哪种类型的电容器，其额定电压都不能低于电路的实际工作电压，否则电容器会被击穿。但额定电压也不能过高，以免增加成本、加大电容器的体积。在选择普通电容器时，额定电压应高于实际工作电压的 1~2 倍。选择电解电容器

时，由于其自身结构特点，一般应使实际工作电压为其额定电压的 50% ~ 70%，以保证在电路中正常发挥作用。

（3）容量与误差等级选择　不同功能的电路对电容器容量的要求有所不同，大多数电子电路中对电容器容量的要求并不严格。旁路、退耦、低频耦合电路中，对容量的精度没有太大要求，一般选用相近容量或者大一些的电容器即可。在振荡电路和音调控制电路中，容量应该与设计值保持一致。在各种滤波器和网络中，对电容器的容量精度要求较高，应选用精度高的电容器。总之，在确定电容器的容量精度时，总原则是考虑电路的实际需要，不应盲目追求电容器的精度等级。

（4）其他因素　电容器的性能与环境条件密切相关，在气候炎热、温度较高的环境中，电容器老化速度快，应选择耐热性能好的电容器，同时使电容器远离发热源，改善仪器内部的散热通风条件。

2. 电容器的质量判别方法

（1）电解电容器的检测　电解电容器的容量比一般的固定电容器大很多，利用万用表的欧姆档可以简单地测量出优劣情况，粗略判别其漏电、容量衰减和失效等情况。准确测量电容器的容量应选用电容测试仪。

一般情况下，$4.7 \sim 100\,\mu F$ 之间的电容器，可选用 $R \times 1k\Omega$ 档或 $R \times 100\Omega$ 档进行测量，大于 $100\,\mu F$ 的电容器选用 $R \times 10\Omega$ 档测量。具体测量方法：检测前，使电容器处于无电荷储存的状态，可先将电容器两个引脚短接，以放掉电容器内残存的电荷。万用表的红表笔（电源负极）接电解电容器的负极、黑表笔（电源正极）接正极，在刚接触的瞬间，万用表的指针会向右偏转一个较大的角度（同一电阻档，容量越大，摆动幅度越大），然后逐渐向左回转，直到停在某一位置，此时指针指向的阻值就是电解电容器的正向漏电阻，这个表针摆动回转的过程就是电容器充电的过程。同样，在电容器无电荷储存的状态下，若将两表笔反接，即红表笔接电解电容器的正极，黑表笔接负极，此时测出的阻值为电解电容器的反向漏电阻。电解电容器的漏电阻一般在几百千欧以上，且正向漏电阻略大于反向漏电阻，也就是说，测量反向漏电阻时指针摆动幅度相差不大。电解电容器的测量如图 3-22 所示。

在电路中电解电容器的正极必须接高电位，负极必须接低电位，否则不能正常工作。在测试中，如果正向、反向均无充电现象，即表针不动，说明电容器容量消失或内部断路；如果阻值很小或为零，则说明电容器漏电严重或者已经内部击穿，不能再使用。

（2）普通固定电容器的检测　容量在 5000pF 以下的固定电容器，因为容量较小，用万用表进行测量时，观察不到指针的摆动现象。测量时，选用万用表

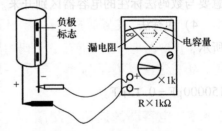

图 3-22　电解电容器的测量

$R \times 10k\Omega$ 档，两表笔任意接触电容器的两个引脚，阻值应为无穷大；如果阻值很小或者为 0，则说明该电容器漏电损坏或者已经内部击穿。

容量在 5000pF 以上的固定电容器，可用万用表 $R \times 1k\Omega$ 档直接检测电容器有无充电过程、内部短路和漏电现象，并且可以根据指针向右摆动幅度的大小，估计出电容量的大小。

（3）可变电容器的检测

① 用手轻轻旋动转轴，应感觉十分平滑，不应有时松时紧或卡滞现象。

②用一只手旋动转轴，另一只手轻摸动片组的外缘，不应感觉有任何松脱现象。转轴与动片之间接触不良的可变电容器，不能再继续使用。

③将万用表置于 R×10kΩ 档，一只手将两表笔分别接可变电容器的动片和定片的引出端，另一只手将转轴缓缓旋动几个来回，万用表指针都应在无穷大位置不动，如图 3-23 所示。

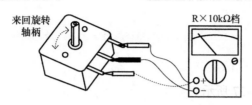

图 3-23　可变电容器的检测

在旋动转轴的过程中，如果指针有时指向零，则说明动片和定片之间存在短路点；如果转到某一角度，万用表读数不为无穷大而是一定阻值，则说明可变电容器动片与定片之间局部短路。

3.4　电感器

电感器是一种可以把电能转化为磁能并进行存储的电子元件，又称为电感线圈或电感元件。电感器就是用漆包线、纱包线或塑皮线等在绝缘骨架或磁心、铁心上单层或多层绕制而成的一组串联同轴线匝。电感器具有"通直流，阻交流"的功能。电感器在电路中主要作用是滤波、振荡、延迟、陷波，还有稳定电流及抑制电磁波干扰等作用。电感器实物如图 3-24 所示。

空心单层线圈　　空心多层线圈　　铁心线圈　　磁环线圈　　可变电感器　　常用电感器　　色环电感器　　贴片电感器

图 3-24　电感器实物

电感器的图形符号如图 3-25 所示。

空心电感器　　磁心电感器　　可变电感器　　有磁隙磁心电感器

图 3-25　电感器图形符号

3.4.1　用水力学原理解释电感器的外部特性

用水力学原理解释电感器的外部特性如图 3-26 所示。电感器可以被理解成惯性元件。电感器犹如水轮机，当电流增加时如图 3-26a 所示，相当于水流推动水轮机转动加速，水轮机储能。此时电流方向从左向右逐渐增加到峰值，而电压 U_L 左正右负逐渐降低。此阶段将电感器视为负载。当电流减小时如图 3-26b 所示，相当于水流流速减小，水轮机因惯性作用推动水流阻止水流减小。电流从左向右逐渐减小，而电压 U_L 右正左负。此阶段将电感器视为电源。

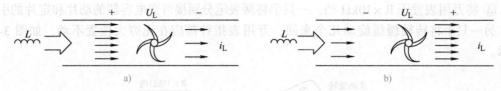

图 3-26 用水力学原理解释电感器的外部特性

3.4.2 电感器的分类和命名方法

电感器的分类如图 3-27 所示。

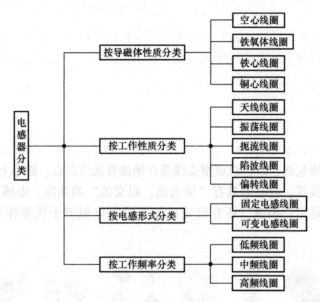

图 3-27 电感器的分类

国产电感器的型号一般由四部分组成。第一部分：主称，用字母表示，其中 L 表示线圈，ZL 表示高频扼流圈。第二部分：特征，用字母表示，其中 G 表示高频。第三部分：形式，用字母表示，其中 X 代表小型。第四部分：区别代号，用数字或字母表示。例如：LGX表示该电感器为小型高频电感线圈。

3.4.3 电感器的主要参数

1. 标称电感量

电感量也称自感系数，在没有非线性导磁物质存在的条件下，一个线圈的磁通与流过这个线圈的电流成正比，其比例系数即为自感系数。电感量是表示电感器产生自感应能力的一个物理量。

电感量的大小，主要取决于线圈的圈数（匝数）、绕制方式、有无磁心及磁心的材料。通常，线圈圈数越多、绕制的线圈越密集，电感量就越大；有磁心的线圈比无磁心的线圈电感量大；磁心磁导率越大，线圈的电感量也越大。电感量的基本单位是 H（亨）。常用的单位还有 mH（毫亨）和 μH（微亨），它们之间的关系：$1H = 10^3 mH = 10^6 μH$。

2. 允许偏差

电感器的实际电感量相对于标称值的最大允许偏差范围称为允许偏差。

3. 品质因数

品质因数是表示线圈质量的主要参数，也称 Q 值或优值。Q 值是在某一频率的交流电压下工作时的感抗 X_L 与其等效电阻 R 之比，即 $Q = X_L/R$。线圈的 Q 值越高，回路的损耗越小，效率越高。线圈 Q 值的高低与线圈导线的直流电阻、线圈骨架的介质损耗及铁心、屏蔽罩等引起的损耗、高频趋肤效应的影响等有关。线圈的 Q 值通常为几十到几百之间。

4. 分布电容

分布电容是指线圈匝与匝之间、线圈与屏蔽罩之间、线圈与底板之间存在的电容。分布电容使品质因数减小，稳定性变差，因此线圈的分布电容越小越好。减少分布电容常用丝包线或多股漆包线，或者采用蜂窝式绕线法。

5. 额定电流

额定电流是指电感器在允许的工作环境下能承受的最大电流值。工作电流超过额定电流，电感器就会因发热而使性能参数发生改变，甚至还会因过电流而烧毁。额定电流通常用字母 A、B、C、D、E 分别表示额定电流为 50mA、150mA、300mA、700mA、1600mA。

6. 感抗 X_L

电感线圈对交流电流阻碍作用的大小称为感抗，单位是 Ω（欧）。感抗与电感量 L 和交流电频率 f 的关系为 $X_L = 2\pi fL$。

3.4.4 电感器的标识方法

1. 直标法

将标称电感量用数字直接标注在电感器外壳上，电感量单位后面用一个英文字母表示允许偏差，电感器的允许偏差等级与电阻器的允许偏差等级相同。例如，560μHK 表示电感器标称电感量为 560μH，允许偏差为 ±10%。

2. 文字符号法

将电感器的标称值和允许偏差用阿拉伯数字和文字符号两者有规律的组合标在电感器上，单位是 nH 或 μH，用 N 或 R 代表小数点，并后缀一个英文字母表示允许偏差。采用此种标识方法的通常是一些小功率电感器。例如，4N7 表示电感量为 4.7nH，47N 表示电感量为 47nH，6R8 表示电感量为 6.8μH。

3. 数码表示法

用三位数字表示电感器的标称电感量，通常用于贴片电感器。三位数字中，从左至右，前两位表示有效数位，第三位表示倍率 10^n，单位为 μH。如果电感量中有小数点，则用 R 表示。电感量单位后面用一个英文字母表示允许偏差。例如：102J，表示电感量为 $10 \times 10^2 \mu H = 1000\mu H = 1mH$，允许偏差为 ±5%；183K，表示电感量为 $18 \times 10^3 \mu H = 18000\mu H = 18mH$，允许偏差为 ±10%。

4. 色标法

用色点或色环标在电感器上表示电感量和允许偏差的方法，通常用三个或四个色环表示，读数方法与电阻器相同，单位为 μH。例如，某色码电感器上色环排列依次为蓝、绿、红、银，表明此电感器的电感量为 $65 \times 10^2 \mu H = 6500 \mu H = 6.5 mH$，允许偏差为 $\pm 10\%$。电感器色环法如图 3-28 所示。

3.4.5　电感器的选用与测量

1. 选用方法

选用电感器应考虑具体使用的场合、作用、电路要求、环境和成本等因素。

1）用于音频段的线圈一般要选用带铁心（硅钢片或坡莫合金）或低铁氧体心，工作在几万赫到几兆赫之间的线圈选用铁氧体心，并以多股绝缘导线绕制；在几兆赫到几十兆赫之间工作的线圈，选用单股镀银粗铜线绕制，磁心要用短波高频铁氧体，也常用空心线圈；在 100MHz 以上时一般不能选用铁氧体心，只能用空心线圈；若要微调，可选用铜心。

2）线圈的骨架材料与线圈的损耗有关，在高频电路里的线圈，应选用高频损耗小的高频瓷作为骨架。对于要求不高的场合，可选用塑料、胶木和纸作为骨架的电感线圈。

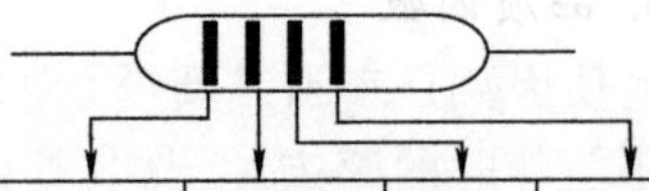

色环颜色	第1色环第1位数	第2色环第2位数	第3色环倍率	第4色环允许偏差
黑	0	0	1	
棕	1	1	10	$\pm 1\%$
红	2	2	10^2	$\pm 2\%$
橙	3	3	10^3	
黄	4	4	10^4	
绿	5	5	10^5	$\pm 0.5\%$
蓝	6	6	10^6	$\pm 0.25\%$
紫	7	7	10^7	$\pm 0.1\%$
灰	8	8	10^8	$\pm 0.05\%$
白	9	9	10^9	
金			10^{-1}	$\pm 5\%$
银			10^{-2}	$\pm 10\%$

图 3-28　电感器色环法

3）在选用线圈时必须考虑机械结构是否牢固，防止线圈松脱、引线接点活动。

2. 测量方法

（1）指针式万用表检测电感器　将万用表置于 $R \times 1\Omega$ 档，测量电感器的阻值。通常情况下，中频线圈的直流电阻在几欧到几十欧之间，低频线圈的直流电阻在几百欧到几千欧之间，高频线圈的直流电阻不超过几欧。如果测得的阻值小于标准的同电感量阻值，则表明电感器内部已经短路，电阻越小，短路现象越严重；如果测得的阻值很大，或者接近无穷大，则表明电感器内部已经开路。但有的电感器因为圈数很少或线径较粗，直流电阻可能接近 0Ω，属于正常现象。

对于多个绕组的线圈，用万用表分别检查每个绕组之间有无短路和开路现象。对具有磁心或带有金属屏蔽罩的线圈，还应检查线圈与铁心或金属屏蔽罩之间是否短路。

（2）数字式万用表检测电感器　将数字式万用表拨到二极管档（蜂鸣档），两表笔接电感器两端引脚，若电阻值很小，万用表内的蜂鸣器会发出"嘀嘀"声，表明电感器正常。

3.5　变压器

3.5.1　变压器概述

变压器是一种利用电磁感应原理来改变交流电压的装置，主要由一次绕组、二次绕组和铁心（磁心）构成。在电路原理图中，变压器用字母 T 表示。变压器的主要功能是电压变换、电流变换、阻抗变换、隔离、稳压（磁饱和变压器）等。变压器的种类比较多，按用途可以分为电源变压器、调压器、脉冲变压器等；按工作频率可以分为低频、中频、高频变压器。变压器图形符号如图 3-29 所示。

图 3-29 变压器图形符号

常见变压器实物如图 3-30 所示。

图 3-30 变压器实物

国产中频变压器的型号由三部分组成，依次分别代表主称、尺寸和级数。第一部分：主称，用字母表示，其中 T 表示中频。第二部分：尺寸，用数字表示，如"2"表示外形尺寸 $10\mathrm{mm} \times 10\mathrm{mm} \times 14\mathrm{mm}$。第三部分：级数，用数字表示。

变压器的工作原理如图 3-31 所示。变压器的一次绕组与交流电源接通后，经绕组内流过交变电流产生磁动势，铁心中便产生了交变磁通，在铁心中同时交链一次、二次绕组，由于电磁感应作用，在二次绕组产生频率相同的感应电动势。如果此时二次绕组接通负载，在二次绕组感应电动势作用下，便有电流流过负载，铁心中的磁能又转换为电能。

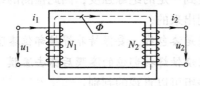

图 3-31 变压器的工作原理

3.5.2 变压器的主要参数

1）电压比。电压比是指一次绕组电压 U_1 与二次绕组电压 U_2 之比。若变压器一次绕组匝数为 N_1，二次绕组匝数为 N_2，则电压比 $n = U_1/U_2 = N_1/N_2$。

2）额定功率。额定功率是指在规定的频率和电压下，变压器能长期工作而不超过规定温升的输出功率。额定功率的单位用 $\mathrm{V \cdot A}$（伏·安）表示。

3）额定电压。额定电压是指在变压器的线圈上所允许施加的电压，工作时不得大于规定值。

4）空载电流。变压器二次侧开路时，一次侧仍有一定的电流，这部分电流称为空载电流。空载电流由磁化电流（产生磁通）和铁损电流（由铁心损耗引起）组成。对于 50Hz 电源变压器而言，空载电流基本上等于磁化电流。

5）空载损耗。空载损耗是指变压器二次侧开路时，在一次侧测得的功率损耗。主要损耗是铁心损耗，其次是空载电流在一次绕组铜阻上产生的损耗（铜损），这部分损耗很小。

6）效率。效率是指变压器接上额定负载时，输出功率与输入功率比值的百分比。变压器的效率值一般在 80% ~ 99%。

7）绝缘电阻。绝缘电阻表示变压器各线圈之间、各线圈与铁心之间的绝缘性能。绝缘电阻的高低与所使用的绝缘材料的性能、温度高低和潮湿程度有关。

3.5.3 变压器的选用与测量

对变压器进行检测时，可以通过观察变压器的外形来判断其是否有明显异常。如：线圈的引线是否断裂、脱焊，绝缘材料是否有烧焦痕迹，铁心紧固螺丝是否松动，线圈是否外露等。

1. 检测仪器的选择

检测变压器绕组的电感量应使用电感测量仪。检测变压器绕组内部短路可以用电桥（精密电阻测量仪）测量被测绕组的阻值，与未使用过的同型号规格的绕组相比较，当被测绕组的阻值较小时可以初步判断被测电感匝间短路。使用万用表通常无法判断被测变压器是否出现匝间短路。

对于供电电压高的电路，被测绕组出现匝间短路或绕组间短路，使用万用表和电桥（精密电阻测量仪）可能测试不出来。这是因为高电压时出现的绝缘击穿，在低电压条件下绝缘可能会恢复。测量绕组间短路可以使用绝缘电阻表或专用仪表检测绝缘强度。对于220V 及以上电压等级的变压器，在首次使用时一般先使用绝缘电阻表在规定的测试电压下测量绝缘电阻，当绝缘电阻大于一定数值才可以直接使用，否则要烘干后达到规定的绝缘强度才能使用。变压器的绕组都是由漆包线构成的，漆包线长时间在额定工作电压下工作可能会击穿，但是断电后使用万用表测量时可能检测不到绝缘击穿的现象。这是因为万用表的电压低，测试时绝缘层已经恢复到一定的绝缘强度，因此检测的结果不准确。如果绝缘层完全击穿，用万用表也是可以检测出来的。

注意： 变压器引出线如果是漆包线，要保持非焊接部位漆膜完整，在焊接前先用刮刀清除焊接部位的漆膜或用打火机烧蚀焊接部位的漆膜后抹去漆膜。

电源变压器的高、低压绕组可以直观的判别：额定电压等级高的绕组的绝缘强度通常比额定电压等级低的绕组的绝缘强度更高，因此绝缘套管更高大；根据一、二次功率相等的原理，额定电压等级低的绕组比额定电压等级高的绕组承载的电流更大，导线的金属截面更粗。

2. 万用表识别与检测变压器

用万用表可以作为检测低电压变压器的辅助工具。通常用万用表测量各绕组的电阻、绕组间的绝缘电阻、绕组与铁心之间的绝缘电阻。下面以普通的电源变压器为例，介绍变压器的检测方法。

（1）测量各绕组的电阻　如图 3-32a 所示，万用表调至 R×10Ω 档，两表笔分别接变压器 1、2 端，测量一次绕组的电阻。如果测得阻值为无穷大，则表明一次绕组内部断路；如果测得阻值为 0Ω，则表明一次绕组内部短路。当绕组内部断路时，测量的阻值可能会不固定，变化范围大且测量结果时大时小。一般来说，变压器的额定功率越大，一次绕组的电阻越小；变压器的输出电压越高，二次绕组的电阻越大。

（2）测量绕组间的绝缘电阻　万用表调至 R×10kΩ 档，两表笔分别接触变压器一次绕组和二次绕组中的一个端子，如 1、3 端，若测得的阻值为无穷大，则表明一次、二次绕组间绝缘状况良好；若测得的阻值小于无穷大，则表明一次、二次绕组间存在短路或漏电。

（3）测量绕组与铁心间的绝缘电阻 如图 3-32b 所示，万用表调至 R×10kΩ 档，一支表笔接触变压器的铁心或金属外壳，另一支表笔接一次绕组的一端。若测得的阻值为无穷大，则表明铁心与绕组间绝缘状况良好；若测得的阻值小于无穷大，则表明铁心与绕组间存在短路或漏电。同样的方法可以测量二次绕组与铁心间的绝缘电阻，从而判断其绝缘状况。

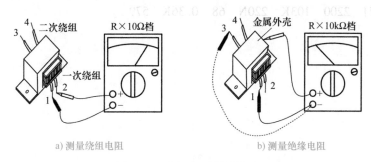

a) 测量绕组电阻　　　　　　　　　　b) 测量绝缘电阻

图 3-32　电源变压器的检测

3. 使用变压器的注意事项

防止变压器反接造成重大人身伤亡事故。如将 220V/12V 工频变压器的 12V 侧接入市电 220V 电源。此时变压器变成升压变压器，变压器的 220V 侧被其误认为是 12V 侧，则该侧的实际电压高达 4000V，若此时双手触摸变压器，可致人死亡。

对于这种电压比大的变压器，在接入电源之前可用两种办法判断变压器的电压比：一种是将其中一个绕组接入交流低电压电源（例如 12V 或 5V 交流电源或低频交流信号发生器），测试另一个绕组的空载输出电压；另一种办法是在低电压侧（12V 或者其他电压等级的二次侧）预先接入万用表的两表笔（可用夹子夹紧或其他方法固定，注意通电后不可用手触摸表笔和绕组），然后将标称为 220V 侧的绕组接入工频市电 220V 电源再闭合开关，当万用表显示的电压为预期电压时说明接线正确。

变压器的一次绕组和二次绕组之间可以双向传递电能，仅仅切断单侧电源并不能保证可靠断电。例如：某电工为了清洁高压母线，切断了变压器 10kV 高压侧的电源，操作时未穿绝缘靴和戴绝缘手套，意外触电身亡，事后查明，在低压侧有一路 0.4kV 联络电源未切除，从低压侧反供电至高压侧，触电时高压侧实际电压仍为 10kV。

在检修、安装变压器时，如果变压器电压等级高于安全电压，一定要确保可靠断电，有隔离开关的一定要切除隔离开关，使其形成可见的断点。在低压侧用测电笔测试电路是否可靠断电。观察高压带电显示装置是否仍有显示以判断电路是否可靠断电。

为了防止带电作业时被人误合闸，除了悬挂"禁止合闸"警示牌外，一定要安排人员在切断电源的地方值守。此外，带电作业严禁酒后操作。

课后思考题与习题

3-1　电阻器型号命名方法是什么？主要参数有哪些？标识方法有哪些？在电路中有何作用？

3-2　电位器在电路中有何作用？怎么用万用表判断电位器性能好坏？

3-3　电容器型号命名方法是什么？主要参数有哪些？在电路中有何作用？

3-4 电感器型号命名方法是什么？主要参数有哪些？在电路中有何作用？

3-5 如何用万用表判断变压器性能好坏？

3-6 以下色环电阻器的标称阻值和允许偏差分别是多少？

红黑红金 红黄绿金 棕红红红金 白绿橙黑棕 黄紫绿金棕

3-7 读出陶瓷电容器上标注的标称阻值及允许偏差。

104 4N7J 2200 103K 220N 68 0.36K 579

第4章

半导体器件

4.1 半导体器件概述

导电性介于良导电体与绝缘体之间的物质称为半导体，典型的半导体材料有锗、硅、硒及大多数的金属氧化物。将半导体材料经过特殊加工后可制成导电性可控的 P 型半导体和 N 型半导体，利用这些半导体制成的具有特定功能的电子器件称为半导体器件，有时也称为半导体分立器件。虽然集成电路已经逐渐取代半导体器件，但是半导体器件还会在部分电子电路中应用。

半导体器件的识别与检测应该依据"产品手册"提供的识别方法、使用说明、参考电路和检测方法。这里特别提到检测方法。通常最准确的检测方法是依据"产品手册"搭建简易的测试电路，将实物测量结果与"产品手册"提供的测量结果相比对，以判断产品优劣。本书提供的万用表测试方法，一般仅限于没有充足条件的人员使用。在检测产品的过程中，会遇到各种各样的问题，使用网络查询方法找到解决问题的办法是学习检测半导体器件的关键。

4.2 半导体器件的命名

4.2.1 我国半导体器件型号命名方法

半导体器件包括二极管、晶体管、场效应晶体管、晶闸管等几类。半导体器件型号由五部分（体效应管、特殊晶体管、复合管、PIN 型二极管、激光二极管的型号命名只有第三、四、五部分）组成。国产半导体器件型号前三部分的含义见表 4-1。例如：3DG18 表示 NPN 型硅材料高频小功率晶体管。

表 4-1 国产半导体器件型号前三部分的含义

第一部分		第二部分		第三部分				第四部分	第五部分
电极数目		材料和极性		类别				序号	规格
符号	意义	符号	意义	符号	意义	符号	意义		
2	二极管	A	N 型，锗材料	P	小信号管	X	低频小功率晶体管（$f_a <$ 3MHz，$P_c < 1$W）	用阿拉伯数字表示	用汉语拼音字母表示
		B	P 型，锗材料	V	检波管				
		C	N 型，硅材料	W	电压调整管和电压基准管	G	高频小功率晶体管（$f_a \geqslant$ 3MHz，$P_c < 1$W）		
		D	P 型，硅材料	C	变容管				

（续）

第一部分		第二部分		第三部分				第四部分	第五部分
电极数目		材料和极性		类别				序号	规格
符号	意义	符号	意义	符号	意义	符号	意义		
3	三极管	A	PNP 型，锗材料	Z	整流管	D	低频大功率晶体管（$f_a <$ 3MHz，$P_c \geqslant 1W$）	用阿拉伯数字表示登记顺序号	用汉语拼音字母表示
		B	NPN 型，锗材料	L	整流堆	A	高频大功率晶体管（$f_a \geqslant$ 3MHz，$P_c \geqslant 1W$）		
		C	PNP 型，硅材料	S	隧道管				
		D	NPN 型，硅材料	N	噪声管	T	闸流管		
		E	化合物或合金材料	F	限幅管				
				K	开关管	Y	体效应管		
				B	雪崩管	J	阶跃恢复管		
				CS	场效应晶体管	BT	特殊晶体管		
				FH	复合管	GJ	激光二极管		
				PIN	PIN 二极管				

4.2.2 国际电子联合会半导体器件型号命名方法

欧洲国家采用国际电子联合会半导体器件型号命名方法。这种命名方法由四个基本部分组成，各部分的符号及意义见表 4-2。例如：BDX51 表示 NPN 硅低频大功率晶体管，AF239S 表示 PNP 锗高频小功率晶体管。

表 4-2 国际电子联合会半导体器件型号命名方法

第一部分		第二部分				第三部分		第四部分	
材料		类型与主要特性				登记号		相同型号分档	
符号	意义	符号	意义	符号	意义	符号	意义	符号	意义
A	锗材料	A	检波、开关和混频二极管	M	封闭磁路中的霍尔元件	三位数字	通用半导体器件的登记序号（同一类型器件使用同一登记号）	A B C D E	同一型号器件按某一参数进行分档的标志
		B	变容二极管	P	光敏元件				
B	硅材料	C	低频小功率晶体管	Q	发光器件				
		D	低频大功率晶体管	R	小功率晶闸管				
C	砷化镓	E	隧道二极管	S	小功率开关管	一个字母加两位数字	通用半导体器件的登记序号（同一类型器件使用同一登记号）	A B C D E	同一型号器件按某一参数进行分档的标志
		F	高频小功率晶体管	T	大功率晶闸管				
D	锑化铟	G	复合器件及其他器件	U	大功率开关管				
		H	磁敏二极管	X	倍增二极管				
R	复合材料	K	开放磁路中的霍尔元件	Y	整流二极管				
		L	高频大功率晶体管	Z	稳压二极管				

4.3　二极管

4.3.1　二极管的单向导电性

将 P 型半导体和 N 型半导体制作在同一块硅基片上，**两种半导体的**接触面就形成 PN 结。在 PN 结两端引出电极引线，并用管壳密封就构成了二极管，其中，从 P 区引出的电极为正极，从 N 区引出的电极为负极。二极管结构示意图如图 4-1a 所示。

电源的正极接在二极管的正极，电源的负极接在二极管的负极时，称为外加正向电压，也称正向偏置。**此时**，PN 结呈低阻状态，二极管导通，如图 4-1b 所示。反之，电源的正极接在二极管的负极，电源的负极接在二极管的正极时，称为外加反向电压，也称反向偏置。**此时**，PN 结呈高阻状态，二极管截止，如图 4-1c 所示。二极管这种外加正向电压时导通、外加反向电压时截止的导电特性称为单向导电性。单向导电性是二极管最显著的特点。

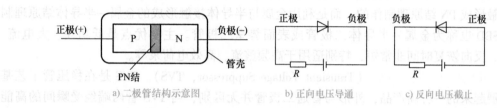

a) 二极管结构示意图　　　　b) 正向电压导通　　　　c) 反向电压截止

图 4-1　二极管结构示意图与导通、截止条件

4.3.2　二极管的分类

普通二极管按材料可分为锗二极管和硅二极管；按构造可分为点接触型二极管、合金型二极管、扩散型二极管、台面型二极管、平面型二极管、合金扩散型二极管、外延型二极管、肖特基型二极管等；按用途可分为检波二极管、整流二极管、稳压二极管、开关二极管、变容二极管、阻尼二极管、发光二极管、混频二极管、限幅二极管、PIN 型二极管、瞬变电压抑制二极管等。半导体二极管的图形符号如图 4-2 所示。

二极管　　稳压二极管　　变容二极管　　发光二极管　　光电二极管

图 4-2　半导体二极管的图形符号

常用半导体二极管外形如图 4-3 所示。

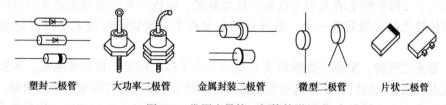

塑封二极管　　大功率二极管　　金属封装二极管　　微型二极管　　片状二极管

图 4-3　常用半导体二极管外形

1）整流二极管。整流二极管把交流电变成脉动直流电。其多用硅半导体制成，单向导电性明显。

2）检波二极管。检波二极管把调制在高频电磁波上的低频信号取出来，常用点接触式，具有良好的频率特性。

3）稳压二极管。稳压二极管的正向特性和普通二极管相似，当反向电压低于反向击穿电压时，反向电阻很大，反向漏电流非常小；当反向电压临近击穿电压时，反向电流骤然增大，在这一临界击穿点上，反向电阻降至很小值。尽管电流在很大的范围内变化，二极管两端的电压基本不变，实现了稳压功能。

4）开关二极管。开关二极管是利用二极管的单向导电性，在导通状态下，电阻很小；反向电压截止时，电阻很大。在电路中起到控制电流通过或关断的作用，相当于一个理想的电子开关。

5）变容二极管。变容二极管是利用PN结电容跟随反向偏置电压大小而变化的特性制作而成。主要应用于调谐电路中。

6）肖特基二极管（Schottky Barrier Diode，SBD）。SBD不是利用P型半导体与N型半导体接触形成PN结原理制作的，而是利用金属与半导体接触形成的金属—半导体结原理制作的。SBD也称为金属—半导体二极管或表面势垒二极管。主要优点是低功耗、大电流、超高速、反向恢复时间非常短，特别适用于高频整流、高效电荷泵等。

7）瞬变电压抑制二极管（Transient Voltage Suppressor，TVS）。TVS是在稳压管工艺基础上发展起来的一种新产品，外形与普通二极管并无区别，当TVS管两端经受瞬间的高能量冲击时，它能以极高的速度使其阻抗骤然降低，同时吸收一个大电流，将其两端的电压箝位在一个预定的数值上，确保后面的电路元件免受瞬态高能量的冲击而损坏。

8）阻尼二极管。阻尼二极管类似于高频、高压整流二极管，具有较低的电压降和较高的工作频率，且能承受较高的反向击穿电压和较大的峰值电流。阻尼二极管主要应用在电视机中，可作为升压整流二极管或大电流开关二极管使用。

9）发光二极管（Light-Emitting Diode，LED）。发光二极管由含镓（Ga）、砷（As）、磷（P）、氮（N）等的化合物制成，是一种能将电能转化为光能的半导体电子器件。发光二极管可以按照制造材料、发光颜色、封装形式和外形分成很多种类，常用的有圆形、方形的有色透明型和散射型发光管。发光颜色以红、黄、绿、橙单色光为主，如砷化镓二极管发红光，磷化镓二极管发绿光，碳化硅二极管发黄光，氮化镓二极管发蓝光。另外还有双色发光二极管、三基色发光二极管、闪烁发光二极管、红外发光二极管等。

双色和三色发光二极管组通常用作户外显示屏的点阵显示单元。点阵的每个发光单元有两种或三种颜色的发光二极管。三色发光二极管组包含红、绿、蓝三色二极管各一个，通过分别改变三个二极管的电流大小可以显示任意颜色；双色发光二极管组通常包含红、绿或红、蓝两种颜色的二极管各一个，通过分别改变两个二极管的电流大小可以显示变化的颜色。

10）激光二极管。激光二极管本质上是一个半导体二极管，具有效率高、体积小、寿命长的优点。激光二极管在计算机的光盘驱动器，激光打印机的打印头、激光测距、条形码扫描仪等小功率光电设备中得到了广泛的应用，在大功率设备中也有应用，如激光手术、舞台灯光、激光武器、激光焊接等。

11）光电二极管。光电二极管是一种能够将光转换成电流或者电压信号的光探测器。管芯为一个具有光敏特征的PN结，具有单向导电性，在光照强弱不同时，电路中的电流也不同。主要应用于光信号放大电路、开关电路及报警电路。

部分半导体二极管实物如图4-4所示。

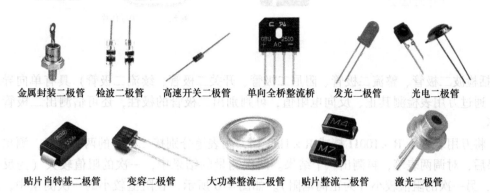

金属封装二极管　检波二极管　高速开关二极管　单向全桥整流桥　发光二极管　光电二极管

贴片肖特基二极管　变容二极管　大功率整流二极管　贴片整流二极管　激光二极管

图 4-4　部分半导体二极管实物

4.3.3　二极管的主要参数

二极管的参数是用来表示二极管性能好坏和适用范围的技术指标。不同类型的二极管有不同的特性参数。普通的二极管的主要参数如下：

1）最大整流电流 I_F。二极管长期连续工作时，允许通过的最大正向平均电流值称最大整流电流或额定电流称为最大整流电流。其值与 PN 结面积及外部散热条件等有关。当流过二极管的电流长时间大于最大整流电流时，管芯会发热，温度上升超过允许限度时，就会使管芯过热而损坏。在规定散热条件下，二极管使用中，电流不能超过 I_F 值。例如，常用的 IN4001 – 4007 型锗二极管的额定正向工作电流为 1A。

2）最高反向工作电压 U_R。二极管正常工作时两端所能承受的最高反向电压称为最高反向工作电压。例如，1N4001 的反向耐压为 50V，1N4007 的反向耐压为 1000V。加在二极管两端反向电压大于 U_R 时，二极管会被击穿损坏。

3）最大反向电流 I_R。二极管在常温（25℃）和最高反向电压作用下，流过二极管的反向电流称为最大反向电流。反向电流越小，二极管的单向导电性能越好。反向电流受温度影响较大，大约温度每升高 10℃，反向电流增大 1 倍。锗材料的二极管对温度尤其敏感。在长期高温下，二极管可能会因为反向电流过大而烧坏。

4）最高工作频率 f_M。二极管正常工作条件下的最高频率称为最高工作频率。若加在二极管上的信号频率高于 f_M，二极管的单向导电性将变差，导致不能正常工作。f_M 与二极管的 PN 结面积有关，面积越大，f_M 越低。

4.3.4　二极管的检测

1. 小功率二极管的检测

（1）二极管正、负极判别　通过外观标记二极管的正、负极的方法如图4-5所示。图4-5a表示二极管管壳有色点的一端为正极；图4-5b 表示二极管管壳带横杠的一侧为负极，另一端是正极；图4-5c 表示二极管内部带波纹的一侧为正极；图4-5d 表示发光二极管内部金属片小、引脚长的一侧为正极。金属封装二极管，金属螺栓带螺纹的一端有些是正极（阳极），有些是负极（阴极）。

对没有标志或无明显特征的二极管，可用指针式万用表欧姆档判断其极性。普通二极管

图 4-5　通过外观标记二极管的正负极

（包括检波二极管、整流二极管、阻尼二极管、开关二极管、续流二极管）具有单向导电特性，通过万用表检测其正、反向电阻值，可判别出二极管的极性，还可估测出二极管是否损坏。

将万用表置于 R×100Ω 档或 R×1kΩ 档，两表笔分别接二极管的两个电极，测出一个结果后，对调两表笔，再测出一个结果。两次测量的结果中，一次的阻值较大（为反向电阻），另一次的阻值较小（为正向电阻）。如图 4-6 所示，在阻值较小的一次测量中，黑表笔接的是二极管的正极，红表笔接的是二极管的负极。

R×100Ω档或R×1kΩ档

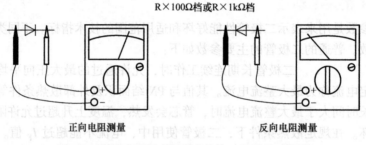

正向电阻测量　　　　　　　　反向电阻测量

图 4-6　指针式万用表判别半导体二极管的正负极

用数字万用表的欧姆档可以判断二极管的正、负极（数字式万用表显示为无穷大的符号 "1" 或 "OL"），也可以通过测量二极管的正向压降，达到识别目的。测量二极管的正向压降时，把数字万用表档位拨到二极管档 "⏄"，两表笔分别接二极管的两极测量一次，再交换表笔测量一次。如果该二极管正常，则显示结果为无穷大的那一次，黑表笔接的是二极管的正极，红表笔接的是二极管的负极；显示结果为一个零点几数字的那一次，红表笔接的是二极管的正极，黑表笔接的是二极管的负极，此时，显示的数据就是该二极管的正向压降。一般情况下，硅二极管正向压降为 0.5～0.7V，锗二极管正向压降为 0.1～0.3V。若正测、反测，数字万用表始终显示 "1" 或 "OL"，则说明二极管开路失效；若正测、反测，数字万用表始终显示 "0V"，则说明二极管内部短路。

（2）单向导电性能的检测及好坏判别　用指针式万用表欧姆档测量二极管的正、反向电阻，有以下几种情况：

将万用表置于 R×1kΩ 档，测量二极管的正、反向电阻。通常，锗材料二极管的正向电阻值为 1kΩ 左右，反向电阻值为 500kΩ 以上；硅材料二极管的正向电阻值为 1～10kΩ，反向电阻值为无穷大。正向电阻越小越好，反向电阻越大越好。反向电阻与正向电阻的比值在 100 以上，表明二极管性能良好。

若测得的反向电阻与正向电阻的比值为几十，甚至只有几倍，则表明二极管的单向导电性性能不佳，不宜使用。

若测得二极管的正、反向电阻值均为无穷大，则说明该二极管已开路损坏。

　　若测得二极管的正、反向电阻值均接近 0Ω 或阻值较小，则说明该二极管内部已击穿短路或漏电损坏。

　　（3）二极管材料判别　将万用表置于 R×1kΩ 档，并进行欧姆调零，然后测量二极管的正向电阻。若测得的阻值小于 1kΩ，则说明二极管为锗管；若阻值在 5～10kΩ 之间，则说明二极管为硅管。

　　2. 稳压二极管的检测

　　从外形上看，金属封装稳压二极管管体的正极一端为平面形，负极一端为半圆面形。塑封稳压二极管管体上印有彩色标记的一端为负极，另一端为正极。对标志不清楚的稳压二极管，也可以用万用表判别其极性，测量的方法与普通二极管相同。

　　稳压二极管反向击穿时，其电流可在很大范围内变化而电压基本不变，利用这一特点，可用指针式万用表 R×10kΩ 档来识别一个二极管是否为稳压二极管。将黑表笔接二极管的负极，红表笔接二极管的正极，若此时测得的反向电阻值比用 R×1kΩ 档测量的反向电阻小很多，说明被测管为稳压管；反之，如果测得的反向电阻值仍很大，则说明该管为整流二极管或检波二极管。这种识别方法的原理：万用表 R×1kΩ 档内部使用的电池电压为 1.5V，一般不会将被测管反向击穿，测得的电阻值比较大。而用 R×10kΩ 档测量时，万用表内部电池的电压在 9V 以上，当被测管为稳压管，其稳压值低于电池电压值时，就会被反向击穿，使测得的电阻值大大减小。如果被测管是一般整流或检波二极管，则无论用 R×1kΩ 档还是用 R×10kΩ 档测量，阻值都不会相差很悬殊。注意，当被测稳压二极管的稳压值高于万用表 R×10kΩ 档的电压值时，用这种方法无法进行区分鉴别。

　　3. 单色发光二极管的检测

　　从外观判别二极管正、负极性的方法如图 4-7a 所示，对于从未使用过的发光二极管，可以根据两根引脚的长短判断出正、负极，其中较长的一根引脚为正极，工作时应接电源正极，相对短些的一根引脚为负极，工作时接电源负极；对于透明或半透明的发光二极管，还可以通过观察内部的电极形状来判别极性：电极较小的引脚为正极，电极较大的引脚为负极。

　　用指针式万用表检测极性的方法如图 4-7b 所示，发光二极管与普通二极管一样具有单向导电性，可使用类似方法判断极性。发光二极管的正向导通电压一般为 1.8～2.2V（用于照明的发光二极管的电压更高）。

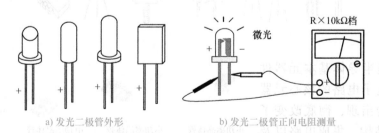

　　a) 发光二极管外形　　　　　　　　b) 发光二极管正向电阻测量

图 4-7　发光二极管外形与正向电阻测量

　　指针式万用表应拨到 R×10kΩ 档（内部使用 9V 电池）才能使发光二极管正向导通。指针式万用表的黑表笔接正极，红表笔接负极，由于万用表内部电阻的限流作用，发光二极管只能显示微弱的亮点，万用表指针发生偏转。反之，黑表笔接负极，红表笔接正极，万用表指针不动，表示二极管的反向电阻值接近无穷大，发光二极管内没有亮点；若正、反向电阻值均为无穷大，则表明发光二极管内部开路；若正、反向电阻值均为 0Ω 或阻值小于200Ω，则表明发光二极管内部已短路；若反向电阻偏小，则表明发光二极管反向漏电。

用数字式万用表检测时，必须使用二极管档"⊣▷⊢"。检测时，黑表笔接负极，红表笔接正极，此时显示的是发光二极管的正向导通管压降，同时有一个微弱的光点。反向检测时，显示为无穷大，没有发光点。

4.4 晶体管

4.4.1 晶体管的结构与作用

晶体管，又称为双极型晶体管、半导体三极管、三极管。晶体管是在一块半导体基片上制作两个相距很近的 PN 结，两个 PN 结把整块半导体分成三部分，中间部分是基区，两侧部分是发射区和集电区，排列方式有 PNP 和 NPN 两种。

NPN 晶体管的示意图和图形符号如图 4-8a 所示。NPN 晶体管为流控器件，其箭头方向与导通状态电流的流向相同。如果导通，该箭头表示电流从 B 端流向 E 端、从 C 端流向 E 端，电压公共端 E 为最低电位，发射结 BE 为正向偏置的 PN 结。以此可判断该器件为 NPN 晶体管。

PNP 晶体管的示意图和图形符号如图 4-8b 所示。PNP 晶体管为流控器件，其箭头方向与导通状态电流的流向相同。如果导通，该箭头表示电流从 E 端流向 B 端、从 E 端流向 C 端，电压公共端 E 为最高电位，发射结 EB 为正向偏置的 PN 结。以此可判断该器件为 PNP 晶体管。

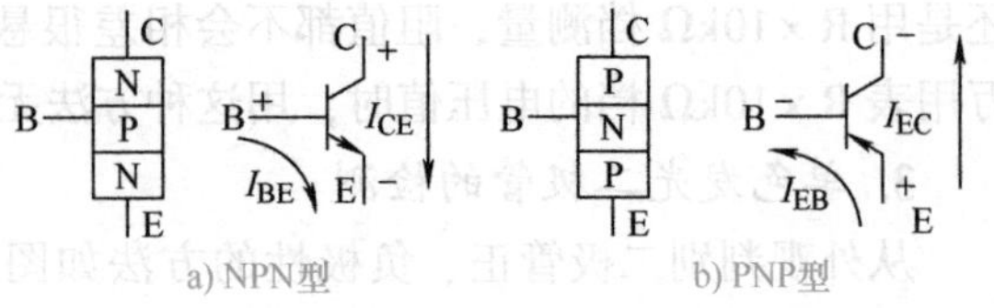

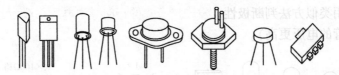

a) NPN 型　　b) PNP 型

图 4-8　NPN 和 PNP 晶体管的示意图和图形符号

晶体管在电路中的作用是把微弱电信号放大成幅度值较大的电信号或者作为无触点开关，常用字母"VT""V"表示。部分常见晶体管外形如图 4-9 所示。

图 4-9　常见晶体管外形

晶体管是半导体基本元器件之一，也是电子电路的核心元器件。晶体管的出现，彻底改变了电子电路的结构，集成电路以及大规模集成电路也基于此出现，使得制造高速电子计算机之类的高精密装置变成现实。

部分常见晶体管实物如图 4-10

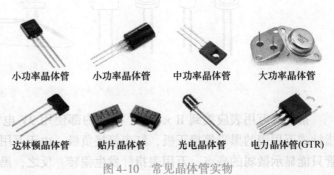

小功率晶体管　小功率晶体管　中功率晶体管　大功率晶体管

达林顿晶体管　贴片晶体管　光电晶体管　电力晶体管(GTR)

图 4-10　常见晶体管实物

所示。

4.4.2　国外晶体管的命名

常见国外生产的晶体管型号中各字母和数字的含义见表4-3。

表 4-3　国外生产的晶体管型号中各字母和数字的含义

大洲及国家	第一部分	第二部分	第三部分	第四部分	第五部分
日本	2：三极管	S：已在日本电子工艺协会（EIAJ）注册登记	A：PNP 高频 B：PNP 低频 C：NPN 高频 D：NPN 低频	两位以上数字表示登记序号	用 A、B、C、D 等字母表示对原型号的改进
美国	JAN：军用品 无：非军用品	2：三极管	N：登记注册标志	多位数字表示登记序号	用 A、B、C、D、E 等字母表示性能
欧洲	A：锗材料 B：硅材料	C：低频小功率 D：低频大功率 F：高频小功率 L：高频大功率 S：小功率开关管 U：大功率开关管	多位数字表示登记序号	β 参数分档标志	

常用的韩国三星电子公司生产的晶体管型号及特性见表4-4。

表 4-4　韩国三星电子公司晶体管型号及特性

型号	类型	穿透电流/μA	功率/mW	放大倍数（β）	主要用途
8050	NPN	1	800	85～300	功率放大
8550	PNP	1	800	85～300	功率放大
9011	NPN	0.2	400	28～198	高频放大
9012	PNP	1	625	64～202	小功率放大
9013	NPN	1	625	64～202	小功率放大
9014	NPN	1	450	6～1000	低频放大
9015	PNP	1	450	60～600	低频放大
9016	NPN	1	400	28～198	超高频放大
9018	NPN	0.1	400	28～198	超高频放大

4.4.3　晶体管的主要参数

1. 共发射极放大倍数 h_{FE} 与 β

晶体管的直流放大倍数 h_{FE} 是指晶体管集电极电流 I_c 与基极电流 I_b 的比值，即 $h_{FE} = I_c/I_b$。晶体管的交流放大倍数 β 等于集电极电流 I_c 的变化量 ΔI_c 与基极电流 I_b 的变化量 ΔI_b 的比值，即 $\beta = \Delta I_c/\Delta I_b$。

2. 集电极最大允许电流 I_{cm}

集电极电流 I_c 在一定范围内变化时，β 值基本保持不变，但当 I_c 超过一定限定值时 β

值会下降。当 β 下降到额定值的 $1/2\sim2/3$ 时的 I_c 值称为集电极最大允许电流 I_{cm}。晶体管正常工作时，I_c 不允许超过 I_{cm}。

3. 集电极最大允许耗散功率 P_{cm}

晶体管在工作时，由于集电结处于反向偏置时的电阻很大，当电流流过集电结时，集电结就会产生热量，使晶体管温度升高。在规定的散热条件下，集电极允许消耗的最大功率称为集电极最大允许耗散功率 P_{cm}。当晶体管的实际消耗功率超过 P_{cm} 时，会因为温度过高烧坏。

4. 击穿电压 BU_{ceo}

基极开路时，允许加在集电极和发射极之间的最高电压，即击穿电压 BU_{ceo}。加在晶体管集电极和发射极之间的电压超过击穿电压时，集电极电流急剧增加，这种现象称为击穿。晶体管的击穿属于永久性击穿，不可恢复。

5. 特征频率 f_T

晶体管工作频率高到一定程度时，它的电流放大倍数 β 就会下降，β 下降到 1 时的频率定义为特征频率。

4.4.4 晶体管电极的直观识别

晶体管三个电极排列顺序与晶体管的种类、型号以及功能相关，通常同一类封装形式的晶体管引脚排列顺序相同。

1. 塑料封装晶体管的识别方法

塑料封装的晶体管引脚排列顺序如图 4-11 所示。图 4-11a、b 类型的晶体管都有半圆形底面，识别引脚时，面向切口面，引脚向下，从左到右依次为 E、B、C；图 4-11c 类型是顶部有切角的块状，识别引脚时，面向切角，引脚向下，从左到右依次为 E、B、C；图 4-11d 类型的晶体管也有半圆形底面，识别时，面向切口面，引脚向下，从左到右依次为 E、B、C；图 4-11e 类型是晶体管有一个三角形带圆形凸起的孔，识别时，面对印有文字的一面，引脚向下，从左到右依次为 B、C、E。图 4-11f、g、h 类型都具有散热面，识别时，面对印有文字的一面，引脚向下，从左到右依次为 B、C、E。

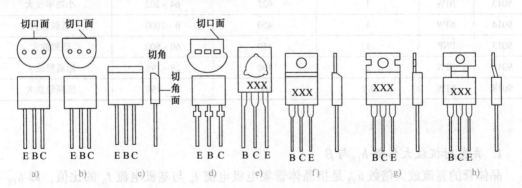

图 4-11 塑料封装的晶体管引脚排列顺序

2. 金属封装晶体管引脚识别方法

金属封装的晶体管引脚排列顺序如图 4-12 所示。图 4-12a 类型只有两只引脚，识别时，如图放置，引脚向上，上面的引脚为 E，下面的引脚为 B，金属外壳为 C；图 4-12b 类型的晶体的三只引脚呈等腰三角形，识别时，引脚向上，等腰三角形顶点的引脚为 B，底边的两引脚从左到右为 E 和 C；图4-12c 类型管壳带有定位销，识别时，引脚向上，从定位销开始顺时针依次为 E、B、C。

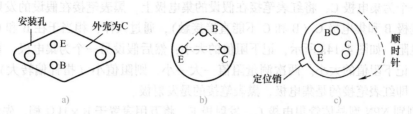

图4-12　金属封装的晶体管引脚排列顺序

3. 贴片晶体管引脚识别方法

一般贴片式晶体管引脚排列顺序如图4-13 所示。图4-13a 类型的晶体管一边有两只引脚，一边有一只引脚，识别时，正对印有文字的一面，上面一只引脚为 E，下面两个引脚从左到右分别为 B 和 C；图中 4-13b 类型带有散热片，C 与散热片连成一体，如图4-13c 所示为晶体管背面。识别时，面对印有文字的一面，从左到右依次为 B、C、E。要想获得准确的极性应查询"产品手册"。

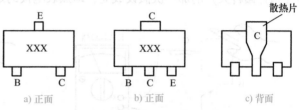

图4-13　贴片式晶体管引脚排列顺序

4.4.5　晶体管的检测

1. 晶体管类型判断

（1）晶体管基极 B 的判别　根据晶体管的结构示意图（图4-8）可知，晶体管的基极是晶体管中两个 PN 结的公共极。在判别晶体管的基极时，只要找出两个 PN 结的公共极，就可找到晶体管的基极。

将万用表置于 $R×1k\Omega$ 档，假设晶体管的某个极为"基极"，先将黑表笔接在假设的基极上，再将红表笔先后接到其余的两个电极上，如果两次测得的电阻值都很大（或都很小），再交换表笔，将红表笔接在假设的基极上，重复上述测量过程，若测得的两个电阻值都很小（或都很大），则可以确定假设的基极是正确的；如果两次测得的电阻值一大一小，则假设的基极不对，再重新假设另一个电极为"基极"，然后重复上述测量过程，直到找出正确的基极为止。

（2）晶体管类型判断　找到晶体管基极后，将黑表笔接基极，红表笔分别接其余的两个电极，若都导通，则说明晶体管的基极为 P 型材料，晶体管为 NPN 型；反之，则说明晶体管基极为 N 型材料，晶体管为 PNP 型。

（3）晶体管材料判别　硅管和锗管的 PN 结正向电阻不同，硅管的正向电阻大，锗管的正向电阻小，利用二者这一不同可以用指针式万用表判断晶体管的材料。将万用表置于 $R×1k\Omega$ 档，并进行欧姆调零，然后测量集电结或发射结的正向电阻。若阻值小于 $1k\Omega$，则说明晶体管为锗管；若阻值在 $5\sim10\mathrm{k}\Omega$ 之间，则说明晶体管为硅管。

2. 晶体管集电极 C 和发射极 E 的判别

（1）判别 PNP 型晶体管集电极 C、发射极 E 将万用表置于 $R\times1\mathrm{k}\Omega$ 档，先假设两个电极的其中一个为集电极 C，将红表笔接在假设的集电极上，黑表笔接在假设的发射极上，用手指连接基极 B 和集电极 C（B 和 C 不能直接接触），通过人体，相当于在 B 和 C 之间接入一个偏置电阻，如图 4-14a 所示，记下阻值的大小；然后假设另一个为集电极，重复刚才的测量过程，记下阻值的大小。两次测量阻值一大一小，则阻值小（指针偏转大）的那一次假设成立，即红表笔接的是集电极，黑表笔接的是发射极。

（2）判别 NPN 型晶体管集电极 C、发射极 E 将万用表置于 $R\times1\mathrm{k}\Omega$ 档，先假设两个电极的其中一个为集电极 C，将黑表笔接在假设的集电极上，红表笔接在假设的发射极上，用手握住基极 B 和集电极 C（B 和 C 不能直接接触），如图 4-14b 所示，记下阻值的大小；然后假设另一个为集电极，重复刚才的测量过程，记下阻值的大小。两次测量阻值一大一小，则阻值小（指针偏转大）的那一次假设成立，即黑表笔接的是集电极，红表笔接的是发射极。

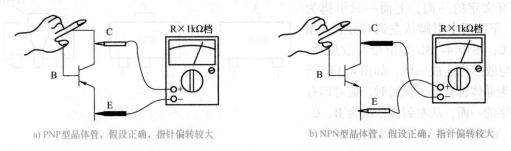

a) PNP型晶体管，假设正确，指针偏转较大   b) NPN型晶体管，假设正确，指针偏转较大

图 4-14 晶体管判别集电极 C 与发射极 E 原理图

如果晶体管任意一个 PN 结的正、反向电阻小于 200Ω，说明晶体管损坏；若发射结正、反向电阻均为无穷大，说明发射结开路。准确测量晶体管的优劣和频率特性需要使用示波器或者专用测量仪器。

4.4.6 晶体管的选型和安装原则

应根据具体电路的要求和晶体管的参数选用和安装晶体管。

1）选用开关晶体管时，考虑的参数有特征频率、开关速度、反向电流和发射极-基极饱和压降等。开关晶体管要求有较快的开关速度和良好的开关特性，特征频率要高，反向电流要小，发射极-基极饱和压降要低等。

2）晶体管应尽量远离发热元件，根据最高环境温度计算耗散功率并留出足够的余量；当晶体管的耗散功率大于 5W 时，应给晶体管加装散热板或散热器。

3）在高频或脉冲电路中使用的晶体管，引出线应尽量短。

4）超高频晶体管或高频开关晶体管，在试验或测试时，要防止自激而烧毁。

5）为防止功率晶体管出现二次击穿，应尽量避免采用电抗成分过大的负载。

6）选用晶体管时，在能满足整机要求的放大参数的前提下，不要选用直流放大系数 h_{FE} 过大的晶体管，以防产生自激。

7）晶体管在接入电路时，应先接通基极。在集电极和发射极有电压时，不要断开基极电路。

4.4.7　单结晶体管

1. 单结晶体管的结构与等效电路

单结晶体管（UJT）是只有一个 PN 结、两个基极和一个发射极的三端负阻半导体器件，也称双基极二极管。其结构示意图如图 4-15 所示，在一个 N 型硅基片上制造形成一个 P 区，两种半导体接触面形成一个 PN 结。从 N 区引出的两个电极为基极 B_1、基极 B_2，从 P 区引出的电极为发射极 E。PN 结等效为二极管，二极管负极与基极 B_1、B_2 之间等效电阻分别为 R_1、R_2，其中 R_1 的阻值受控于 E 和 B_1 间的电压，可等效为一个可变电阻。单结晶体管主要应用于各种张弛振荡电路和定时电路。

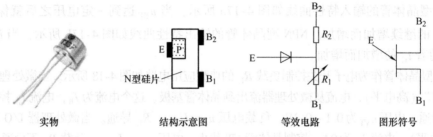

实物　　　　　　结构示意图　　　　等效电路　　　　图形符号

图 4-15　单结晶体管实物、结构、等效电路与图形符号

2. 单结晶体管的检测

单结晶体管判别电极首选网络查询方法。万用表判断方法有时不准确。万用表判断方法如下：

万用表置于 R×1kΩ 档，测量任意两个电极之间的电阻，若其中两个电极正向和反向电阻相等，则这两个电极就是基极 B_1 和 B_2，剩下的电极就是发射极 E；然后，黑表笔接发射极，红表笔分别接两个基极，测得两个正向电阻正常时为几千欧至十几千欧，通常情况下，电阻小一点的那个电极是 B_2，而另一个电极就是 B_1。反向电阻应趋于无穷大。

万用表置于 R×1kΩ 档，测量两个基极之间的电阻，阻值在 2～15kΩ 范围内是正常的；如果阻值很小，则说明晶体管击穿；如果阻值很大，则晶体管内部开路。

4.4.8　形象阐释晶体管的工作原理

1. NPN 型晶体管工作状态的形象解释

晶体管工作在截止状态的形象解释如图 4-16a 所示，电流 $I_B \approx 0$，相当于水龙头的控制端 B 没有水流流入，挡板无法开启，电压 U_{BE} 较小（通常 0.5V 以下或负值）。则 C 端的水流（电流 I_C）受控制截止，该状态称为截止状态，电压 U_{CE} 为晶体管 CE 端断开状态的外加电压。集射极电压（电压 U_{CE}）随着外加电压变化而变化。

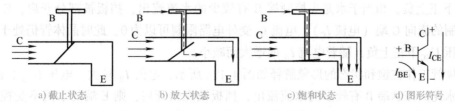

a) 截止状态　　　b) 放大状态　　　c) 饱和状态　　　d) 图形符号

图 4-16　NPN 型晶体管工作状态的形象解释

晶体管工作在放大状态的形象解释如图 4-16b 所示，电流 I_B 较小，电压 U_{BE} 为正，相当于水龙头的控制端 B 有较少的水流流入，挡板被部分开启，则 C 端的水流（电流 I_C）受控制的流向 E 端。电流 I_C 受外电路限制可以为 0A，但是晶体管仍处于放大状态。集射极电压 U_{CE} 为正，随着电流 I_B 的增大而减小。

晶体管工作在饱和状态的形象解释如图 4-16c 所示，电流 I_B 较大，电压 U_{BE} 为正，相当于水龙头的控制端 B 有较多的水流流入，挡板被完全开启，则 C 端的水流（电流 I_C）不受控制的流向 E 端（不再与电流 I_B 成比例），电流 I_C 受外电路限制可以为 0A，但是晶体管仍处于饱和状态。集射极电压 U_{CE} 为 0.1 ~ 0.3V。B 点的电位高于 C 点的电位。

2. NPN 型晶体管的特性曲线和典型应用电路

NPN 型晶体管的输入特性曲线如图 4-17a 所示，当 u_{BE} 达到一定电压之后就保持稳定，不随着 i_B 的继续增加而增加。NPN 型晶体管的输出特性曲线如图 4-17b 所示，当 i_B 保持稳定，u_{CE} 随着 i_C 的增加而增加。

NPN 型晶体管作为电子开关控制负载 R_L 的典型应用电路如图 4-18 所示。当微处理器 I/O 输出逻辑 "1"（高电平），电流从微处理器流出到晶体管基极，这个电流为 I_B，电流 I_B 控制晶体管 VT 饱和导通，电压 u_{VT} 为 0.1 ~ 0.3V，负载电压 $u_o \approx U_{CC2}$，R_L 导通。当微处理器 I/O 输出逻辑 "0"（低电平），电流 I_B 为 0A，控制晶体管 VT 截止，电压 $u_{VT} = U_{CC2}$，负载 R_L 不导通。

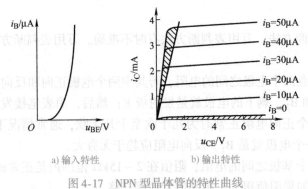

a) 输入特性 b) 输出特性

图 4-17 NPN 型晶体管的特性曲线

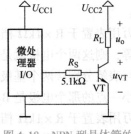

图 4-18 NPN 型晶体管的
典型应用电路

3. PNP 型晶体管工作在截止状态的形象解释

晶体管工作在截止状态的形象解释如图 4-19a 所示，电流 $I_B \approx 0$，相当于水龙头的控制端 B 没有水流流出，挡板无法开启，电压 U_{EB} 较小（通常 0.5V 以下或负值），则 C 端的水流（电流 I_C）受控制截止，该状态称为截止状态。电压 U_{EC} 为晶体管 EC 端断开状态的外加电压，随着外加电压变化而变化。

晶体管工作在放大状态的形象解释如图 4-19b 所示，电流 I_B 较小，电压 U_{EB} 为 0.5 ~ 0.7V，下正上负，相当于水龙头控制端 B 有较少的水流流出，挡板被部分开启，E 端的水流受控制的流向 C 端（电流 I_C），电流 I_C 受外电路限制可以为 0，此时晶体管仍处于放大状态。电压 U_{EC} 下正上负，随着电流 I_B 的增大而减小。

晶体管工作在饱和状态的形象解释如图 4-19c 所示，电流 I_B 较大，电压 U_{EB} 下正上负，相当于水龙头控制端 B 有较多的水流流出，挡板被完全开启，则 E 端的水流不受控制的流向 C 端（电流 I_C 不再与电流 I_B 成比例），电流 I_C 受外电路限制可以为 0，但是晶体管仍处于饱和状态。电压 U_{EC} 为 0.1 ~ 0.3V，E 正 C 负。C 点的电位高于 B 点的电位。

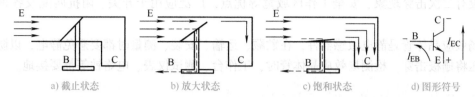

a) 截止状态   b) 放大状态   c) 饱和状态   d) 图形符号

图 4-19 PNP 型晶体管工作状态的形象解释

4. PNP 型晶体管作为开关器件的典型应用电路

晶体管作为电子开关控制负载 R_L 的典型应用电路如图 4-20 所示。当微处理器 I/O 输出逻辑 "0"（低电平），电流 I_B 从晶体管基极流入微处理器，控制晶体管 VT 饱和导通，电压 u_{VT} 为 0.1 ~ 0.3V，负载电压 $u_o \approx U_{CC}$，R_L 导通。当微处理器 I/O 输出逻辑 "1"（高电平），电流 I_B 为 0，控制晶体管 VT 截止，电压 $u_{VT} = U_{CC}$，负载 R_L 不导通。

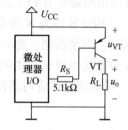

图 4-20 PNP 型晶体管的典型应用电路

4.5 场效应晶体管

4.5.1 场效应晶体管的结构

场效应晶体管（FET）与晶体管一样具有放大能力。场效应晶体管利用控制输入回路的电场效应来控制输出回路电流，因为由多数载流子参与导电，故也称为单极型晶体管。场效应晶体管主要有两种类型：结型场效应晶体管（JFET）和绝缘栅场效应晶体管（IGFET），而绝缘栅场效应晶体管又分为 N 沟道耗尽型和增强型、P 沟道耗尽型和增强型四大类。场效应晶体管实物如图 4-21 所示。

a) 结型场效应晶体管   b) 绝缘栅场效应晶体管

图 4-21 场效应晶体管实物

N 沟道结型场效应晶体管和绝缘栅场效应晶体管的结构和电路符号如图 4-22 所示。图 4-22a 为结型场效应晶体管，栅极 G 到漏极 D 和源极 S 各有一个 PN 结。用万用表测量时可测量两个等效二极管的电阻。图 4-22b 为绝缘栅场效应管，栅极 G 到漏极 D 和源极 S 有绝缘层，电阻都极大。漏极 D 和源极 S 有两个反接 PN 结，电阻极大，反向有一个寄生二极管。用万用表测量时，只能测量漏极 D 和源极 S 的反向寄生二极管，该二极管的正向电阻为几百欧至几百千欧。

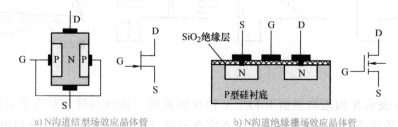

a) N沟道结型场效应晶体管   b) N沟道绝缘栅场效应晶体管

图 4-22 场效应晶体管结构图和电路符号

场效应晶体管具有输入电阻高、噪声小、功耗低、动态范围大、抗辐射能力强、易于集成、没有二次击穿现象、安全工作区域宽等优点，广泛应用于开关、阻抗匹配及各种放大电路。

场效应晶体管是静电敏感器件，在贮藏、运输、安装、测量时都要避免静电，以防止感应电压将栅极击穿。检测场效应晶体管时，工作台、测试仪表、电烙铁等都要接地。

4.5.2 形象阐释场效应晶体管的工作原理

1. 从图形符号分析 N 沟道增强型 IGFET

N 沟道增强型 IGFET 的图形符号如图 4-23a 所示。箭头方向表示由 P（衬底）指向 N（沟道），因此该图为 N 沟道。间断线表示栅源电压 U_{GS} =0V 时，场效应晶体管内部不存在导电沟道，即增强型，此时电流 I_D =0A。

N 沟道耗尽型 IGFET 的图形符号如图 4-23b 所示。间断线为实线，表示栅源电压 U_{GS} =0V 时，场效应晶体管内部存在导电沟道，此时电流 I_D >0A。

可以把箭头理解成电子方向，因为电流与电子方向相反，电流可能的方向是由栅极 G 流向源极 S 以及漏极 D 流向源极 S。由于栅极 G 和漏极 D 及源极 S 之间有绝缘栅，当栅极 G 和源极 S 加一定的正向电压 U_{GS} 时，栅极 G 没有流向源极 S 的电流（I_G =0A），但是漏极 D 有流向源极 S 的电流 I_D，该电流 I_D 受电压 U_{GS} 控制，在 D 和 S 之间产生导通压降 U_{DS}。因此，场效应晶体管称为压控器件。

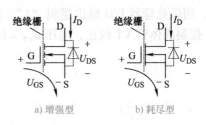

图 4-23 N 沟道 IGFET 图形符号示意图

在漏极 D 和源极 S 之间有一个与 IGFET 反向并联的寄生二极管。当电压 U_{DS} 下正上负时，寄生二极管将漏极 D 和源极 S 之间的电压箝位到 0.5~0.7V。当电路的电源正负极接反时可能导致电路短路。由于是寄生二极管，作为反接二极管时通流能力有限，一般在功率电路中需要根据反向电流峰值选择合适的外接反向二极管。

形象阐释场 N 沟道增强型 IGFET 示意图如图 4-24 所示。图 4-24a 表示 N 沟道增强型 IGFET 工作在截止状态，电压 U_{GS} < 开启电压 U_{VT}，相当于水龙头的控制端 G 没有压力，挡板无法开启，则 D 端的水流（相当于电流 I_D）受控截止，电压 U_{DS} 为 D 端和 S 端断开状态的外加电压。该状态称为截止状态，或称为工作在截止区。

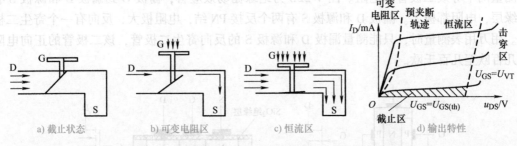

图 4-24 形象阐释场 N 沟道增强型 IGFET 示意图

图 4-24b 表示 N 沟道增强型 IGFET 工作在恒流区（或饱和区，对应于晶体管的放大区）。可以形象地认为，水龙头有压力且不完全开启（相当于电压 U_{GS} > 开启电压 U_{VT}，且

不足够大），挡板被开启的程度与 G 端的压力有关，则 D 端的水流能受控制的流向 S 端。该区的压力差 U_{DS} 较小，且 U_{DS} 与 I_D 对应成比例。用场效应晶体管作为放大管时，应使其工作在该区域。

当电压 U_{GS} > 开启电压 U_{VT} 且比较大，通流 I_D 的能力强，使管路完全导通，则再增加电压 U_{GS} 不会影响通流 I_D 的能力。该状态称为可变电阻区（或非饱和区，对应于晶体管的饱和区），其示意图如图 4-24c 所示。

当电压 U_{GS} 到达可变电阻区（对应于晶体管的饱和区），如果电流 I_D 的值受外电路限制接近于 0A，场效应晶体管的 D 端到 S 端仍然是导通的，即 U_{DS} 电压接近于 0V。

IGFET 工作在开关状态，是指在截止区和可变电阻区（或非饱和区）之间转换。其输出特性如图 4-24d 所示。当瞬时电流 I_D 的峰值大于额定电流时，电流 I_D 进入恒流区或击穿区，相当于水龙头的水流超出了通流能力，使 IGFET 瞬间发热严重甚至损坏。因此，选择 IGFET（或者二极管、晶体管、IGBT）作为开关器件时，要确保瞬时电流峰值（而不是有效值）小于额定电流。

选择场效应晶体管截止状态的耐压值 U_{DS} 同样要求峰值电压不超过额定电压。

2. 从图形符号分析 P 沟道增强型 IGFET

P 沟道增强型 IGFET 的图形符号如图 4-25 所示。P 沟道增强型 IGFET 的图形符号如图 4-25a 所示。箭头方向表示由 P（沟道）指向 N（衬底），因此该图为 P 沟道。漏极 D 与源极 S 之间的间断线表示增强型。P 沟道耗尽型 IGFET 的图形符号如图 4-25b 所示。P 沟道耗尽型 IGFET 的图形符号中对应的漏极 D 与源极 S 之间的线为实线。P 沟道增强型 IGFET 和耗尽型 IGFET 为压控器件。

可以把 P 沟道 IGFET 图形符号的箭头理解成电子方向，因为电流与电子方向相反，电流可能的方向是由源极 S 流向栅极 G 以及源极 S 流向漏极 D。由于源极 S 和栅极 G 之间有绝缘栅，当源极 S 和栅极 G 加一定的电压 U_{SG} 时，源极 S 虽然没有流向栅极 G 的电流（$I_G = 0$），但是源极 S 有流向漏极 D 的电流 I_D，该电流受电压 U_{SG} 控制，在 S 和 D 之间产生下正上负的导通压降 U_{SD}。

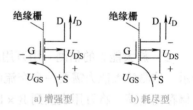

a) 增强型　　　b) 耗尽型

图 4-25　P 沟道 IGFET 图形符号示意图

除了电压、电流方向与 N 沟道增强型 IGFET 相反以外，其他外部特性与 N 沟道增强型 IGFET 类似。

CMOS 反相器电路如图 4-26 所示。VT_P 为 P 沟道 IGFET，VT_N 为 N 沟道 IGFET。当 $U_I = 0V$ 时，$U_{GS1} = U_{DD}$，VT_P 管完全导通且内阻很低，$U_{DS1} \approx 0V$。$U_{GS2} = 0V$，VT_N 管完全截止，$U_{DS2} \approx U_{DD}$，电流 $I_{D2} = 0A$。

当该电路输出端 U_O 不接负载时，电流 $I_{S1} = 0A$，从理论上看，本电路不消耗电能；当该电路输出端 U_O 接负载时，电流 $I_{S1} = $ 负载电流。因此能量被充分利用。

当 $U_I = U_{DD}$ 时，$U_{GS1} = 0V$，VT_P 管截止，$U_{DS1} \approx U_{DD}$，电流 $I_{S1} = 0A$。$U_{GS2} = U_{DD}$，VT_N 管完全导通且内阻很低，$U_{DS2} \approx 0V$。

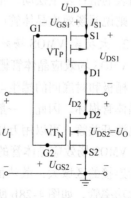

图 4-26　CMOS 反相器电路

当该电路输出端 U_O 不接负载时，电流 $I_{D2}=0A$，从理论上看，本电路不消耗电能；当该电路输出端 U_O 接负载时，电流 $I_{D2}=$负载电流。注意此时的电流是流入反相器的。

4.5.3 场效应晶体管的检测

以 N 沟道结型场效应晶体管和功率型绝缘栅场效应晶体管（VMOS）为例，介绍场效应晶体管的检测方法。

1. 结型场效应管的检测

（1）电极的判别　首先确定栅极 G，如图 4-27a 所示。将万用表拨到 R×1kΩ 档，假设某一引脚为栅极 G，用黑表笔接假设的栅极，然后用红表笔分别接另外两个电极，两次测得的阻值都比较小（几千欧）；再用红表笔接假设的栅极，黑表笔分别接另外两个电极，两次测得阻值都很大（无穷大）。那么，就可以确定所假设电极是栅极，同时也证明该管是 N 沟道场效应晶体管（反之为 P 沟道场效应晶体管）。按照上述方法，不断进行测试就可以找出栅极。若在测试中，不能找到满足上述情况的电极，则场效应晶体管可能已经损坏。漏极 D 和源极 S 一般可以互换使用，所以，不必再进行判别。

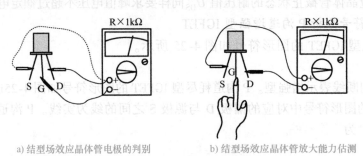

a) 结型场效应晶体管电极的判别　　　　b) 结型场效应晶体管放大能力估测

图 4-27　结型场效应晶体管的检测

（2）放大能力的估测　用万用表可以大致估测出场效应晶体管的放大能力，如图 4-27b 所示。估测放大能力需要一个交流电源，估测之前先将栅极和源极的引脚短接一下，释放可能储存的电荷。将万用表拨到 R×1kΩ 档，红表笔接源极 S，黑表笔接漏极 D，此时相当于给场效应晶体管加上了一个 1.5V 的电源电压。然后用手接触栅极 G，将人体的感应电压作为输入信号加到栅极，由于场效应晶体管的放大作用，漏极和源极间的电阻发生变化，致使万用表的指针发生摆动。指针摆动的幅度越大，场效应晶体管的放大能力越强；若指针不摆动，则说明场效应晶体管已经损坏。

2. 大功率 VMOS 场效应晶体管的检测

VMOS 场效应晶体管栅极与衬底之间的绝缘层是一层很薄的二氧化硅，当带电体靠近时，栅极和衬底间的感生电荷会在绝缘层上产生很高的电压，导致绝缘层击穿，VMOS 场效应晶体管损坏。因此，一般情况下，不允许用万用表测试 VMOS 场效应晶体管，但大功率的电源开关管，可以用万用表进行测试。

VMOS 场效应晶体管的内部结构如图 4-28a 所示。VMOS 中间是腐蚀而成的 V 形槽，漏极所连接的区域大，散热面积大，解决了 VMOS 场效应晶体管的散热问题，因此，可以制成大功率管。如图 4-28b 所示，有的 VMOS 场效应晶体管在制造时，栅极和源极之间并联一个限压保护二极管，以防止栅极被击穿损坏。

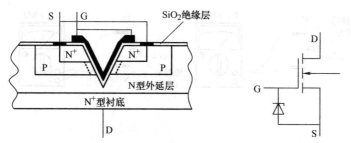

a) VMOS 场效应晶体管内部结构　　　b) 带保护二极管的 VMOS 场效应晶体管

图 4-28　N 沟道 VMOS 场效应晶体管结构示意图

以下判别法仅对管内无保护二极管的 VMOS 场效应晶体管适用。

（1）判别引脚

① 判别栅极 G。从结构上看，栅极 G 与源极 S、漏极 D 是绝缘的。

将万用表置于 R×1kΩ 档，分别测量三个电极之间的电阻，如果一个电极与其他两个电极间电阻均为无穷大，而且交换表笔测量时阻值依然为无穷大，说明此电极是 G。

② 判别源极 S 和漏极 D。从结构上看，S 与 D 之间是一个 PN 结，可以根据判别二极管正、负极的方法来识别源极 S 和漏极 D。把万用表拨到 R×1kΩ 档，先将 VMOS 场效应晶体管三个电极短接一下，然后分别测量 S、D 的正向电阻和反向电阻，两个阻值应该一大一小，其中阻值较小的一次测量中，黑表笔接的是 S，红表笔接的是 D（阻值大的一次，黑表笔接的是 D，红表笔接的是 S）。

（2）好坏的判别　万用表拨到 R×1kΩ 档，测量场效应晶体管任意两引脚之间电阻，然后交换红、黑笔再测量一次电阻，一共测量六次，得到六个阻值。如果有两次以上电阻值几乎为 0Ω，则证明该管损坏；如果仅有一次电阻值为几百欧，其余五次电阻值均为无穷大，则不能断定该管是好的，还需进一步测量，步骤如下：

① 如图 4-29a 所示，万用表置于 R×1kΩ 档，先将 G 与 S 短接一下，然后将红表笔接 D，黑表笔接 S，测得的阻值 R_{SD} 应为几千欧。

② 如图 4-29b 所示，万用表置于 R×10kΩ 档，先用导线将 G 与 S 短接，红表笔接 S，黑表笔接 D，测得的阻值 R_{DS} 应为无穷大，若阻值较小，则说明该管内部 PN 结的反向特性较差。

③ 如图 4-30a 所示，接续上一步测量，去掉 G、S 间的导线，万用表拨到 R×10kΩ，两表笔与电极位置保持不变。将 D 与 G 短接一下后再断开，等效于给栅极注入电荷，万用表指针应有大幅度摆动并稳定在某一阻值，阻值越小，证明管性能越好。

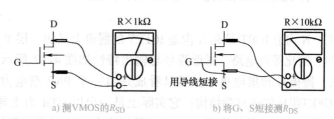

a) 测 VMOS 的 R_{SD}　　　　b) 将 G、S 短接测 R_{DS}

图 4-29　测 VMOS 引脚间的电阻

④ 如图 4-30b 所示，接续上一步测量，表笔不动，电阻值维持在某一数值，用导线把 G 与 S 短接一下后再断开，等效于给栅极放电，万用表指针应回到无穷大。

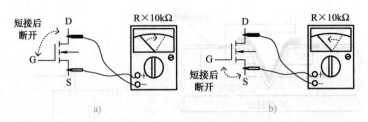

图 4-30　分步测 VMOS 场效应晶体管引脚间的电阻

使用万用表测量场效应晶体管的任意引脚之间的电阻，如果测得的阻值小于 200Ω，则可以判断是场效应晶体管击穿损坏；如果测得的阻值大于规定值，由于场效应晶体管是静电敏感器件，因此并不能判断场效应晶体管是完全正常的。若需准确测量，则应使用示波器或专用测量仪器。

在电路中用示波器观察场效应晶体管工作特性的实例如图 4-31 所示。图 4-31a 的第一测试通道，为用示波器观察到的非正常工作的 N 沟道增强型场效应晶体管，其控制电压 U_{GS} 为方波，电压 U_{DS} 的上升时间和下降时间特别长，达到 μs 级，使用时损耗极大，继续使用会击穿损坏。图 4-31b 为正常的场效应晶体管的电压 U_{DS}，是方波。

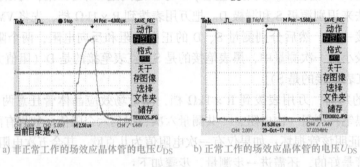

a) 非正常工作的场效应晶体管的电压 U_{DS} 　　b) 正常工作的场效应晶体管的电压 U_{DS}

图 4-31　在电路中用示波器观察场效应晶体管工作特性的实例

注意：测量电压高于示波器耐压值时应使用电压互感器降压或其他方法降压，在电压较低的二次侧测量，测量时注意安全。

4.5.4　绝缘栅双极型晶体管

1. 绝缘栅双极型晶体管的结构与功能

绝缘栅双极型晶体管（IGBT 或 IGT）分为 N 沟道和 P 沟道，实际应用中以 N 沟道为主。N 沟道 IGBT 是在 N 沟道 IGFET 的漏极上又加一层 P 层注入区形成的，其 IGBT 内部结构、简化等效电路、图形符号与输出特性如图 4-32 所示。IGBT 的三个电极分别为发射极 E、栅极 G 和集电极 C，可以看成是由一个 PNP 型电力晶体管（BJT）和一个 N 沟道的 IGFET 组成的达林顿结构；它实际上是一个以 GTR 为主导元件，以 IGFET 为驱动元件的复合管。从内部结构图可知，IGBT 除了内含 PNP 型晶体管结构，还有 NPN 型晶体管结构，该 NPN 晶体管通过将其基极与发射极短接至 IGFET 的发射极金属端使之关断。

在 IGBT 结构中，IGFET 相当于输入级，PNP 型晶体管相当于输出级，因此，IGBT 既有 IGFET 器件输入阻抗大、驱动功率小、开关速度快的特点，又有双极型器件饱和压降低、容量大的特点。IGBT 的开通和关断由加在栅极和发射极之间的电压 U_{GE} 决定，当 U_{GE} 为正向

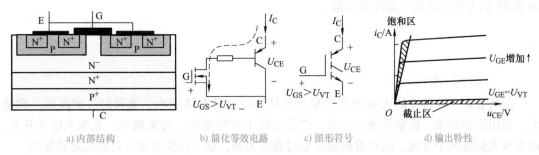

a) 内部结构   b) 简化等效电路   c) 图形符号   d) 输出特性

图 4-32 IGBT 内部结构、等效电路、图形符号与输出特性

且大于开启电压时，场效应晶体管内部形成沟道，为晶体管提供基极电流使 IGBT 导通；当 U_{CE} 的电压足够大时（一般为 10～20V，典型值为 15V），IGBT 进入饱和区导通，电压 $U_{CE} \approx 1V$。当栅极和发射极之间的电压小于开启电压 U_{VT} 时（例如 0V 或负电压），场效应晶体管内部沟道消失，晶体管基极电流被切断，IGBT 关断。电压 U_{CE} 为集电极与发射极断开状态的外电路电压。

IGBT 被称为电力电子装置的 "CPU"，它是能源变换与传输的核心器件。IGBT 主要应用在耐压为 600V 以上、电流 10A 以上、频率 1kHz 以上的变流系统中，如：交流电动机、变频器、开关电源、照明电路等。IGBT 实物如图 4-33 所示。

逆阻型 IGBT（Reverse Blocking IGBT，RB-IGBT），其等效电路和图形符号如图 4-34 所示，在集电极回路中集成了一个反向二极管，这个二极管使 IGBT 具有反向电压阻断能力。逆阻型 IGBT 常用于交流-直流变换电路或交流-交流变换电路。将两个逆阻型 IGBT 反并联可以用作交流开关。

IGBT 单管   IGBT 智能化模块   等效电路   图形符号

图 4-33 IGBT 实物   图 4-34 逆阻型 IGBT 的等效电路和图形符号

2. 绝缘栅双极型晶体管的检测

选择 IGBT 器件（或者晶闸管、二极管等半导体器件）作为开关器件时，要尽可能保证瞬时电流峰值小于额定电流，瞬时电压峰值小于额定电压。

在检测 IGBT 之前，要先将三个引脚短路放电，万用表拨到 R×1kΩ 档，分别测量 G、E 两极和 G、C 两极之间的电阻，阻值均应为无穷大；然后，红表笔接 C，黑表笔接 E，测得的阻值在几千欧左右（内部带有快速恢复阻尼二极管），若 IGBT 内部没有附带快速恢复阻尼二极管，则测得的阻值应为无穷大；最后，对调表笔，红表笔接 E，黑表笔接 C，测得的阻值也应为无穷大。

使用万用表测量 IGBT 的电阻，如果测得任意两引脚之间的阻值小于 200Ω，则可以判断是 IGBT 击穿损坏；如果测得的任意两引脚之间的阻值均大于 200Ω，则不能判断 IGBT 是完全正常的。IGBT 和 MOS 器件是静电敏感器件，有时测量的电阻值是变化的。用示波器测量 IGBT 的方法与场效应晶体管类似。

4.6　晶闸管

4.6.1　晶闸管的结构与功能

晶闸管是一种可控的大功率开关型半导体器件，具有体积小、重量轻、耐高压、容量大、使用维护简单、控制灵敏等优点，广泛应用于可控整流、交流调压、无触点电子开关、逆变及变频等四个方面。晶闸管的缺点是过载能力差、抗干扰能力差、控制电路较复杂。

晶闸管有普通型单向晶闸管、双向晶闸管、门极关断晶闸管、快速晶闸管、光控晶闸管等多种类型，部分晶闸管的实物如图 4-35 所示。

平板型晶闸管　　反向阻断型晶闸管　　塑封晶闸管　　螺栓型晶闸管　　门极关断晶闸管　　螺栓型晶闸管

图 4-35　部分晶闸管实物

晶闸管有三个电极：阳极 A、阴极 K 和门极（控制极）G。螺栓型晶闸管有螺栓的一端是阳极，使用时把它固定在散热器上，另一端有两根引线，其中较粗的一根是阴极，较细的一根是门极。平板型晶闸管中间金属环的引出线是门极，离门极较近的一面是阴极，离门极较远的一面是阳极，使用时把晶闸管夹在两个散热器中间，以达到最佳的散热效果。部分晶闸管的外形如图 4-36 所示。

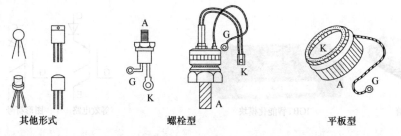

其他形式　　　　　　　螺栓型　　　　　　　平板型

图 4-36　部分晶闸管外形

普通单向晶闸管的图形符号、内部结构和等效电路如图 4-37 所示。它是由 P 型半导体和 N 型半导体交替叠合而成的四层结构，其中最外层的 P 层、N 层引出的两个电极为阳极和阴极，中间的 P 层引出的电极为门极。由图可见，晶闸管可等效成具有三个 PN 结的形式，也可等效成两个 PNP 型和 NPN 型晶体管的形式。

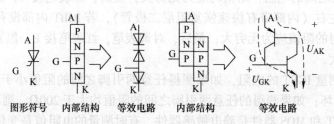

图形符号　　内部结构　　等效电路　　内部结构　　等效电路

图 4-37　单向晶闸管图形符号、内部结构和等效电路

4.6.2 晶闸管的工作特性

晶闸管工作时有导通和关断两种状态。单向晶闸管的导通需要两个条件：阳极 A 和阴极 K 之间加正向电压 U_{AK}，同时 G、K 之间输入一个正向触发脉冲信号 U_{GK}，G 引脚接正极，K 引脚接负极。此时 NPN 型晶体管导通，使 PNP 型晶体管也导通，且互为正反馈。撤去门极电压 U_{GK}，两个晶体管仍然互相提供基极电流维持导通。

晶闸管一旦导通，内部等效的两个晶体管处在正反馈状态，即使门极电压消失，仍会继续维持导通。门极的作用仅仅是触发晶闸管导通，导通后，门极即失去控制作用。要想关断晶闸管，必须使阳极电流减小到不能维持正反馈过程。将阳极电压断开或在阳极与阴极之间加上一个反向电压，晶闸管即可自行关断。

晶闸管属于开关型器件，导通后具有自锁功能。门极关断晶闸管正向导通时，能在门极加反向脉冲电压将其关断；光控晶闸管利用光电效应控制导通，在电路方面完全隔离，适用于高电压输电系统。另外，晶闸管工作频率较低，一般为千赫级，快速晶闸管的工作频率也在 100kHz 以下，故不适于高频电路。

晶闸管的伏安特性如图 4-38 所示。单向晶闸管导通压降 U_{AK} 很小，在 1V 左右。导通后触发脉冲 U_{GK} 要降为 0V，否则会导致晶闸管击穿，为了防止触发失败，通常采用双脉冲或三脉冲触发。

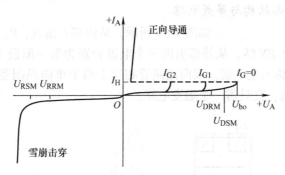

图 4-38 晶闸管的伏安特性

单向晶闸管关断需要两个条件：正向导通电流 I_A 小于工作维持电流 I_H 且门极电流 I_G 为零，则晶闸管又回到正向阻断状态。当门极电流 I_G 为零，将电压 U_{AK} 断开或加反向电压，晶闸管即可关断。

4.6.3 晶闸管的主要参数

1）正向断态重复峰值电压 U_{DRM}。U_{DRM} 是在门极开路、晶闸管正向阻断的条件下，可以重复加在晶闸管 A、K 两端的最大正向电压。

2）反向重复峰值电压 U_{RRM}。U_{RRM} 是在门极开路时，可以重复加在 A、K 两端的反向最大电压。一般情况下，U_{RRM} 与 U_{DRM} 相等，通常把两个电压中较小的一个数值作为额定电压。在选用晶闸管时，额定电压应该为正常工作峰值电压的 2~3 倍。

3）额定通态平均电流（额定正向平均电流）I_T。I_T 是指在环境温度不大于 40℃ 和标准散热条件下，晶闸管可以连续通过的工频正弦半波电流（在一个周期内）的平均值，简称额定电流。

4）维持电流 I_H。I_H 是在门极开路和规定的环境温度下，维持单向晶闸管持续导通的最小电流。当晶闸管的正向电流小于 I_H 时，晶闸管将自动关断。I_H 的大小与晶闸管的温度成反比。

4.6.4 单向晶闸管的检测

1. 电极判别

判断单向晶闸管的电极采用网络方法，根据型号查询引脚极性。也可以用万用表测量方法判断晶闸管的极性。万用表置于 R×100Ω 或 R×1kΩ 档，两两测量三个电极之间的电阻，现指针偏转较大的两个电极为门极 G 和阴极 K，剩下的电极为阳极 A。

2. 好坏检测

从内部结构图 4-37 可以看出，万用表只能测量到一个 PN 结正向电阻，也就是门极 G 和阴极 K 之间的正向电阻。万用表置于 R×1kΩ 档，测试门极 G 和阴极 K 之间的正、反向电阻。有些器件的门极和阴极之间的正、反向电阻都很小，但是不能说明 G、K 之间的 PN 结已损坏，必须在电路中用示波器观察才能得出好坏判断结果，构建测试电路应首选单向晶闸管产品手册提供的电路图；若测试中其他任意两电极间正、反向电阻都很小（小于 200Ω），则说明晶闸管已击穿。

4.6.5 双向晶闸管

1. 双向晶闸管内部结构与等效电路

双向晶闸管旧称双向可控硅，如图 4-39 所示，从内部看由 N、P、N、P、N 五层半导体材料构成，包含有多个 PN 结。从外部引出三个电极分别为第一阳极 T_1、第二阳极 T_2 和门极 G，其中 T_1、T_2 又称为主电极。双向晶闸管相当于两个单向晶闸管反向并联，因此，可以在任何一个方向导通，且只需一个触发电路。双向晶闸管是一种理想的交流开关器件。

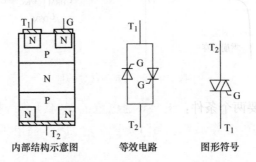

内部结构示意图　　等效电路　　图形符号

图 4-39　双向晶闸管内部结构与等效电路

2. 双向晶闸管检测

（1）电极判别

① 判断 T_2。从结构上看，G 与 T_1 极靠近，距离 T_2 极较远。因此，G 与 T_1 间正、反向电阻都很小。万用表拨到 R×10Ω 档，分别测量双向晶闸管任意两个电极间的正、反向电阻。若其中两个电极间的正、反向电阻值均为几十欧，则这两个电极为 T_1 与 G，剩下的一个电极即 T_2。

② 判别 T_1 与 G。万用表置于 R×10Ω 档，先假定一个电极为 T_1，另一个电极为 G。黑

表笔接假定的 T_1，红表笔接 T_2（已确定），阻值应为无穷大；随后，用红表笔尖将 T_2 与 G 短路一下，相当于给 G 加上一个负触发信号，此时的阻值应为十几欧左右，证明管已经导通；再将红表笔脱离 G（仍保持接 T_2），如果阻值基本不变，则证明双向晶闸管在触发之后可以维持导通状态。以上结果证明假设正确，即黑表笔接的是 T_1，另一个电极为 G；如果红表笔脱离 G（仍保持接 T_2）时阻值由小变为无穷大，则证明假设错误，可重新假设，重复以上操作。

（2）判别好坏

① 万用表置于 R×1Ω 档或 R×10Ω 档，测量 T_1 与 G 之间的正、反向电阻值，若正、反向电阻均为几十欧，则双向晶闸管正常；若正、反向电阻均为 0，则说明 T_1 与 G 之间短路；若正、反向电阻均为无穷大，则说明 T_1 与 G 之间开路。

② 万用表置于 R×1kΩ 档，测量 T_1 与 T_2 之间、T_2 与 G 间的正、反向电阻。正、反向电阻均为无穷大，双向晶闸管正常；若正、反向电阻均很小，则双向晶闸管电极间已击穿或漏电短路。

（3）触发能力检测　测量方法基于双向晶闸管的导通特性：不论主电极 T_1 和 T_2 之间所加电压极性是正向还是反向，只要 T_1 或 T_2 与 G 之间有满足触发条件的电压（触发电压不分极性），晶闸管就可以立即导通。导通后，即使没有触发电压，晶闸管依然维持导通状态。

① 万用表置于 R×1Ω 档或 R×10Ω 档，黑表笔接 T_2，红表笔接 T_1，然后用铜导线把 T_1 与 G 短接一下再断开，给 G 加上一个触发信号，如图 4-40a 所示。如果指针有较大的摆动，并停留在十几欧，则说明双向晶闸管一个方向已被触发导通并维持导通状态。

② 黑表笔接 T_1，红表笔接 T_2，用导线将 T_2 与 G 短接一下再断开，给 G 加上一个触发信号，如图 4-40b 所示。如果指针有较大的摆动，并停留在十几欧，则说明双向晶闸管另一个方向也被触发导通并维持导通状态。

③ 以上测量过程中，如果给 G 极加上触发信号后，万用表指针不动，则说明失去了触发导通能力；如果晶闸管导通撤离导线后，万用表指针又回到无穷大，则说明晶闸管性能不好或已经损坏。

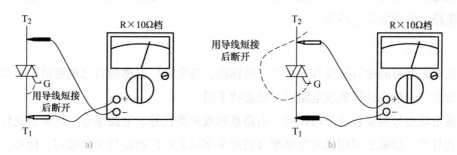

图 4-40　双向晶闸管触发能力检测

4.7　半导体集成电路

集成电路（Integrated Circuit，IC）俗称"芯片"。就是采用半导体工艺，把组成一个电路中所需的晶体管、电阻、电容和电感等元器件及其相互间的连接导线制作在一小块或几小块半导体晶片或介质基片上，然后封装在一个管壳内，构成具有所需电路功能的微型电子器件或部件。电路中将分立元件组成的电路重新塑封称为模块，如电源模块。它和集成电路本质上没什么区别，只是模块一般适用于大功率电路，是"半集成电路"而且内部可能包含集成电路。

4.7.1 集成电路的分类

集成电路按封装形式可分为扁平封装、双列直插式封装、圆管壳封装、软封装等。

集成电路按导电方式不同可分为双极型集成电路、单极型集成电路。双极型集成电路利用电子和空穴两种载流子导电，主要包括 TTL、ECL、HTL 型；单极型集成电路只用一种载流子导电，主要包括 MOS 型集成电路。其中，以电子导电的称为 NMOS 电路，以空穴导电的称为 PMOS 电路，将 NMOS 和 PMOS 复合组成的电路称为 CMOS 电路，CMOS 集成电路也是目前使用最广泛的集成电路。

集成电路按集成度（一个芯片上集成的微电子器件的数量）可分为小规模集成电路（SSI，含有 50 个以下元器件）、中规模集成电路（MSI，含有 50～100 个元器件）、大规模集成电路（LSI，含有 100～10000 个元器件）、超大规模集成电路（VLSI，含有 10000 个以上元器件）和甚大规模集成电路（ULSI）。集成电路以中、大规模集成电路为主，超大规模集成电路和甚大规模集成电路主要用于存储器及计算机 CPU 等专用芯片中。

集成电路按电路功能分为数字集成电路、模拟集成电路和模数混合集成电路。模拟集成电路用来产生、放大和处理各种模拟信号（连续变化的物理量），主要包括运算放大器、集成稳压器、比较器、集成功率放大器等；数字集成电路用来产生、放大和处理各种数字信号（断续变化的物理量），主要包括各种门电路、译码器、编码器、计数器、存储器、寄存器、触发器、微处理器等；模数混合集成电路主要有 A/D 转换器、D/A 转换器、定时器、锁相环等。

集成电路中还有一些专门用途的电路，称为专用集成电路，比如音响集成电路、电视专用集成电路、语音集成电路等。

4.7.2 集成电路型号的命名

集成电路型号的命名还没有一个统一的标准，各生产厂家都按自己规定的方法对集成电路进行命名，一般在选择集成电路时需要查找手册。

集成电路型号主要包含公司代号、电路系列或种类代号、电路序号、封装形式代号、温度范围代号等。如果公司用集成电路型号的开头字母表示厂商或公司的缩写、代号，则可以首先找到公司代号，按照集成电路手册查找；如果开头字母不表示厂商代号，而是表示功能、封装或种类等，还可以先找出产品公司商标，然后再查找对应的手册。

国产集成电路的型号命名基本与国际标准接轨，由五部分组成，各部分的含义见表 4-5。例如：CC4011CP 表示中国制造的 CMOS 四输入与非门，双列直插塑封，工作温度范围为 0～70℃。

表 4-5　中国半导体集成电路命名

第 0 部分		第 1 部分		第 2 部分	第 3 部分		第 4 部分	
用字母表示器件		用字母表示器件的类型		用阿拉伯数字表示器件的系列代号	用字母表示器件工作温度范围/℃		用字母表示器件的封装	
符号	意义	符号	意义	意义	符号	意义	符号	意义
C	中国制造	T	TTL	与国际同种类保持一致	C	0～70	W	陶瓷扁平
		H	HTL		E	−40～85	B	塑料扁平
		E	ECL		R	−55～85	F	全密封扁平
		C	CMOS				D	陶瓷直插
		F	线性放大器				P	塑料双列直插
		D	音响电视电路				J	黑瓷双列直插
		W	稳压器				K	金属菱形
		J	接口电路				T	金属圆形
		B	非线性电路				C	陶瓷芯片载体
		M	存储器		M	−55～125		
		μ	微型机电路					
		AD	A/D 转换器					
		DA	D/A 转换器				E	塑料芯片载体
		SC	通信专用电路					
		SS	敏感电路					
		SW	钟表电路					

4.7.3　集成电路的引脚识别

集成电路内部可能有成千上万个元器件，电路结构复杂，对于一般的工程技术人员，需要简单了解内部电路的结构，并且知道集成电路的用途和各个引脚的功能。

各种不同的集成电路引脚有不同的识别标记和不同的识别方法，但绝大部分集成电路都在外壳上有一个标记注明第 1 脚，常见的标记有小圆点、色点、凸起、凹坑、缺口、缺角等。识别引脚时，先按照标记找到第 1 脚，然后逆时针方向依次为第 2 脚、第 3 脚……

1. 单列直插式集成电路

单列直插式集成电路的引脚排列如图 4-41 所示。识别时面对元器件印有商标的正面，引脚朝下，定位标记位于左方位置，从定位标记开始，依次为第 1 脚、第 2 脚、第 3 脚……；还有部分集成电路，其末端引出脚与其他引脚距离较远，并以此作为定位标记，如图 4-41b 所示。有些厂家生产的同一种集成电路，为了能在电路板上灵活安装，封装外形可能有多种方式。如图 4-41c 所示，为适合双声道立体声音频功率放大电路对称性安装的需要，其引脚排列顺序对称相反：一种是从左至右的常规排列方式，另一种则从右至左。如果型号后缀中有字母"R"，则表明引脚排列顺序为从右至左。

2. 双列直插式集成电路

双列直插式集成电路的引脚排列如图 4-42 所示。识别时，面对元器件印有商标的正面，引

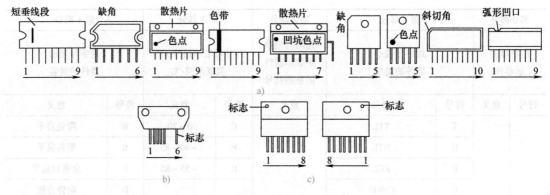

图 4-41　单列直插式集成电路引脚排列

脚朝下，从左下角的定位标记开始，按逆时针方向，依次为第 1 脚、第 2 脚、第 3 脚……。

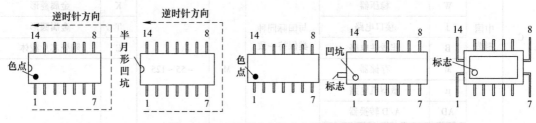

图 4-42　双列直插式集成电路引脚排列

3. 四列扁平封装式集成电路

四列扁平封装式集成电路的定位标记一般为凹坑、色点、特形引脚等，如图 4-43 所示。识别时，正对集成电路印有文字的一面，使其定位标记位于上方位置，从定位标记开始按逆时针方向依次为第 1 脚、第 2 脚、第 3 脚……。

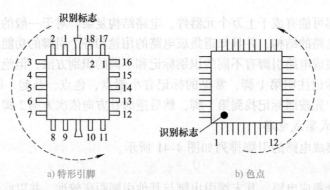

a) 特形引脚　　　　　　　　　　b) 色点

图 4-43　四列扁平封装式集成电路引脚排列

4. 圆顶封装式集成电路

圆顶封装式集成电路一般为金属外壳封装，体积较大，引脚多。识别引脚时，将元器件的引脚朝上，先找出定位标记。常用的定位标记有管键、色点、定位孔以及引脚不均匀排列等。引脚排列顺序由定位标记开始，沿顺时针方向依次为第 1 脚、第 2 脚、第 3 脚……，如图 4-44 所示。

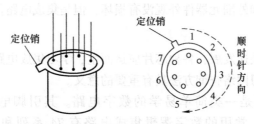

图 4-44 圆顶封装式集成电路的引脚排列

4.7.4 集成电路的检测

集成电路的结构复杂、引脚很多，在维修、拆卸方面有一定的困难。在专业情况下，可使用专用集成电路检测仪进行检测；万用表可以对集成电路进行一些简单的测试，主要有开路测量法和在路测量法两种。

1. 开路测量法

测量时，要求集成电路与其他电路断开，将万用表拨到 R×100Ω 档，红表笔接接地端引脚，黑表笔依次接其他各引脚，测量各引脚与接地引脚之间的电阻；保持电阻档不变，用同样的方法测量同一型号的正常集成电路各引脚对地的电阻。然后，把两个阻值进行一一对比，如果两者完全相同，则证明集成电路正常；如果有引脚的电阻值差距很大，则证明该引脚可能损坏。

2. 在路测量法

在路测量法是指集成电路与其他电路处于连接时所进行的检测方法。

1）在路电压测量法。在通电的情况下，用万用表测量集成电路各引脚对接地端的交、直流电压，再与各引脚参考电压进行比较，如果某些引脚的电压与参考电压的差别较大，且集成电路的外围元器件也没有损坏，则集成电路可能损坏。集成电路的各引脚电压参考值可以从相关图样或查阅有关资料获得。

2）在路电阻测量法。在切断电源的情况下，万用表置于 R×100Ω 档或 R×1kΩ 档，测量集成电路各引脚及其外围元器件的正、反向电阻值，再与正常数据相比较，从而判断集成电路的好坏。

3）在路总电流测量法。集成电路内部损坏时（如某一个 PN 结击穿或开路）会引起后级电路的饱和或截止，使电源进线的总电流发生变化。通过测量集成电路的总电流，可以判断出集成电路是否损坏。

4）在路温度测量法。正常的集成电路，其相比环境温度的温升比较小，如果温升比较高，则有可能是安装错误或损坏，测温通常使用红外测温仪。如果是短时间的电源接反或安装错误，虽然集成电路发热严重，只要时间不长，则不一定损坏，这是因为发热往往是由于集成电路内部的场效应晶体管的反接二极管导通造成的。

3. 排除代换法

集成电路出现工作不正常时，可能是集成电路本身损坏，也可能是外围元器件损坏。可以先检查集成电路各引脚的外围元器件，如果这些元器件正常，则证明集成电路本身可能存在问题，此时可直接用同一型号正常的集成电路直接代换原集成电路。

4. 波形测量法

集成电路处于工作状态时，用示波器观察各引脚波形是否与原设计符合，如果发现有较大差别，即使集成电路和外围元器件外观没有损坏，但是集成电路仍可能损坏。

4.7.5 数字逻辑集成电路的自学方法

目前集成电路技术快速发展，各种芯片应运而生，学习集成电路只需一键网络查询即可轻松得到答案。因此学习网络查询方法具有重要的意义。

数字逻辑集成电路是一类简单易学的数字电路。其引脚电压只有 0V、电源电压（U_{CC}）、高阻状态三种。常用的数字逻辑集成电路有 74 系列和 CD 系列两种。下面以 74LS138 芯片为例讲解这类芯片的通用快速自学方法。自学这类芯片，首先要从专业网站或官网下载产品手册。

1. 从专业网站下载 74LS138 集成电路的产品手册

首先，从专业网站 21IC 电子网下载技术资料，介绍从网络自学数字逻辑集成电路的方法。先打开网页"http：//www. 21ic. com/"。单击网站左上角"首页"，在中间单击"Datasheet"，得到网页"http：//www. 21icsearch. com/"。在搜索框键入"74LS138"，单击"PDF"图标，即可得到网页"http：//www. 21icsearch. com/datasheet/74LS138/ZmZubmyTZg = = . html"。在网页右上角单击"本地下载"图标，即可下载 PDF 文件。

对于这类芯片，阅读 PDF 产品手册只需简单掌握应用方法即可。其中主要知识点为：名称、引脚、逻辑功能表、功能框图（Functional Block Diagram）、功能表（Functional Table）、时序图、印制电路板（Printed Circuit Board，PCB）封装结构图。掌握了主要知识点，也就掌握了芯片的基本原理，为应用这些芯片打下坚实的基础。

由于 74LS138 芯片逻辑功能简单，因此在 PDF 产品手册中省略了时序图。

2. 从官网下载 74LS138 集成电路的产品手册

首先从 74LS138 芯片 PDF 产品手册找到官网"www. fairchildsemi. com"。目前仙童半导体公司已被 ON Semiconductor 公司并购，用户可以通过 ON Semiconductor 公司的官网获取资料或提出技术咨询。ON Semiconductor 公司的官网是"https：//www. onsemi. com/PowerSolutions/home. do"。

从官网下载的产品手册，其标题为"74LS138 译码器/多路输出选择器"，可见 74LS138 芯片为是 3 – 8 译码器，即对 3 个输入信号进行译码，得到 8 个输出状态。74LS138 的 DIP16 封装引脚排列如图 4-45 所示。

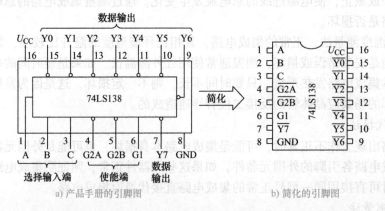

图 4-45   74LS138 译码器引脚图

74LS138 的真值表见表 4-6。

表 4-6 74LS138 真值表

输入端						输出端							
使能			选择			$\overline{Y0}$	$\overline{Y1}$	$\overline{Y2}$	$\overline{Y3}$	$\overline{Y4}$	$\overline{Y5}$	$\overline{Y6}$	$\overline{Y7}$
G1	$\overline{G2A}$	$\overline{G2B}$	C	B	A								
H	0	0	0	0	0	0	H	H	H	H	H	H	H
H	0	0	0	0	H	H	0	H	H	H	H	H	H
H	0	0	0	H	0	H	H	0	H	H	H	H	H
H	0	0	0	H	H	H	H	H	0	H	H	H	H
H	0	0	H	0	0	H	H	H	H	0	H	H	H
H	0	0	H	0	H	H	H	H	H	H	0	H	H
H	0	0	H	H	0	H	H	H	H	H	H	0	H
H	0	0	H	H	H	H	H	H	H	H	H	H	0
0	×	×	×	×	×	H	H	H	H	H	H	H	H
×	H	×	×	×	×	H	H	H	H	H	H	H	H
×	×	H	×	×	H	H	H	H	H	H	H	H	H

其中：16 引脚接电源 U_{CC}，8 引脚接 GND。$\overline{G2A}$、$\overline{G2B}$、G1 为使能端，用于引入控制信号。$\overline{G2A}$、$\overline{G2B}$ 低电平有效，G1 高电平有效。1 ~ 3 引脚是选择端 A ~ C，接译码输入信号。$\overline{Y0}$ ~ $\overline{Y7}$ 为译码输出信号引出端，低电平有效。从字面上可以看出，上方有横线的端子名称表示低电平有效（通常在产品手册的引脚图上连接有逻辑非"○"符号）；上方没有横线的端子名称表示高电平有效。

在芯片手册的真值表右侧有标注：

H = HIGH Level;　　　　　//H 表示高电平

L = LOW Level;　　　　　//L 表示低电平

X = Don't Care;　　　　　//X 表示无关项

Note 1：G2 = G2A + G2B。

74LS138 芯片有三个附加的控制端$\overline{G2A}$、$\overline{G2B}$、和 G1。当$\overline{G2A}$、$\overline{G2B}$ 均为低电平且 G1 为高电平时，译码器处于工作状态。否则，译码器被禁止，所有的输出端被封锁在高电平，见表 4-6。这三个控制端也叫作"片选"输入端，利用片选的作用可以将多片 74LS138 芯片连接起来以扩展译码器的功能。带控制输入端的译码器又是一个完整的数据分配器。如果把选择端 A ~ C 作为"数据"输入端，而将控制端$\overline{G2A}$、$\overline{G2B}$ 和 G1 作为"地址"输入端，那么从送来的数据只能通过所指定的输出线送出去。这就不难理解为什么把控制端叫作地址输入了。例如当选择端 A ~ C = 101 时，译码输出信号$\overline{Y0}$ ~ $\overline{Y7}$ 引出端除了$\overline{Y5}$ 为低电平以外其余全是高电平，数据将以反码的形式输出。

74LS138 译码器的逻辑图如图 4-46 所示。在使用 71LS138 译码芯片时，不要拘泥于烦琐的逻辑表达式，重在能将这种逻辑关系灵活的运用在电路中。

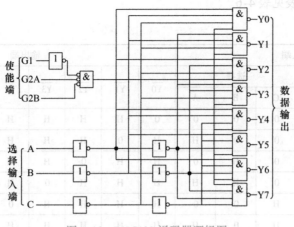

图 4-46　74LS138 译码器逻辑图

74LS138 芯片产品手册列出了两种封装方式：16 引脚塑料双列直插式封装（PDIP）和 16 引脚小外形封装（SOP）。其中，16 引脚塑料双列直插式封装（PDIP）采用国际标准 JEDEC MS-001，芯片宽 0.3in（1in=2.54cm），芯片封装的企业内部编号为 N16E；16 引脚小外形封装（SOP）为日本标准 EIAJ II 型，芯片宽 5.3mm，芯片封装的企业内部编号为 M16D。由于 PCB 制作软件一般默认为英寸，所以在使用封装尺寸时尽量采用英寸。

4.7.6　时序图的基本原理

学习 ARM、FPGA、DSP 这类复杂的芯片要遵循以下顺序：首先是看图，包括芯片引脚图、电路原理图、寄存器图表、波形图与时序图。如果芯片由程序驱动，则要首先看程序例程，再根据例程分析时序图原理和寄存器的设置规则。看过图形和程序仍有不解之处，则可参阅器件手册中的文字部分。如果阅读仍然不能得到答案，则仍不可拘泥于文字描述，还是要将主要精力集中在参阅器件手册的图形和程序例程上，如此反复自学，则可达到事半功倍的学习效果。学习这些应用类的知识要坚持有所为有所不为的方法：与应用无关的内部结构一概不学；看懂芯片手册提供的图表和程序后，烦琐的课本解释可以简单理解或一带而过。

操作时序是集成电路运行过程中，各逻辑信号按照时间排出的先后顺序，其使用细节包含在官方器件手册中。从器件手册读懂时序图的自学方法是学会这类芯片的关键。如果器件产品手册为英文版，建议优选学习原英文版，看不懂时再参考中文版。

时序图的读图方法：时间轴从左到右的方向为正方向且不断增加；时序图左边一般标识某一引脚或寄存器的一位或几位，右边行线体现该引脚或寄存器的电平变化；当行线比左边文字高表示高电平，当行线比左边文字低表示低电平，交叉线表示在高电平和低电平之间转换；数据有效（Valid Data）是需要满足时序条件才能得到的，是编程或硬件设计要达到的目标。

需要注意的是，各信号电平变化是按照一定的时间先后顺序完成的，是芯片或模块硬件电路工作的先后顺序，要按照时间轴的增长方向编程或设计硬件以满足时序图的顺序要求。

当然，有些寄存器的设置不分先后顺序，类似于串联的开关，当所有寄存器都设定为有效电平（相当于串联的开关都接通），则电路按照程序的设定工作。

下面以 LCD1602 液晶显示器为例讲述时序图的学习方法。

1. LCD1602 液晶显示器写操作时序

LCD1602 写操作时序图如图 4-47 所示。

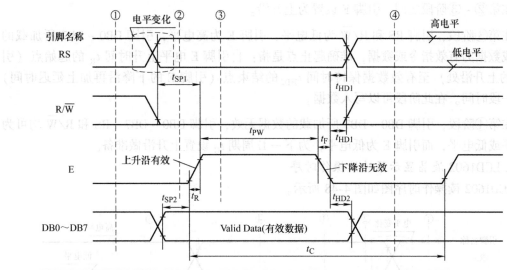

图 4-47　写操作时序图

图 4-47 所示的时序参数见表 4-7。

表 4-7　时序参数

时序参数	符号	极限值			单位	测试条件
		最小值	典型值	最大值		
E 信号周期	t_C	400	—	—	ns	引脚 E
E 脉冲宽度	t_{PW}	150	—	—	ns	
E 上升沿／下降沿时间	t_R，t_F	—	—	25	ns	
地址建立时间	t_{SP1}	30	—	—	ns	引脚 E、RS、R/W
地址保持时间	t_{HD1}	10	—	—	ns	
数据建立时间（读操作）	t_D	—	—	100	ns	引脚 DB0 ~ DB7
数据保持时间（读操作）	t_{RD2}	20	—	—	ns	
数据建立时间（写操作）	t_{SP2}	40	—	—	ns	
数据保持时间（写操作）	t_{HD2}	10	—	—	ns	

注：t_D、t_{RD2} 在图 4-48 中体现。

　　根据写操作时序图，当要写入指令时，需要先把 RS 和 R/W 均置为低电平，然后将数据送到数据口 DB0 ~ DB7，最后在引脚 E 置正脉冲得到上升沿，即可将数据写入 LCD1602。该过程分为四个阶段：

　　在第①阶段，引脚 DB0 ~ DB7、RS 和 R/W 均可为高电平或低电平，而引脚 E 必须先设定为低电平，为下一阶段设置上升沿做准备。在第①~②阶段之间，引脚 R/W 由任意电平设定为低电平；引脚 DB0 ~ DB7 由任意电平设定为加载有效指令的电平（注意此时时序图中有效数据实际传输的是指令或数据）。

在第②阶段，引脚 R/$\overline{W}$ 为低电平；注意写指令时 RS 为低电平，写数据时 RS 为高电平；引脚 DB0 ~ DB7 已加载指令或数据。

在第②~③阶段之间，引脚 E 设置为上升沿。

在第③阶段，引脚 RS 和 R/$\overline{W}$ 为低电平，引脚 E 为高电平，引脚 DB0 ~ DB7 所加载的指令或数据为有效指令或数据，准确起止点是指：自引脚 E 电平上升时间 t_R 的起始点（引脚 E 的上升沿处）至有效数据保持时间 t_{HD2} 的结束点（引脚 E 的下降沿再加上延迟时间）的这一段时间。在此阶段可以写入数据。

在第④阶段，引脚 DB0 ~ DB7 所加载的数据无效，引脚 DB0 ~ DB7、RS 和 R/$\overline{W}$ 均可为高电平或低电平，而引脚 E 为低电平，为下一 E 周期 t_C 设置上升沿做准备。

2. LCD1602 液晶显示器的读操作时序

LCD1602 读操作时序图如图 4-48 所示。

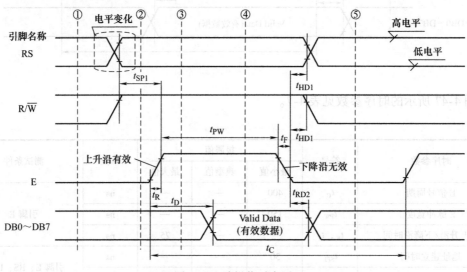

图 4-48　读操作时序图

根据读操作时序图，当要读忙标志和地址计数器 AC（第 9 条指令）时，需要先把 RS 置为低电平，R/$\overline{W}$ 置为高电平，然后在引脚 E 置正脉冲得到上升沿，最后将数据送到数据口 DB0 ~ DB7，经过数据建立时间 t_D 之后，即可将忙标志和地址计数器的内容从引脚 DB0 ~ DB7 读出。

在第①阶段，引脚 RS 和 R/$\overline{W}$ 均可为高电平或低电平，而引脚 E 必须先设定为低电平，为下一阶段设置上升沿做准备。在第①~②阶段之间，将 R/$\overline{W}$ 置为高电平。

在第②阶段，引脚 R/$\overline{W}$ 为高电平；注意读忙标志和地址计数器时 RS 为低电平，读数据时 RS 为高电平；在第②~③阶段之间，引脚 E 设置为上升沿。

在第③阶段，引脚 R/$\overline{W}$ 为高电平，引脚 E 为高电平。在第③~④阶段之间，引脚 DB0 ~ DB7 由任意电平设定为加载有效指令的电平。引脚 DB0 ~ DB7 所加载的数据为有效数据，准确起止点是指：自数据建立时间 t_D 的终点至有效数据保持时间 t_{RD2} 的结束点（引脚 E 的下降沿再加上延迟时间）的这一段时间。

在第④阶段，引脚 DB0 ~ DB7 所加载的数据有效。在此阶段可以读取数据。

在第⑤阶段，引脚 DB0 ~ DB7、RS 和 R/$\overline{\text{W}}$ 均可为高电平或低电平，而引脚 E 为低电平，为下一 E 周期 t_C 设置上升沿做准备。

时序图规定了某些状态所要维持的最短或最长时间。因为 LCD1602 的工作速度有限，一般都跟不上主控芯片（例如 FPGA 或单片机）的速度，要满足它们之间的时序配合要求，就要学会计算主控芯片的指令时间。如果主控芯片的指令时间很短，一定要增加延时时间以满足 LCD1602 的时序时间要求。

有些芯片设置是否满足时序条件的判断忙标志寄存器，根据忙标志寄存器的内容判断当前是否满足时序条件。

4.7.7 智能开关器件举例

BTS621 芯片是英飞凌科技股份公司生产的用信号控制主电路通断的电子开关，芯片内部集成了各种保护电路、驱动电路和电子开关器件（如：MOSFET、IGBT 等），由于烦琐的保护与驱动电路集成在电路中，因此使用该类芯片可以便捷地替代高能耗的晶体管开关电路。以下讲述该芯片的使用方法，实际应用中可到官网选择合适的芯片。

打开 BTS621 芯片的 PDF 产品手册，要进行两个关键的分析，一个是分析原理框图；另一个是分析应用的示例图，通过示例图得到合理的应用电路图。文档中 BTS621 芯片概况见表 4-8，供电电压 U_{bb} 为 5 ~ 34V，内部自带的过载保护电路动作电压为 43V，单只开关器件的导通电阻 100mΩ，最大输出电流可达 8A，实际应用时最大电流要留出余量，因此单只开关器件的负载电流不大于 4.4A。当接收到的数字输入信号"0"时，BTS621 输出为低电平；当接收到的数字信号为"1"时，BTS621 输出高电平（电源电压，典型值为 12 ~ 24V）。

表 4-8 BTS621 芯片概况

过电压保护		$U_{bb(AZ)}$	43V	
操作电压		$U_{bb(on)}$	5.0V ~ 34V	
	通道	单路	双路并联	单位
通态电阻	R_{ON}	100	50	mΩ
负载电流	(ISO) $I_{L(ISO)}$	4.4	8.5	A
最大电流	$I_{L(SCr)}$	8	8	A

智能开关芯片 BTS621 的原理框图如图 4-49 所示。该芯片内置两路智能 IGFET 开关，每路 IGFET 开关具有反接二极管；引脚 4 接负载电源，引脚 1 和引脚 7 输出接负载，BTS621 芯片不提供负载地；引脚 2 为信号地；引脚 3 和 6 接输入控制信号，当引脚 3 为高电平（在引脚 3 和引脚 2 加 3 ~ 12V 电压）时，引脚 1 输出电压约等于电源电压，引脚 1 和引脚 4 相当于开关导通。引脚 1 输出电压约等于电源电压，可带不大于 8A 的负载（长期工作负载不大于 4.4A）；当输入引脚（引脚 3）为低电平（0V）时，输出引脚（引脚 1）输出电压为 0V；同理引脚 6 控制第二路 IGFET 开关通断；引脚 5 为闭合状态，低电平表示故障。芯片 BTS621 内置了过电流保护、短路保护、温度保护、过电压保护，还用电阻将信号地与外部电路的负载地分开。

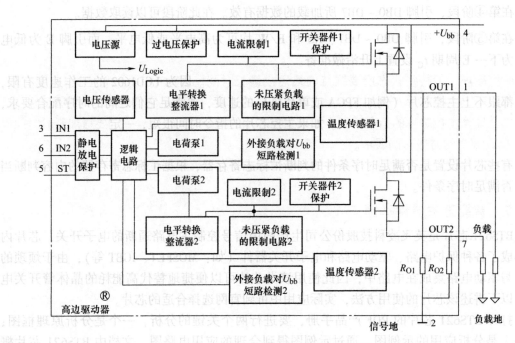

图 4-49 智能开关芯片 BTS621 的原理框图

参照产品手册的应用示例图，得到智能开关芯片 BTS621 的应用电路如图 4-50 所示，输入控制信号 IN1 与 IN2 分别与引脚 6 和 3 相连，公共端连接引脚 2。两路输出分别从引脚 1 和 7 输出，经 3A 熔丝与负载相连；为了防止空载时出现干扰，在引脚 1 和 7 与负载地之间接入 10kΩ 电阻；为了使信号地与负载地分开，在信号地与负载地中间接入 150Ω 电阻。

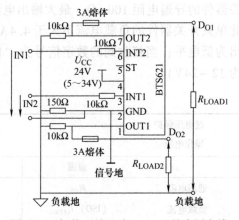

图 4-50 智能开关芯片 BTS621 的应用电路

4.7.8 集成电路外接上拉电阻与下拉电阻的基本原理

上拉是指将高电平或不确定的信号电平通过一个电阻钳位在高电平，在集成电路之外的上拉电阻起到连接电源端和供电的作用；下拉是指将低电平或不确定的信号电平通过一个电阻钳位在低电平，在集成电路之外的下拉电阻起到连接公共端和提供负载的作用。

在有些集成电路的输入端口需要配置上拉电阻；有些集成电路的输出端口需要配置下拉电阻；有些集成电路的引脚内部集成了上拉、下拉电阻。下面分别讲解上拉、下拉电阻的配置方法。

1. 上拉电阻

集成电路需要外接上拉电阻的端口通常有两种情况：一种是集电极（或漏极）开路输出型端口，是为了构成完整电路而增加上拉电阻；另一种是端口内置的上拉电阻阻值比较大（例如 50kΩ 以上），是为了提高带负载的能力而增加上拉电阻。集成电路外接上拉电阻的端口示意图如图 4-51 所示。

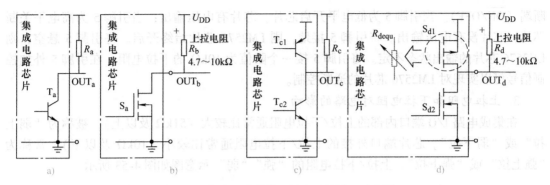

图 4-51　集成电路外接上拉电阻的端口示意图

图 4-51a 所示的是集电极开路（Open Collect，OC）的输出引脚 OUT_a，图 4-51b 所示的是漏极开路（Open Drain，OD）的输出引脚 OUT_b。通常这两种引脚用于 I^2C 总线或功率驱动芯片的输出端。用于 I^2C 总线时，可以很方便地实现线与逻辑，此时将多个输出引脚并联可以只加一个上拉电阻（例如单片机或 ARM 芯片的 P0 端口）。用于功率驱动芯片时，可以很方便地外接负载，此时上拉电阻可以换作电阻负载。对于集电极开路或漏极开路的输出引脚，上拉电阻通常可以选为 $4.7 \sim 10k\Omega$。

图 4-51c、d 所示的是晶体管或 MOS 器件构成的推挽输出电路。此时外接上拉电阻的作用主要有两种：第一种是当推挽输出电路上下两个器件同时截止时（例如控制信号断开或处于高阻状态），将输出端 OUT_c 或 OUT_d 上拉为高电平；第二种是当输出需要大电流而端口内部无法提供足够的电流时，可以通过计算方法确定上拉电阻的大小。

2. 下拉电阻

当集成电路端口输入信号存在断路或高阻状态（相当于断路）时，需要外接下拉电阻。集成电路端口外接下拉电阻示意图如图 4-52a、b、c 所示。当没有输入信号时，端口 IN_e、IN_f、IN_g 悬空或高阻状态，外接下拉电阻使端口电平钳位在低电平。一般情况下，下拉电阻通常可以选为 $10k\Omega$。在研发产品时可以采用计算的方法选取。有些场合为了抗信号干扰，下拉电阻也可以选为 $1k\Omega$ 或更小，这时要对带负载能力和热稳定性进行严格的校验。需要注意的是，当一路信号 IN_{tot} 控制多个芯片的输入端 $IN_1 \sim IN_n$ 时，只能外接一个下拉电阻 R_{tot}，其示意图如图 4-52d 所示。

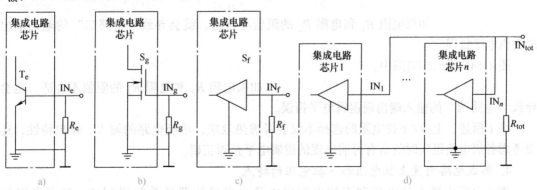

图 4-52　集成电路端口外接下拉电阻示意图

举个简单的例子，在本书第 10 章图 10-3 所示的电路中，LM2576 芯片的引脚 5 为开启/关断端（$\overline{ON}$/OFF）。当引脚 5 为低电平开启芯片，芯片有电压输出；当引脚 5 为高电平关断芯片，芯片没有电压输出。将引脚 5 接地，则 LM2576 芯片始终开启。将引脚 5 悬空，则 LM2576 芯片的输出状态不定。将引脚 5 接一个阻值为 10kΩ 的下拉电阻，在引脚 5 外加控制信号可以实现对 LM2576 芯片的通断控制。

3. 上拉电阻和下拉电阻对电路的影响

在集成电路 I/O 端口内部的上拉/下拉电阻通常比较大（51kΩ 及以上），被称为"弱上拉"或"弱下拉"。芯片端口外接的上拉/下拉电阻通常比较小（10kΩ 及以下），常称为"强上拉"或"强下拉"。上拉/下拉电阻的"强""弱"示意图如图 4-53 所示。

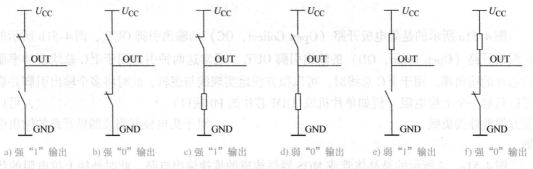

a) 强 "1" 输出　　b) 强 "0" 输出　　c) 强 "1" 输出　　d) 弱 "0" 输出　　e) 弱 "1" 输出　　f) 强 "0" 输出

图 4-53　上拉/下拉电阻的"强""弱"示意图

当端口内外没有上拉/下拉电阻时，图 4-53a 是强 "1" 输出，是指输出电平为高电平时，端口输出电位接近于 U_{CC}；图 4-53b 是 "强 0" 输出，是指输出为低电平时，端口输出电平接近于 GND。

当端口内部或外部有下拉电阻时，图 4-53c 是强 "1" 输出，是指输出电平为高电平时，端口输出电位接近于 U_{CC}；图 4-53d 是弱 "0" 输出，是指输出为低电平时，由于下拉电阻的存在，端口输出电位高于 GND。

当端口内部或外部有上拉电阻时，图 4-53e 是弱 "1" 输出，是指输出电平为高电平时，端口输出电位低于 U_{CC}；图 4-53f 是强 "0" 输出，是指输出为低电平时，输出端的电位接近于 GND。

上拉/下拉电阻的串联分压作用对电路的影响如图 4-54 所示。图 4-54a 所示的电路中，当"电路一"为弱 "0" 输出时，"电路一"的下拉电阻 R_1 和"电路二"的上拉电阻 R_2 构成串联分压电路。如果电阻 R_1 和电阻 R_2 的阻值不合适，就会导致"电路二"的输入端出现逻辑电平错误。

图 4-54b 所示的电路中，当"电路三"为弱 "1" 输出时，"电路三"的上拉电阻 R_3 和"电路四"的下拉电阻 R_4 构成串联分压电路。如果电阻 R_3 和电阻 R_4 的阻值不合适，也会导致"电路四"的输入端出现逻辑电平错误。

综上所述，上拉/下拉电阻的选择不仅要考虑热效应，单极电路的输入、输出特性，还要考虑各级电路级联时的所有可能出现的逻辑电平是否正确。

4. 集成电路内置上拉电阻和下拉电阻的特点

集成电路内置上拉电阻和下拉电阻通常是由半导体器件等效得到的，其示意图如

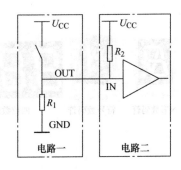
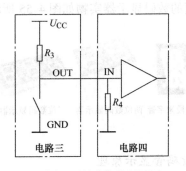

a) 下拉电阻对弱 "0" 输出的影响　　　　　　b) 上拉电阻对弱 "1" 输出的影响

图 4-54　上拉/下拉电阻的串联分压作用对电路的影响

图 4-51c、d 所示。受知识产权保护的限制，一般企业不公开集成电路的内部详细结构，仅仅给出简单的外部使用手册。在使用带有上拉电阻和下拉电阻的 I/O 接口驱动负载时，经常会遇到无法解释的现象。有时采用内置上拉电阻的电路输出高电平，用于驱动外接负载，测试得到的输出电平可能远远低于集成电路的电源电压。有经验的工程师在设计电路时，无论集成电路端口是否内置上拉电阻或下拉电阻，都要再外接上拉电阻或下拉电阻，上拉电阻通常设置为 $4.7 \sim 10\text{k}\Omega$，下拉电阻根据计算得到，以避免上述现象出现。

5. 排阻的热效应

集成电路外置的上拉电阻和下拉电阻通常由排阻构成，排阻虽然是小功率的器件，发热量不大，但是许多电子电路是处于全封闭状态的，这使得电路的散热极为困难。目前有许多仿真软件具有热校验功能，在设计电路时进行热校验是完全必要的。在电路中，与排阻相邻的电路芯片有时会受热损坏，如果不进行仿真校验，排阻和电路芯片要保持足够的距离，而且不能在 PCB 的一侧布置排阻，另一侧背靠背的布置电路芯片。

4.8　显示器件

4.8.1　LED 数码显示器

LED 数码显示器是把发光二极管连接成各种形状，工作时使某些发光二极管发光，显示数字或字母等。LED 数码显示器是一种比较常用的显示器件。

1. LED 数码显示器的分类

1）按发光二极管的数量分类，主要分为七段数码管、九段数码管、十四段数码管和十六段数码管等。七段数码管由三个水平方向、四个竖直方向和右下角一个圆点共八个发光二极管组成，其中圆点（小数点）这个二极管不计算在内。七段数码管可以显示十进制 0 至 9 的数字，也可以显示英文字母。

2）按显示位数分类可分为一位、两位和多位显示器，显示位数是指能显示多少个 "8"。一位 LED 显示器通常称为 LED 数码管，两位以上一般称为显示器。

3）按字形结构分类可分为数码管和符号管两种。"米" 字形管显示功能最全，可以显示运算符 +、−、×、÷，以及 26 个英文字母。

4）按显示亮度分类可分为普通亮度和高亮度两种类型。高亮度数码管的发光强度比普通亮度数码管提高将近一个数量级，在 1mA 的电流下就可以发光。

各种常用的数码显示器实物如图4-55所示。

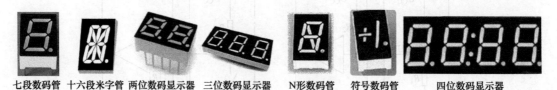

七段数码管　十六段米字管　两位数码显示器　三位数码显示器　N形数码管　符号数码管　四位数码显示器

图4-55　数码显示器实物

2. LED数码管显示原理

LED数码管的外形引脚排列和内部结构如图4-56所示，其中字母a～g代表7个笔段的驱动端，也称笔段电极。dp代表小数点。第3引脚和第8引脚的内部接在一起作为公共电极。

LED数码管可分为共阳极和共阴极两类，图4-56b为共阳极数码管的内部结构图，所有发光二极管的阳极接在一起形成公共极。应用时，公共极接高电平，如果让某一字段点亮，该字段的发光二极管阴极接低电平。共阴极数码管将所有发光二极管的阴极接在一起，形成公共极，如图4-56c所示。应用时，将公共极接地（低电平），如果让某一字段点亮，该字段的发光二极管阳极接高电平。控制不同字段的点亮就可以显示出需要的字母或数字。例如：要显示一个数字"2"，只要让字段a、b、g、e、d发光，其他字段不发光即可。

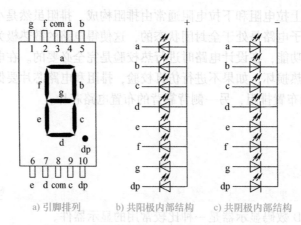

a) 引脚排列　　　b) 共阳极内部结构　　　c) 共阴极内部结构

图4-56　LED数码管引脚排列与内部结构图

3. LED数码管的基本特性

数码管在阳光下亮度高，适合室外环境使用。数码管的电压通常为1.8～2.2V，有些高亮数码管为3.0～3.4V。数码管中每个二极管的电流应控制在5～20mA之间，最大电流一般为40mA。静态显示时取10mA为宜，动态扫描显示可加大脉冲电流，但一般不超过40mA。

由于二极管的钳位作用，在数码管公共端和段码之间不能直接接入5V或3.3V电压，否则会导致数码管击穿。如果在公共极给数码管串接一个统一的限流电阻，限流电阻的分压值基本不变。当数码管显示的数字不同时，导通的发光二极管个数不同，亮度也不相同，影响视觉效果。因此要给每个发光二极管串接电阻，这些电阻具有分压和限流作用。

4. LED 数码管的串联电阻选择

根据分压值和预期的电流值，计算数码管中每个二极管串联电阻的电阻值。例如共阳极数码管电源电压为 5V，数码管分压大约为 2V，电阻分压大约为 3V；预期电流为 10mA，则限流电阻选 330Ω 或 270Ω。

控制器（例如单片机、FPGA 的 I/O 口）或译码器的 8 位并行输出口与 LED 数码管的段码"a，b，c，d，e，f，g，dp"引脚相连时，串联限流电阻的电路图如图 4-57 所示。图 4-57a 为共阳极数码管电路，图 4-57b 为共阴极数码管电路。

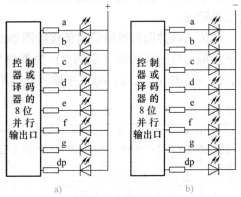

8 位并行输出口输出不同的字节数据可在数码管上显示不同的数字或字符。共阴极与共阳极的段选码见表 4-9。为了便于 PCB 布线，需要重新编排段码顺序，这时就需要重新排列十六进制的字节数据。

图 4-57　控制器与数码管的连接电路图

表 4-9　共阴极和共阳极 LED 数码管几种段选码表

显示数字	共阴顺序小数点暗		共阴逆序小数点暗		共阳顺序小数点亮	共阳顺序小数点暗
	dp g f e d c b a	16 进制	a b c d e f g dp	16 进制		
0	0 0 1 1 1 1 1 1	3FH	1 1 1 1 1 1 0 0	FCH	40H	C0H
1	0 0 0 0 0 1 1 0	06H	0 1 1 0 0 0 0 0	60H	79H	F9H
2	0 1 0 1 1 0 1 1	5BH	1 1 0 1 1 0 1 0	DAH	24H	A4H
3	0 1 0 0 1 1 1 1	4FH	1 1 1 1 0 0 1 0	F2H	30H	B0H
4	0 1 1 0 0 1 1 0	66H	0 1 1 0 0 1 1 0	66H	19H	99H
5	0 1 1 0 1 1 0 1	6DH	1 0 1 1 0 1 1 0	B6H	12H	92H
6	0 1 1 1 1 1 0 1	7DH	1 0 1 1 1 1 1 0	BEH	02H	82H
7	0 0 0 0 0 1 1 1	07H	1 1 1 0 0 0 0 0	E0H	78H	F8H
8	0 1 1 1 1 1 1 1	7FH	1 1 1 1 1 1 1 0	FEH	00H	80H
9	0 1 1 0 1 1 1 1	6FH	1 1 1 1 0 1 1 0	F6H	10H	90H

5. 多位 LED 数码管的动态显示

同时使用多个 LED 数码管显示，根据驱动方式的不同，可以分为静态显示和动态显示两类。

静态显示也称直流驱动，是指单独控制每个数码管的每个段码。每个数码管都同时显示，数码管引脚独立。动态显示是将所有数码管的 8 个段码"a，b，c，d，e，f，g，dp"的同名端连在一起，当其中一个数码管的公共端选通（共阳极数码管接高电平，共阴极数码管接低电平）时，该位数码管显示字形，没有选通的数码管不亮。

动态显示过程中，每位数码管的点亮时间大于 1ms，由于人的视觉暂留现象及发光二极管的余辉效应，当每位数码管重复点亮的时间小于 50ms 时，不会感觉到闪烁，动态显示的效果比静态显示的效果差，在仪表显示电路中不允许使用动态显示电路。

两位八段共阴极数码管内部接线图如图 4-58a 所示。图中所示的电路有两个数码管称为两位，当第一位的公共端（引脚 3）为低电平且第二位的公共端（引脚 8）为高电平时，则第二位数码管不亮，第一位数码管的段码 "a，b，c，d，e，f，g，dp" 中输入高电平的发光二极管亮。

两位八段共阳极数码管内部接线图如图 4-58b 所示，当第一位的公共端（引脚 3）为高电平且第二位的公共端（引脚 8）为低电平时，第二位数码管不亮，第一位数码管的段码 "a，b，c，d，e，f，g，dp" 中输入低电平的发光二极管亮。

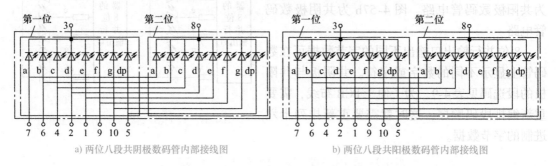

a) 两位八段共阴极数码管内部接线图　　　　b) 两位八段共阳极数码管内部接线图

图 4-58　两位八段数码管内部接线图

6. 控制器控制的数码管动态显示电路

当控制器的 I/O 口无法承受预期电流时，应增加驱动电路。驱动电路通常由开关管或集成电路组成。共阳极数码管增加晶体管驱动电路的原理图如图 4-59 所示。控制器与段码 a～dp 的接口电路中，电流流入控制器（通常称为灌电流），控制器不向段码提供电源。

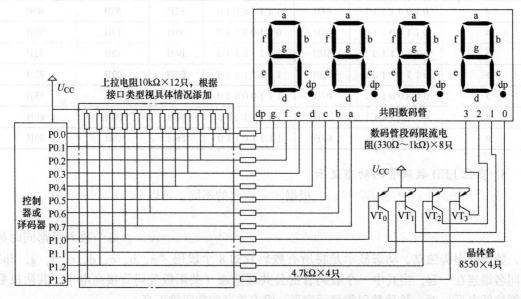

图 4-59　两位八段数码管内部接线图

例如 P1.0 为低电平，则晶体管 VT_0 导通，选通最右边的数码管。本图中的电源 U_{CC} 为同一电源。当控制器或译码器的 I/O 接口内部无上拉电阻时，一般外接 4.7～10kΩ 上拉电阻；当控制器或译码器的 I/O 接口内部有上拉电阻时，一般可以外接 $10 \sim 20\mathrm{k}\Omega$ 上拉电阻以提高电路的稳定性。

7. LED 数码管的检测

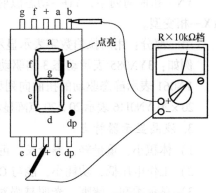

以共阳极极数码管为例（见图 4-60），将指针式万用表置于 $R \times 10\mathrm{k}\Omega$ 档，黑表笔接公共极，红表笔依次接触各个笔段的负极，指针应有一定的偏转且相应的字段点亮，可以确定该数码管是共阳极型。若交换表笔后出现上述现象，则数码管为共阴极型。如果某些字段显示异常，则可判断该数码管损坏。

图 4-60 LED 数码管的检测

4.8.2 LCD 显示器

液晶显示器（LCD）作为一种新型显示器件已经成为当下的主流显示器。其实物图如图 4-61 所示。液晶是一种介于固体和液体之间的有机化合物，常态下呈透明液态。在电场作用下，液晶分子会发生排列上的变化并影响通过它的光线变化。如果给液晶配合偏光板，这种光线的变化就可以表现为明暗的变化，通过对电场的控制最终控制光线的明暗变化，从而达到显示图像的目的。

1. 液晶显示器分类

（1）按液晶分子的排布方式分类　扭曲向列（TN）型：液晶分子扭曲角度为 90°。TN 型是目前最为主流的液晶显示器模式，主要用于各种字码、符号和图形的黑白显示，如电子手表和计算器等。

图 4-61 LCD 实物

超扭曲向列（STN）型：液晶分子的扭转角度加大为 180°或 270°，显示效果更好。主要用于 64 行到 480 行的大型点阵显示器件，可用于彩色显示。

双层超扭曲向列（DSTN）型：DSTN 型是在 STN 型基础上发展而来，通过双扫描方式扫描扭曲向列型液晶显示屏。DSTN 型的显示面板结构比 TN 型与 STN 型复杂，显示画质也更为细腻。

（2）按驱动方式分类　静态驱动：含有一个公共驱动端，每个信号段单独驱动。用于数字和符号的显示，显示过程中各段同时闪亮。

多路寻址驱动：含有几个公共驱动端，N 个显示段连在一起引出。在每个显示周期中，各字段依次在 $1/N$ 的时间内闪亮，反复循环。

矩阵式扫描显示：利用液晶盒的电能累积效应，对显示器进行反复逐行扫描。用于图像和字符的显示。

（3）按基本结构分类　按基本结构分主要有透射型、反射型和投影型等。

2. 液晶显示器型号命名方法

国产液晶显示器件型号命名由三部分组成。各部分含义如下：

第一部分：用阿拉伯数字表示驱动方式，例如"3"表示动态 3 路驱动；静态驱动方式时数字省略；点阵驱动方式时用阿拉伯数字×阿拉伯数字的形式表示点阵显示的行列数。

第二部分：用汉语拼音字母表示显示类别。

YN—扭曲向列型，YD—动态散射型，YB—宾主型，YK—电控双折射型，YS—双频型，YX—相变型。

第三部分：用阿拉伯数字表示显示位数与序号。

例如：3YN085 表示动态 3 路驱动的扭曲向列型液晶显示器，8 位显示，序号为 5。

YN061 表示静态驱动的扭曲向列型液晶显示器，6 位显示，序号为 1。

20×20 YN0116 表示 20×20 点阵显示的扭曲向列型液晶显示器，1 个显示单元，序号为 16。

3. 液晶显示器特点

1) 体积小，重量轻，寿命长，可靠性高。

2) 工作电压低，功耗小，能与 COMS 电路兼容。

3) 显示柔和、清晰，光照越强对比度越大，显示效果越好。

4) 设计和生产工艺简单。尺寸宜大宜小、显示内容在同一界面内宜多宜少。

4. 液晶显示器的检测

液晶加电检测法示意图如图 4-62 所示。将两表笔分别连接到 6V 电池组的两端，一支表笔尽量大面

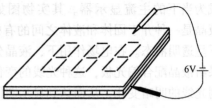

图 4-62　液晶加电检测法示意图

积地接触液晶显示器表面，另一支表笔依次接触各个笔段电极，屏幕上便可以显示出相应的笔段。不显示的电极则为公共电极。

4.8.3　有机发光显示器

有机发光显示器（OrganicLight-Emitting Diode，OLED）显示技术被认为是一种接近理想效果的显示技术，是现在流行的液晶显示器（Liquid Crystal Display，LCD）的替代者，其实物图如图 4-63 所示。OLED 采用非常薄的有机材料涂层和玻璃基板，当有电流通过时，这些有机材料就会发光。OLED 显示无需背光灯，显示屏幕可以做得更轻更薄，可视角度更大。OLED 具有自发光、超薄、高对比度、超广视角、显示亮度高、色彩鲜艳等优点。因为 OLED 的自发光特性，每个像素点可以独立控制，在显示纯黑的时候 OLED 可以直接断电，此时 OLED 不耗电，而 LCD 只能偏光片尽量盖住光。显示纯白画面时，LCD 仍然全部打亮背光灯，跟显示纯黑一样，而 OLED 需要全部的像素点通电，这个时候 OLED 还会更费电。平常 OLED 都在室内用，高对比度的特性也会让人刻意降低 OLED 产品的亮度，达到更省电的效果。

图 4-63　OLED 实物

课后思考题与习题

4-1　PN 结的个数是区别半导体元件的一个重要参数，说出二极管、晶体管、晶闸管和单结晶体管分别有几个 PN 结？

4-2　如何用万用表判断二极管的正负极？

4-3　如何用万用表检测晶体管的好坏？如何判断类别和三个电极？

4-4　晶体管在电路中的主要作用是什么？

第5章

其他电子元器件

5.1 开关

利用机械力或电信号的作用，使电路产生接通、断开或转接等功能的元件，称为机电元件。各种电子产品中的开关、连接器（又称接插件）等都属于机电元件。机电元件虽然工作原理及结构较为直观简明，但是它们与电子产品安全性、可靠性及整机水平的关系很大，而且是故障多发点。

5.1.1 开关的种类

开关是接通或断开电路的一种广义功能元件，习惯上指的是机械开关。机械开关是手动或电动接通或断开电路的机械元件。电子开关指的是利用晶体管等器件的开关特性构成的控制电路单元。电子开关的控制方式分为压力控制、光电控制、超声控制等。

机械开关按结构分为：拨动开关、旋转开关、按钮开关、钮子开关、双列直插开关、滑动开关、水银开关、薄膜开关等；按用途分为：键盘开关、微动开关、电子开关、电源开关、波段开关、转换开关、拨码开关及控制开关等；按驱动方式可分为：手动、机械、声、光、磁等控制；按极数、位数分为：单极单位开关、单极双位开关、双极双位开关、单极多位开关、多极多位开关等。

1. 开关的"极"和"位"

所谓的"极"指的是开关活动触点（过去习惯叫刀）；"位"则指静止触点（习惯也称为掷）。例如图 5-1a 为单极单位开关，只能通断一条电路；图 5-1b 为单极双位开关，可选择接通（或断开）两条电路中的一条；而图 5-1c 为双极双位，可同时接通（或断开）两条独立的电路，多极多位开关可依次类推。

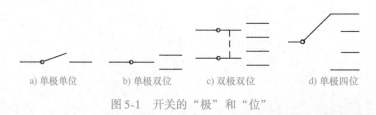

a) 单极单位　　b) 单极双位　　c) 双极双位　　d) 单极四位

图 5-1 开关的"极"和"位"

使用两个单极双位开关（或称为单联双控开关）控制一盏灯的原理图如图 5-2a 所示，当前灯具未接通电源。若开关 S_2 静止，扳动开关 S_1 如图 5-2b 所示，则开关 S_1 和 S_2 的动触点都和上边的静触点接通，使灯具接通电源发光。上述电路的接线图如图 5-2c 所示。可看出开关 S_1、S_2 的动触点都和下边的静触点接通，同样也可以使灯具接通电源发光。

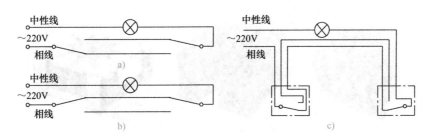

图 5-2 使用两个单联双控开关控制一盏灯

2. 拨码开关

拨码开关有 4 位、6 位、8 位、10 位、12 位等，通常在数字电路中用作手动控制的编码开关。4 位拨码开关外形和工作原理示意图如图 5-3 所示，该拨码开关内部有 4 个独立的开关。拨动开关到上边是 "ON"，表示开关接通上下两个引脚导通；拨动开关到下边是 "OFF"，表示开关接通上下两个引脚断开。如果把拨码开关连接到电路中，可以构成一组开关电路，配合电路设计可以得到高低电平，将这组高低电平组合起来构成自定义的编码。图 5-3a 和图 5-3b 中 4 个独立开关从编码 1~4 分别为 "ON" "ON" "ON" "OFF"。

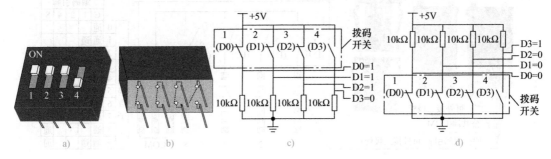

图 5-3 4 位拨码开关外形和工作原理示意图

图 5-3c 表示拨码开关连接下拉电阻时从编码 1~4 的输出分别为 "1" "1" "1" "0"，设第 1 个开关为数据 "D0"，第 2 个开关为数据 "D1"，第 3 个开关为数据 "D2"，第 4 个开关为数据 "D3"，则得到 D3~D0 的编码是二进制数 "0111"。

图 5-3d 表示拨码开关连接上拉电阻时从编码 1~4 的输出分别为 "0" "0" "0" "1"，则得到 D3~D0 的编码是二进制数 "1000"。因为各个开关是独立的，编码顺序可以自定义。

3. 数字式编码开关

数字式编码开关是改进的机械编码开关，又称为指拨开关，其外形如图 5-4 所示。常见的有 BCD 指拨开关（十进制）、四进制指拨开关等。

图 5-4a 是 4 位数字式 BCD 编码开关卡接在一起，其中每一位都可以自由拆卸和卡接。机械转盘上露出的四位数字是 "1000"，在每一位数字右边有一个可以向下拨动的开关，向下拨动一次数字加 "1"。当拨动到最大值 "9" 的时候，再拨动一次露出数字 "0"。因此这个指拨开关的编码范围是 0000~9999。

图 5-4b 是 1 位数字式 BCD 编码开关，左图是两边加挡板的，显示 "0"；右图是两边不加挡板的，也显示 "0"。在开关面板上下各有一个按钮，上边刻了 " - "，表示按下一次数字减 1；下边刻了 " + "，表示按下一次数字加 1。这个指拨开关的编码范围是 0~9。

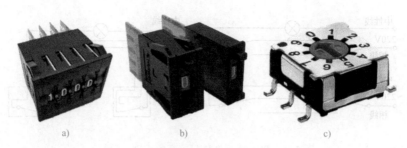

图 5-4　数字式编码开关

图 5-4c 是 1 位 10 进制独立式数字编码开关。

1 位数字式 BCD 编码开关原理图和编码表如图 5-5 所示。图 5-5a 是 1 位数字式 BCD 编码开关拆开后的照片，图 5-4b 是编码开关，其引脚原理图如图 5-5b 所示。当开关面板上方或下方的按钮按下，编码数字会加 1 或减 1，对应的引脚通断关系如图 5-5c 所示。例如，当开关面板上显示 9，则引脚 1、8 内的开关闭合。在四位编码引脚（1、2、4、8）和公共端 COM 引脚均预留了外接二极管的焊盘，在需要时可以将二极管焊接在焊盘上。

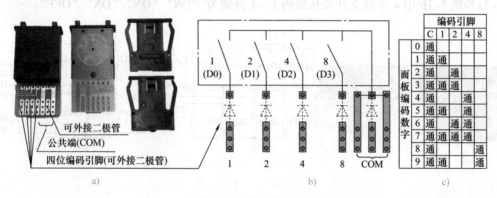

图 5-5　1 位数字式编码开关原理图和编码表

1 位独立式四进制数字编码开关如图 5-6 所示。这种开关是通过直接连通的方法实现编码。例如，当开关面板上显示 3，则引脚 3 内的开关闭合，引脚 3 与公共端实现电气连接。

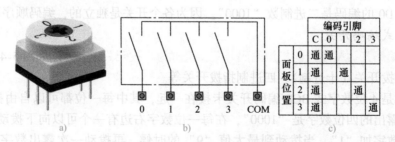

图 5-6　1 位独立式四进制数字编码开关

5.1.2　常用开关

几种常用开关见表 5-1。

表 5-1　常用开关

名称	外形	主要参数	主要特点	应用
钮子开关		AC 250V、5A 以下、单极/双极、双位/三位	螺纹圆孔安装,加工方便	电源开关
翘板开关		AC 250V、0.3 ~ 15A、单极双位、双极双位	嵌入式安装、操作方便	电源开关
旋转开关		AC 25V、0.05 ~ 15A、单极 ~8 极、2 ~11 位	极数、位数多种组合,安装方便	仪表
按钮开关		AC 250V、3A、单极单位、双极双位	嵌卡式安装、带指示灯、轻触式操作	电器及仪表开关
琴键开关		AC 250V、0.1 ~2A、多极双位、多种组合	可有 2、4、8 极,可多只组合或自锁、互锁、无锁等形式	仪表及电子设备
滑动开关		AC 30V、0.2 ~ 0.3A、单极 ~4 极、2 ~3 位	结构简单,价格低	小电器及仪表
轻触开关		DC 12V、0.02 ~0.05A	体积小、质量轻、可靠性好、寿命长、无锁	键盘设备面板控制
按键开关		DC 60V 以下、0.3 ~0.1A	体积小、质量轻、操作方便	仪器仪表及电器
薄膜开关		DC 30V 以下、0.1A,寿命可达 300 万次	面板/开关/指示一体化并可密封	面板开关
贴片开关		上面的微型按键开关、双列拨动开关、轻触开关、滑动开关等品种均有表贴封装形式		

5.1.3　开关的主要参数

1）额定电压是指正常工作时开关可以承受的最大电压。

2）额定电流是指正常工作时开关所允许通过的最大电流。

3）接触电阻 R_c 是指开关接通时相通的两个接触点之间的电阻值。此值越小越好,一般开关接触电阻应小于 20mΩ。

4）绝缘电阻是指开关不相接触的各导电部分之间的电阻值。此值越大越好,一般开关在 100MΩ 以上。

5）耐压也称抗电强度,是指开关不相接触的导体之间所能承受的电压值。一般开关耐压大于 100V,对电源开关而言,要求耐压不小于 500V。

6）工作寿命是指开关在正常工作条件下的使用次数。一般开关为 5000 ~10000 次,要求较高的开关可达 $5 \times 10^4 ~5 \times 10^5$ 次。

5.1.4 开关的检测方法

1）直观检测。观察开关的引脚是否折断、紧固螺钉是否松动；转动开关的手柄等可活动部位，检查开关是否活动自如、是否可以转换到位。

2）测量接触电阻。万用表置于 R×1Ω 档，开关处于接通状态，一支表笔接触开关的触点引脚，另一支表笔接其他触点引脚，正常阻值在 0.1~0.5Ω。如果阻值较大，则说明开关的触点之间接触不良。

3）测量断开电阻。万用表置于 R×10kΩ 档，开关处于断开状态，一支表笔接触开关的触点引脚，另一支表笔接其他触点引脚，正常阻值应大于 500kΩ 或无穷大。如果测得阻值小于 500kΩ，则说明开关触点之间有漏电现象或短路。

4）测量各触点间的电阻值。万用表置于 R×10kΩ 档，测量各个独立触点间的电阻值、各个触点与外壳之间的电阻值，正常时的阻值都应是无穷大。如果阻值有一定的数值，则说明开关有漏电现象。

5.2 连接器

连接器是电子产品中用于电气连接的一类机电元件，又称为接插件。

5.2.1 连接器的种类

采用连接器连接效率高、便于装配、调试和维修方便。普通低频连接器的技术参数与开关相同，同轴连接器及光纤、光缆连接器，则有阻抗特性及光学性能等参数。在电子产品中一般有以下几类连接器：A 类为元器件与 PCB 的连接；B 类为 PCB 与 PCB 或导线之间连接；C 类为同一机壳内各功能单元相互连接；D 类为系统内各种设备之间的连接。

5.2.2 常用连接器

1. 圆形连接器

圆形连接器主要有插接式和螺纹接式两大类。插接式通常用于插拔较频繁、连接点数少且电流不超过 1A 的电路连接。螺纹接式俗称航空插头插座，它有一个标准的旋转锁紧机构，在多接点和插拔力较大时，连接较方便，抗振性好，容易实现防水密封以及电场屏蔽等特殊要求，适用于大电流、不需经常插拔的电路连接。螺纹式连接点数量从 2 个到近百个，额定电流可从 1A 到数百安，工作电压均在 300~500V 之间。在连接器的触点处采用电镀黄金、白银等方法防锈和防止接触不良。

2. 矩形连接器

矩形排列能充分利用空间位置，所以被广泛应用于机内互连。当带有外壳或锁紧装置时，也可用于机外的电缆和面板之间的连接，其实物如图 5-7 所示。矩形连接器有插针式和双曲线簧式，有带外壳和不带外壳，有锁紧式和非锁紧式等，其接点数目、电流、电压均有多种规格。

图 5-7　矩形连接器实物

3. PCB 连接器

PCB 连接器的结构形式有直接型、绕接型、间接型等，主要规格有排数（单排、双排）、芯数、间距（相邻接点簧片间的距离）和有无定位等。另外，连接器的簧片有镀金、镀银之分，要求较高的场合应用镀金插座。近年，应用广泛的存储卡插座也属于 PCB 连接器，如 SD 卡插座，采用表贴式封装，直接焊接在 PCB 表面上。

PCB 连接器实物如图 5-8 所示。

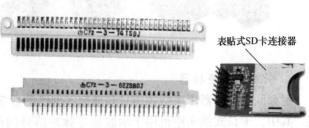

表贴式SD卡连接器

图 5-8　PCB 连接器实物

4. D 形连接器

D 形连接器具有非对称定位和连接锁紧机构，常用连接点数为 9、15、25、37 等，可靠性高，定位准确，广泛用于各种电子产品机内及机外连接。D 形连接器实物如图 5-9 所示。

图 5-9　D 形连接器实物

5. 带状电缆连接器

带状电缆连接器多用于数字信号传输，其实物如图 5-10 所示。

图 5-10　带状电缆连接器实物

6. AV 连接器

AV 连接器也称音视频连接器，用于各种音响、录放像设备、CD、VCD 等，以及多媒体计算机声卡、图像卡等部件的连接。音视频连接器实物如图 5-11 所示。

图 5-11　音视频连接器实物

7. 直流电源连接器

直流电源连接器按插头外径 × 内孔直径来分，有 3.4mm×1.3mm，5.5mm×2.5mm 和 5.5mm×2.1mm 三种规格，传输电流一般在 2A 以下。选用时注意插头与插座配套。直流电源连接器实物如图 5-12 所示。

图 5-12　直流电源连接器实物

8. 射频同轴连接器

射频同轴连接器用于射频信号和通信、网络等数字信号的传输，与专用射频同轴电缆连接。其中，卡口式插头座也用于示波器等脉冲信号的传输。射频同轴连接器实物如图 5-13 所示。

9. 通用串行总线（Universal Serial Bus，USB）连接器

USB 连接器原来是一种计算机通用串行总线，随着数码和移动通信产品的普及，现在已经成为用途广泛的通用多媒体连接器。USB 连接器不仅可以连接音箱、调制解调器（Modem）、

图 5-13　射频同轴连接器实物

显示器、游戏杆、扫描仪、鼠标、键盘等外围设备，而且可以实现手机、MP3 音乐播放器、视频播放器、数码相机等产品与计算机交换数据及充电，并且可以进行热插拔。各种 USB 连接器实物如图 5-14 所示。

图 5-14　USB 连接器实物

（1）USB 连接器的外形与引脚排列　USB 接口标准有 1.0、2.0、3.0 和 3.1 等。USB1.0 和 USB2.0 连接器相同，USB2.0 连接器接口分为 A 型、B 型、Mini 型和 Micro 型，其中 Micro 型还有比较特殊的 AB 兼容型，每种接口都分插头和插座两个部分。USB3.0 接口分为四种类型 A 型、B 型、Micro 型接口等。每种接口都分插头和插座两个部分，这几类插头的结构图如图 5-15 所示。如果是做设计用，还需要参考官方最新补充或修正说明。

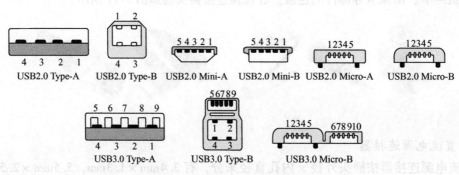

图 5-15　USB 插头结构图

（2）USB 连接器引脚功能　USB2. 0 标准接口 A/B 型（Type- A 和 Type- B）引脚功能见表 5-2。USB2. 0 接口 Mini- A/B 型引脚功能见表 5-3。USB2. 0 接口 Micro- A/B 型引脚功能见表 5-4。USB3. 0 标准接口 A/B 型引脚功能见表 5-5。

表 5-2　USB2. 0 标准接口 A/B 型引脚功能

编号	引脚名称	导线颜色	备注
1	U_{CC}	红	电源 5V
2	D –	白	数据 +
3	D +	绿	数据 –
4	GND	黑	地

表 5-3　USB2. 0 接口 Mini- A/B 型引脚功能

编号	引脚名称	导线颜色	备注
1	U_{CC}	红	电源 +5V
2	D –	白	数据 +
3	D +	绿	数据 –
4			A 型：不接地
			B 型：接地
5	GND	黑	地

表 5-4　USB2. 0 接口 Micro- A/B 型引脚功能

编号	引脚名称	导线颜色	备注
1	U_{CC}	红	电源 +5V
2	D –	白	数据 +
3	D +	绿	数据 –
4	ID		详见官网资料
5	GND	黑	地

表 5-5　USB3. 0 标准接口 A/B 型引脚功能

编号	引脚名称	导线颜色	备注
1	U_{CC}	红	电源 +5V
2	D –	白	数据 +
3	D +	绿	数据 –
4	GND	黑	地
5	SSTX +	黄（棕）	超高速发射的差分对
6	SSTX –	蓝（紫）	
7	GND_ Drain		信号地
8	SSRX +	棕（黄）	超高速接收的差分对
9	SSRX –	紫（蓝）	

USB3.0 线对的传输架构，如图 5-16 所示。在 USB2.0 的 4 线结构（电源 U_{BUS}，地线 GND，2 条数据线 D+、D-）的基础上，USB3.0 增加了 4 条线路（SSTX+、SSTX-、SSRX+、SSRX-），用于接收和传输信号。因此不管是线缆内还是接口上，总共有 8 条线路。USB2.0 采用非屏蔽的双绞线（Unshielded Twisted Pair），以半双工方式通信（异步双向通信），而 USB3.0 采用多核有遮蔽差分讯号对（Shielded Differential Pair，SDP）线，以全双工方式通信，因此 USB3.0 比 USB2.0 的传输速度更快。

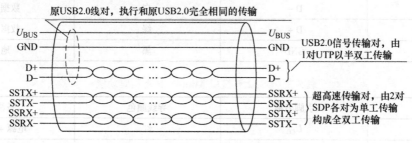

图 5-16　USB3.0 线对的传输架构

5.3　继电器

继电器是一种电气控制常用的机电元件，可以看作一种由输入参量（如电、磁、光、声等物理量）控制的开关。

1. 继电器分类

电磁继电器：分交流与直流两大类，利用电磁吸力工作。

磁保持继电器：用极化磁场作用保持工作状态。

高频继电器：专用于转换高频电路并能与同轴电缆匹配。

控制继电器：按输入参量不同，有温度继电器、光继电器、声继电器、压力继电器等。

舌簧继电器：利用舌簧管（密封在管内的簧片在磁力下闭合）工作的继电器。

时间继电器：具有时间控制作用的继电器。

固态继电器：实际是一种输入与输出隔离的电子开关，功能与电磁继电器相同。

2. 小型直流继电器接线方法

小型直流继电器实物及接线如图 5-17 所示。U_{CC} 的电压必须和继电器线圈的额定电压一致，线圈两端不串接电阻，继电器线圈两端反并联二极管以抑制电感线圈关断时的过电压。

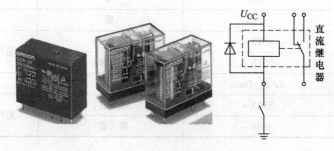

图 5-17　小型直流继电器实物及接线

3. 舌簧继电器（磁控开关）原理

舌簧继电器，又称为磁控开关。常闭（或常开）磁控开关通常由一个永久磁铁和一个常闭（或常开）磁吸开关组成。常闭磁吸开关接近永久磁铁的原理图如图 5-18a 所示，此时常闭磁吸开关受电磁吸力断开。常闭磁吸开关远离永久磁铁的原理图如图 5-18b 所示，此时常闭磁吸开关不受电磁吸力影响保持闭合状态。其中，永久磁铁不需要电源供电。

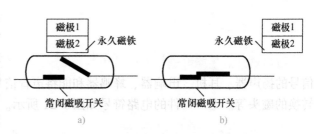

图 5-18　舌簧继电器（磁控开关）原理图

磁吸开关常用于门磁、窗磁以及水位探测浮球阀电路中，其示意图如图 5-19 所示，永久磁铁安装在门框、窗框或者浮球内部，当永久磁铁和磁吸开关接近时改变开关状态（常闭磁吸开关断开或常开磁吸开关闭合），用这个开关感知门窗的闭合与开启状态以及水位的高度。将这个开关用于控制电路的输入，可实现电路的控制功能。

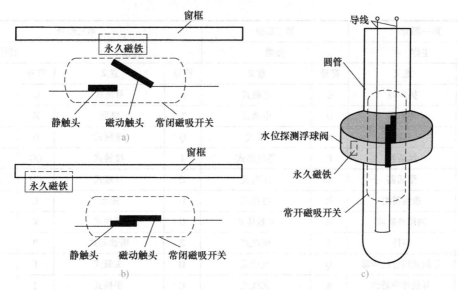

图 5-19　使用磁吸开关的窗磁和水位探测电路

4. 直流固态继电器接线方法

直流固态继电器内置电路，驱动半导体器件的通断，可取代传统的直流低压继电器。通常固态继电器自带光耦隔离和输入电阻，直流固态继电器的控制电路和光耦实物如图 5-20 所示。如果直流负载为感性，必须在继电器输出端反接二极管以确保继电器在关闭时不受损害。使用时，继电器关断状态的外加输出端电压不能超过额

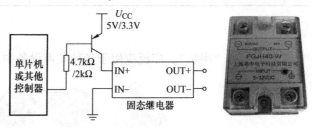

图 5-20　固态继电器控制电路和光耦实物

定值。直流固态继电器内部的半导体器件具有通态损耗，这是直流固态继电器的主要缺点。

5.4 电声器件

电声器件是指能够进行电信号和声音信号相互转换的器件，包括能将电信号转换为声音信号的扬声器、耳机、讯响器、蜂鸣器和能将声音信号转换为电信号的传声器，能进行电磁转换的磁头等。电声器件的电路符号如图 5-21 所示。

5.4.1 电声器件的命名方法

电声器件的型号命名一般由四部分组成，各部分含义如下：第一部分用汉语拼音字母表示主称；第二部分用汉语拼音字母表示分类；第三部分用汉语拼音字母表示特征；第四部分用阿拉伯数字表示序号，序号

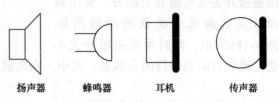

扬声器　　蜂鸣器　　耳机　　传声器

图 5-21　电声器件的电路符号

前的"F"表示带有放大器的器件或组件。电声器件型号前三部分的含义见表 5-6。

表 5-6　电声器件型号前三部分含义

第一部分		第二部分		第三部分			
主称		分类		特征 1		特征 2	
符号	意义	符号	意义	符号	意义	符号	意义
Y	扬声器	C	电磁式	H	号筒式	G	高频
C	传声器	D	电动式	T	椭圆	Z	中频
E	耳机	A	带式	Q	球顶式	D	低频
O	送话器	E	等电动式	J	接触式	CG	超高频
S	受话器	Y	压电式	E	耳塞式	CD	超低频
N	送话器组	R	电容式	U	矩形	L	立体声
H	两用换能器	Z	驻极体式	G	耳挂式	K	抗噪声
YZ	声柱	T	碳粒式	Z	听诊器式	B	防爆用
HZ	号筒式组合扬声器	Q	气动式	D	头戴式	F	防水用
EC	耳机传声器组	W	无线式	C	手持式	J	船舰用
YX	扬声器系统	G	感应式	I	台式	I	汽车用
TF	复合扬声器	H	红外式	W	微型	L	立体声
TM	通信帽	S	数字式	N	同轴式	K	抗噪声

5.4.2 扬声器

扬声器俗称"喇叭"，广泛应用于各种发声设备中。几种扬声器实物如图 5-22 所示。

图 5-22　扬声器实物

1. 扬声器的结构与工作原理

电动式扬声器又称为动圈式扬声器，结构如图 5-23 所示，分为振动部分、磁路部分和辅助部分。如图 5-23a 所示，振动部分由纸盆、定芯支片、音圈和防尘罩组成。音圈是一种通过音频电流的线圈，相当于扬声器的"心脏"；磁路部分包括磁铁、软铁心柱等；辅助部分包括盆架、扼环、接线架等。

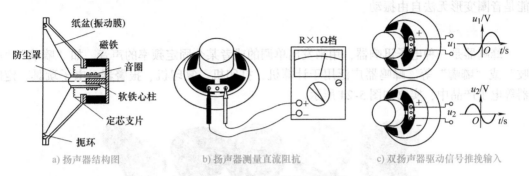

a) 扬声器结构图　　　b) 扬声器测量直流阻抗　　　c) 双扬声器驱动信号推挽输入

图 5-23　电动式扬声器结构与测量

扬声器工作时，音圈通入音频电流后在其周围产生一个大小和方向都不断变化的交变磁场，磁铁同时也产生一个大小与方向不变的恒定磁场，两个磁场相互作用使音圈沿着软铁心柱往复运动，使得音圈带动与其相连的振动膜振动，再由振动膜振动引起空气的振动从而发出声响。扬声器发出的高音部分主要在振动膜的中央，低音部分主要在振动膜的边缘。因此，扬声器的振动膜边缘较为柔软且纸盆口径较大时，低音效果较好。

图 5-23b 所示的扬声器两个接线端子不分正负极性，但是在交流正负半波电流驱动下扬声器分为向外扩张发声和向内收缩发声两种状态。对于单扬声器的电路不需要区分正负极；对于同规格的双扬声器的推挽音响电路，则需要假设其中一个极为正极，另一个极为负极。双扬声器的推挽音响电路如图 5-23c 所示，在同一时刻驱动电压 u_1 和 u_2 一个是正半波，另一个是负半波，则两个扬声器一个向外扩张发声，另一个向内收缩发声，从而形成高度保真的立体声效果。

2. 扬声器主要参数

1）额定功率。额定功率是指长时间工作时所输出的电功率，在此功率下，扬声器可正常工作。

2）额定阻抗。额定阻抗是指额定频率下的交流阻抗值（在不同的频率下测试得到的阻抗值不同）。一般对于口径小于 $\phi90mm$ 的扬声器标注的是 100Hz 的值，对于口径大于 $\phi90mm$ 的扬声器标注的是 400Hz 的值。

3）频率范围。扬声器具有较高灵敏度的频率范围，即有效频率范围。一般口径较大的扬声器，低频响应好，口径较小的扬声器，高频响应好。

3. 扬声器的检测

1）直观检测。质量较好的扬声器磁性强，纸盆中央部分硬而厚，外圈部分软而薄。用手推动纸盆时应感觉到柔和且有较大弹性。

2）音质检测。扬声器有两个接线焊片，上面预留有焊锡并标有正负极符号。单只扬声器使用时两根接线不分正负，多只扬声器同时使用时，需要注意正负极性的接线问题。其音质可用万用表测量：

① 直流电阻万用表置于 R×1Ω 档，两表笔随意接触两个接线片，如图 5-23b 所示，此时的测量值为扬声器的直流电阻值。一般直流电阻要比额定阻抗小一点，如标注 8Ω 的扬声器，直流电阻约为 7.4Ω。若测得阻值为无穷大，则说明音圈断路。

② 用一支表笔接触接线片，另一支表笔断续轻触另一个接线片，应能听见"咔咔"声，声音越大、越清脆、越干净的扬声器，音质越好。若直流电阻正常而没有"咔咔"声，可能是音圈变形无法自由振动。

5.4.3 蜂鸣器

蜂鸣器是一种电子讯响器，用来发出单调的或者某个固定频率的声音，如"嘀嘀""吱吱"或"嘟嘟"等。蜂鸣器广泛用于计算机、打印机、复印机、报警器、电子玩具、定时器等电子产品中，实物如图 5-24 所示。

图 5-24　蜂鸣器实物

1. 电磁式蜂鸣器

蜂鸣器分为压电式和电磁式两类，采用直流电压供电，通常在电路中用字母"H"或"HA"表示。

（1）电磁式蜂鸣器工作原理　电磁式蜂鸣器由振荡器、电磁线圈、磁铁、金属振动膜和外壳等组成，工作时，接通电源，振荡器产生的音频信号电流通过电磁线圈后产生磁场，金属振动膜在电磁线圈和磁铁的相互作用下，周期性振动发声。蜂鸣器的驱动电路包括晶体管、续流二极管和滤波电容等。晶体管在电路中的作用是放大电流以驱动蜂鸣器，同时，也是一个电子开关。蜂鸣器相当于一个感性元件，电流不能瞬变，因此要在电磁式蜂鸣器的两端反并联续流二极管。续流二极管在驱动电路中提供续流，否则，在蜂鸣器两端会产生几十伏的尖峰电压，可能会损坏晶体管并对电路其他部分产生不良干扰。电磁式蜂鸣器分为带音源和不带音源两种。

（2）电磁式蜂鸣器的检测　对于不带音源的电磁式蜂鸣器，可用万用表检测。将万用表置于 R×10Ω 档，黑表笔接正极，用红表笔点触蜂鸣器的负极。正常蜂鸣器会发出"咔咔"声，万用表指针有较大幅度摆动，一般阻值为 8~42Ω。若蜂鸣器不发声，指针不动，则其内部电磁线圈可能开路损坏。电磁式蜂鸣器焊接时要注意电烙铁的功率和焊接时间，否则，会因为电烙铁功率过大或加热时间过长而损坏。

2. 压电式蜂鸣器

（1）压电式蜂鸣器工作原理　压电式蜂鸣器的主要发声部件是蜂鸣片，蜂鸣片也叫压电陶瓷蜂鸣片，由锆钛酸铅或铌镁酸铅压电陶瓷材料制成。当对压电蜂鸣片施加交变电压时，它会根据电信号的大小和频率发生机械振动发出相应的声音。

（2）压电蜂鸣器的检测　将万用表置于 1V 或 2.5V 档，一只手握住两表笔，黑表笔接压电陶瓷表面，红表笔接金属片表面，另一只手拇指与食指同时用力捏住蜂鸣片的两面，随即放手，万用表的指针摆动顺序为向右—回零—向左—回零，摆幅为 0.1~0.15V，这是因为压电陶瓷片上先后产生了两个极性相反的电压信号。在压力相同的情况下，指针摆幅越大，蜂鸣片的灵敏度越高，若指针不动，则证明蜂鸣片内部漏电或损坏。

5.4.4　耳机

耳机也是一种将电信号转变为声信号的器件，不同的是，耳机通常是在一个密闭的小空间内造成声压。耳机的主要参数有额定功率、额定阻抗、灵敏度和频率特性。

1. 耳机的检测

常用的耳机可分为高阻抗和低阻抗两类，高阻抗一般是 $800 \sim 2000\Omega$，低阻抗一般为 8Ω 左右。

低阻抗耳机测量时，选用万用表的 $R \times 1\Omega$ 档，与检测扬声器的方法相同。

高阻抗耳机测量时，将万用表置于 $R \times 100\Omega$ 档，测得的阻值为 800Ω 左右，若阻值为 0Ω 或无穷大，则证明耳机内部短路或断路，这时可以旋开插头，查看接线端是否有故障，如果没有，则有可能是耳机音圈有问题。立体声耳机相当于两个耳机，两根芯线一根为 L 通道，一根为 R 通道，可分别检查内部是否短路或断路。

2. 耳机的选用

应根据用途选用不同的耳机。若需一般音质，如学习和听新闻用，只需选择价格较低的头戴式，普通的电磁式耳机，以耳罩带音量调节为佳。若需较高音质，如欣赏高质量的音乐用，宜选用高保真耳机，如优质电动式或电容式耳机。如果从方便的角度出发，则无线式耳机是首选。无线耳机就是耳机线被电波所替代，音频出口连接到发射端，再由发射端通过电波发送到接收端的耳机。目前，无线耳机主要有蓝牙耳机、红外线耳机和 2.4GHz 无线耳机。耳机实物如图 5-25 所示。

图 5-25　耳机实物

5.4.5　传声器

1. 传声器概述

传声器，俗称麦克风或话筒，它是将声音信号转换为电信号的电声器件。传声器是包括扩音系统和录音系统在内的电声系统的入口，它的质量对整个系统起着决定性作用。传声器种类较多，目前广泛使用的是电动式、电容式和驻极体式。各种传声器实物如图 5-26 所示。

图 5-26　传声器实物

电动式传声器的原理结构如图 5-27 所示，主要由振动膜、音圈、永久磁铁、升压变压器、保护罩和外壳组成。工作时，外界声波作用于振动膜，使其振动，带动固定在振动膜上的音圈振动，而音圈处于一个磁性很强的磁场内，根据电磁感应原理，音圈输出音频电信号，再经过升压变压器后送往调音台处理。电动式传声器不需要直流电源供电，频率特性好、噪声低、结构简单且价格合理。

电容式传声器的结构如图 5-28 所示，主要由振动膜、极板和电源三部分组成。振动膜和极板组成一个以空气为介质的电容器。当声波使振动膜振动，电容电极间的距离发生变化，使得电容量也随之改变。这个变化的电容量通过负载电阻时，产生一个变化的交流电压，再经过前置放大器放大后输出信号电压。

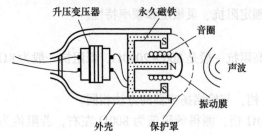

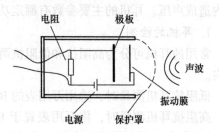

图 5-27　电动式传声器原理结构图　　　　图 5-28　电容式传声器结构图

电容式传声器频率特性好，输出信号电平大且失真小、无方向性，灵敏度、瞬态响应性能好。缺点是工作特性不够稳定，低频段灵敏度随着使用时间的增加而下降。

传声器的主要参数有近接效应、灵敏度、输出阻抗和失真度等。电动式传声器可以用万用表简单测试。检测时，将万用表置于 $R \times 100\Omega$ 档，两表笔分别与传声器插头端接触，一般高阻抗传声器为 $1 \sim 2\text{k}\Omega$，低阻抗传声器为几十欧。若阻值为 0 或无穷大，则其内部可能短路或断路。

一般会议用可选择驻极体式或普通电动式传声器，对音质要求较高的录音或播音中可选用高质量电动式或电容式。在进行流动宣传时，可选用电动式或碳粒式传声器，而在演唱一些歌曲时可选用电动式近接传声器。驻极体传声器体积较小、价格低，在电话、手机及其他电子产品中广泛应用。另外，还有使用方便的无线传声器、用来窃听的激光传声器等。

2. 驻极体传声器的工作原理

（1）驻极体传声器的外形与符号　驻极体传声器是一种电声换能器，它可以将声能转换成电能。驻极体使用一种永久性极化的电介质，利用这种材料制成的电容式传声器称为驻极体电容式传声器，俗称驻极体话筒。驻极体传声器具有体积小、结构简单、电声性能好、价格低的特点，广泛用于盒式录音机、无线传声器及声控灯等电路中。由于输入和输出阻抗很高，所以要在这种传声器外壳内设置一个场效应晶体管作为阻抗转换器，为此驻极体电容式传声器在工作时需要直流工作电压。其外形和图形符号如图 5-29 所示。

（2）驻极体传声器与电路的接法　驻极体电容式传声器内部包含电容 C_{in} 和结型场效应晶体管，电容 C_{in} 外侧极板当作传声材料。电路接法包括源极输出与漏极输出两种，图 5-30b、c 为漏极输出，图 5-30a、d 为源极输出。

源极输出类似晶体管的发射极输出（共集电极）；漏极输出类似晶体管的集电极输出（共发射极）。源极输出的输出阻抗小于 $2\text{k}\Omega$，电路比较稳定，动态范围大，但输出信号比漏极输出小。漏极输出有电压增益，因而传声器灵敏度比源极输出时要高，但电路动态范围略小。

a）外形　　　b）图形符号

图 5-29　驻极体电容式传声器

图 5-30b、d 需用三根引出线。图 5-30a、c 中只需两根引出线。

　　图 5-30a 中漏极 D 接电源正极，源极 S 与地之间接一电阻 R_S 来提供源极电压，信号由源极经电容 C 输出。图 5-30b 中漏极 D 与电源正极间接一漏极电阻 R_D，信号由漏极 D 经电容 C_D 输出。

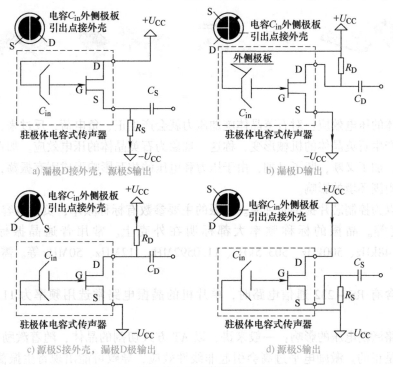

a) 漏极D接外壳，源极S输出　　　　　　　　　b) 漏极D输出

c) 源极S接外壳，漏极D极输出　　　　　　　d) 源极S输出

图 5-30　驻极体电容式传声器的接线方式

　　（3）检测方法　驻极体传声器的输出端分为两个连接点形式和三个连接点形式。两个连接点形式指其外壳、电容 C_{in} 外侧极板引出点和结型场效应晶体管的源极 S 或漏极 D 相连，另一个是漏极或源极。三个接点形式指电容 C_{in} 外侧极板接外壳，与漏极 D、源极 S 呈三个接点。

　　输出端有两个连接点的驻极体传声器的检测方法如下：将指针式万用表拨至 R×1kΩ 档，把黑表笔接在漏极 D 接点上，红表笔接在源极 S 接点上，并用口吹传声器的同时观察万用表指针变化情况。若指针无变化，则传声器失效；若指针出现摆动，则传声器工作正常，摆动幅度越大，说明传声器的灵敏度越高。

　　输出端有三个连接点的驻极体传声器的检测方法如下：先判别漏极 D 和源极 S，将指针式万用表拨至 R×1kΩ 档，并将两根表笔分别接在两个被测点上，读出电阻值；交换表笔重复上述操作，又可得另一个电阻值；比较两个阻值的大小，阻值小的一次操作，黑表笔接的为漏极 D，红表笔接的为源极 S。然后保持万用表 R×1kΩ 不变，将黑表笔接在漏极 D 接点，红表笔接源极 S 并同时接电容 C_{in} 外侧极板引出点，再进行与有两输出连接点的驻极体传声器检测方法相同的操作。

5.5　晶振

　　晶振又称为晶体振荡器，**按使用的材料分为石英、陶瓷和硅晶振等，使用最广泛的是石英晶振。**

石英晶振是用石英材料制作而成的。晶振具有的压电效应被用来产生振荡，添加外围电路构成石英晶体振荡器。用它作振荡器时，结合具体的振荡电路（如克拉泼电路、考毕兹电路等）完成一个完整的振荡电路的功能。晶振外形如图 5-31 所示。

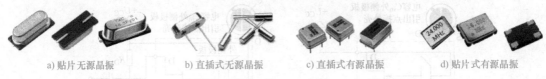

a) 贴片无源晶振　　b) 直插式无源晶振　　c) 直插式有源晶振　　d) 贴片式有源晶振

图 5-31　晶振外形图

石英晶体的压电效应：对石英晶体施加压力就会产生正、负电荷，反过来，对石英晶体施加电压就产生石英晶体的机械形变，称这一现象为石英晶体的压电效应。加在石英晶体上的直流电压，加了又断，断了又加，由于压力和电压的相互影响形成固有振荡，而且这个振荡频率不受周围环境的影响。

晶振可以为控制芯片提供时钟源。晶振的主要参数有标称频率，负载电容、频率精度、频率稳定度等。晶振的标称频率大都标明在外壳上。常用普通晶振标称频率有：32.768kHz、48kHz、500kHz、503.5kHz、11.0592MHz、12MHz、50MHz 等。需要注意的是，在通信电路中，为了保证通信信号接收的正确率，通常使用带小数点的时钟频率，例如：单片机电路包含有 RS - 232 通信电路时，单片机的晶振电路常选用频率为 11.0592MHz 的晶振。

晶振电路激励电压的影响：一般来讲，以 AT 方式切割的晶体，随着激励电平的增大，其频率变化是正的。激励电平过高会引起非线性效应，导致可能出现寄生振荡、严重热频漂、过应力频漂及电阻突变。当激励电平过低时则会造成起振阻力不易克服、工作不良及指标的不稳定。因此，晶振的额定工作电压不同，常用的电压等级有 1.8V、2.5V、3.3V、5V。

按内部是否集成有源电路，晶振可分为无源晶振和有源晶振两种。

1. 无源晶振

无源晶振的内部只包含石英晶体，通常只有 2 个引脚。无源晶振可以产生基频和泛音频率两种谐振频率。泛音（Overtune）是指晶体振动的机械谐波。泛音频率与基频频率之比接近整数倍但不是整数倍，这是它与电气谐波的主要区别。泛音振动有 3、5、7、9 次泛音等。

负载产生的谐振频率称为负载谐振频率 f_L。在厂家规定条件下，当晶体与负载电容产生并联谐振时，负载谐振频率 f_L 是泛音谐振频率；当晶体与负载电容产生串联谐振时，负载谐振频率 f_L 是基频谐振频率。晶体与负载电容连接的原理图如图 5-32 所示。其中，图 5-32a 是无源晶振的等效电路，图 5-32b 是包含无源晶振的时钟产生电路，图 5-32c 是负载电容 C_L 的等效电路。

负载电容是指晶振的两条引线连接集成电路内部及外部所有有效电容之和，可看作是晶振在电路中的谐振电容。其计算公式如下：

$$C_L = \left[(C_D \times C_G) / (C_D + C_G) \right] + C_{IC} + C_{STRAY}$$

式中，C_D、C_G 为一端分别接在晶振的两个引脚上，另一端对地的电容；C_{IC} 为集成电路内部的电容；C_{STRAY} 为 PCB 上的杂散电容，一般为 3 ~ 5pF。

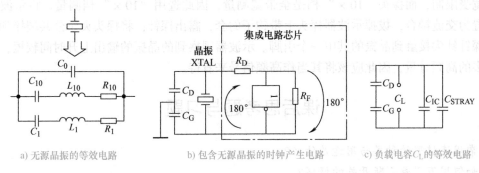

a) 无源晶振的等效电路　　　　b) 包含无源晶振的时钟产生电路　　　c) 负载电容 C_L 的等效电路

图 5-32　晶体与负载电容连接的原理图

负载电容 C_L 不同决定振荡器的振荡频率不同。标称频率相同的晶振，负载电容 C_L 不一定相同。因为石英晶体振荡器有两个谐振频率，一个是串联谐振的低负载电容晶振；另一个为并联谐振的高负载电容晶振。所以，标称频率相同的晶振互换时还必须要求负载电容一致，不能贸然互换，否则可能会造成电器工作不正常。应用时一般在给出的负载电容 C_L 值附近调整可以得到精确频率。此电容的大小主要影响负载谐振。一般情况下，增大负载电容 C_L 会使振荡频率下降，而减小负载电容 C_L 会使振荡频率升高。

图 5-32b 所示的电路中，电阻 R_F 和一个线性运算放大器并联，将输入信号反向 180°输出，晶振和负载电容提供另外 180°的相移，整个环路的相移为 360°，满足振荡的相位条件，同时还要求闭环增益大于等于 1，此时晶振才能正常工作。

控制电阻 R_D 用于限制晶体的电流和减少输出阻抗对振荡电路的影响。

针对不同的规格型号的晶振，其额定电压、负载电容、控制电阻 R_D 等参数的选用和调节方法可在晶振厂家官网查询或人工咨询。

2. 有源晶振

有源晶振是一种晶振内部集成振荡电路的压电器件，通常内部集成电阻、运算放大器、保护电路等。因此，有源晶振通常为 4 个引脚。其连接方式可在晶振厂家官网查询或人工咨询。

YXC–108 型晶振的应用电路如图 5-33 所示。该晶振有 4 个引脚：引脚 1 为 OE/$\overline{ST}$/NC，接电源（高电平）时晶振正常工作，接低电平时晶振停止工作，该引脚可以连接关断信号或保护信号使晶振停振；NC 表示不连接，此时晶振正常工作。引脚 2 接 GND。引脚 3 接输出端，在引脚 3 加上一个缓冲电阻（22～100Ω）。引脚 4 接电源 U_{CC}，在电源引脚 4 和引脚 2 之间加电容（电容通常为 104 或 105）用于抗干扰，这是在任何芯片电源侧都应该添加的元件。在电源引脚 4 和引脚 1 之间加上拉电阻 10kΩ，上拉电阻根据厂家资料可以修改阻值大小，一般为 4.7～10kΩ。

用示波器测量晶振的频率和幅值，晶振对电容负载是比较敏感的，当使用"1×"档时，探头电容相对较大，相当于一个很重的负载并联在晶振电路中，很容易使其停止振荡，因此使用"10×"档的探头更佳。此外，一般示波器在探头"1×"档

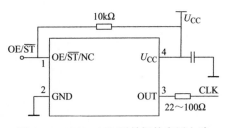

图 5-33　YXC–108 型晶振的应用电路

的带宽受限制，而探头"10×"档是全带宽测量，因此选用"10×"档测量。将示波器通道设置为交流耦合，拔掉示波器探头上带钩子的套，露出探针；将探头夹子公共端接到负极端，探针针尖接触到晶振的其中一个引脚。示波器观察到的晶振的输出上升时间较短，包含了较多的高频分量，因此应该将其当作高频信号来看待。

课后思考题与习题

5-1 常用连接器的种类与用途是什么？

5-2 如何用万用表判断开关的好坏？

5-3 电动式扬声器的工作原理是什么？

5-4 如何用万用表检测电动式扬声器的好坏？

第6章

焊接技术

6.1 概述

电子元器件是电子产品的基础。不同种类的电子元器件按照设计功能需求，用一定的焊接工艺连接在一起，才能形成千变万化的电子产品。焊接技术是电子工艺的核心技术之一，在工业生产中具有重要地位。

焊接技术包括焊接材料、焊接设备、焊接方法和焊接质量检查。现代化工业生产中使用的是自动化焊接技术，如浸焊、波峰焊、再流焊等。手工焊接是焊接技术的基础，也是电子产品装配中的基本操作技能。手工焊接在小批量产品研制和维修、一些不方便机器焊接的场合以及具有特定要求的高可靠产品中获得广泛应用。

6.2 手工焊接工具

适宜的焊接工具是保证焊接质量的前提，手工焊接工具主要包括五金工具和电烙铁。

6.2.1 常用五金工具

常用手工焊接的五金工具实物如图6-1所示。

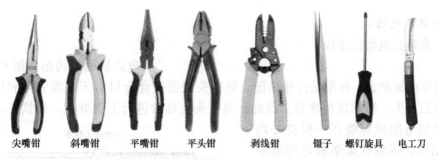

| 尖嘴钳 | 斜嘴钳 | 平嘴钳 | 平头钳 | 剥线钳 | 镊子 | 螺钉旋具 | 电工刀 |

图 6-1 常用手工焊接五金工具

尖嘴钳又称为修口钳，它的头部很细，能在较狭小的工作空间操作。尖嘴钳用来夹持小型金属零件或给元器件引脚成型、导线接头弯圈等，不宜夹持螺母或敲打物体。

斜嘴钳用于剪切导线、元器件多余的引线。剪切较硬导线时，应将钳头向下并用另一只手遮挡，以防剪下的线头飞出伤到眼睛。斜嘴钳可与尖嘴钳配合使用，剥去导线的绝缘外皮。

平嘴钳的钳口平直且没有纹路，适于拉直裸导线或弯曲元器件引脚和导线，因钳口较薄，不宜夹持螺母或需要施力较大部位的场合。

平头钳又称为克丝钳，头部平宽，用于螺母、紧固件的装配操作，不宜敲打物体。

剥线钳用于剥除塑胶线、腊克线等线材头部的绝缘外皮。使用时要根据导线直径选择相应的剥线刀口，将导线放在刀刃中间，选择好要剥线的长度。然后，握住手柄，夹紧导线，沿平行导线的方向用力使导线外皮慢慢剥落，剥线时要避免伤及金属芯。

镊子分为尖头和圆头两种。尖头镊子用于焊接或装配时夹持较细的导线；圆头镊子用于弯曲元器件引脚、夹持元器件焊接。

螺钉旋具俗称螺丝刀、改锥，用于紧固和拆卸螺钉或螺母。常用的螺钉旋具有一字形和十字花形，可根据螺钉的大小选用不同规格的螺钉旋具。使用时不要过度用力，以防螺钉滑口。

电工刀的刀片有多项功能，可完成连接导线的各项操作，结构简单、使用方便。

6.2.2 电烙铁

1. 电烙铁分类

电烙铁的用途是焊接元器件及导线，其实物图如图 6-2 所示。电烙铁因为结构、用途、功率等的不同有多种分类方法：按机械结构可分为内热式和外热式；按加热方式可分为直热式、感应式、气燃式等；按功能可分为调温式、恒温式、吸锡式、感应式等；按功率可分为 20W、30W、35W、45W、100W、200W、300W 等。手工焊接和电器维修中最常用的是单一焊接用的直热式电烙铁。

a) 外热式　　　　　b) 内热式　　　　　c) 调温式　　　　　d) 大功率

图 6-2　电烙铁实物

2. 直热式电烙铁

（1）直热式电烙铁结构　直热式电烙铁由烙铁头、烙铁芯、外壳、接线柱、电源线、手柄、插头等几个部分组成，分为外热式和内热式两种。电烙铁的结构图如图 6-3 所示。烙铁头通常由铜制成，作用是传递热能。烙铁头表面的合金层由于高温氧化和焊剂腐蚀会变得凹凸不平，影响焊接质量。因此，烙铁头要经常进行上锡处理。烙铁芯是发热元件，由镍铬电阻丝缠绕在一根空心陶瓷管上制成。接线柱是烙铁芯与电源线的连接处。有的电烙铁有 3 个接线柱，其中两个接交流 220V 电源线，一个接金属外壳。

（2）外热式电烙铁　外热式电烙铁的烙铁头在烙铁芯里面，外形较大，寿命长。一般情况下，20W 电烙铁的阻值约为 2kΩ，45W 电烙铁的阻值约为 1kΩ，75W 电烙铁的阻值约为 0.6kΩ。

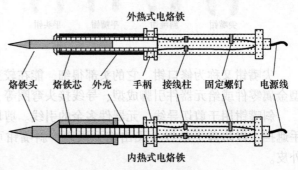

外热式电烙铁

烙铁头　烙铁芯　外壳　手柄　接线柱　固定螺钉　电源线

内热式电烙铁

图 6-3　电烙铁结构图

（3）内热式电烙铁　内热式电烙铁的烙铁头在烙铁芯外面，具有体积小、发热快、效率高等优点。20W 电烙铁的阻值约为 2.5kΩ，热效率相当于 40W 的外热式电烙铁。内热式电烙铁的烙铁芯容易烧坏，寿命也较短。

3. 恒温式电烙铁

恒温式电烙铁内装有磁铁式温度控制器，可以控制通电时间，达到控制温度的目的。当电烙铁的温度上升达到设定温度时，强磁体传感器达到居里点后磁性消失，使磁心触点断开，停止向电烙铁供电；当温度低于强磁体传感器的居里点时，强磁体恢复磁性，并吸动磁心开关中的永久磁铁，使控制开关的触点接通，继续向电烙铁供电。如此循环往复动作，可以使电烙铁保持恒温状态。

恒温式电烙铁的烙铁芯采用高居里温度的条状 PTC 恒温发热元件，不仅升温迅速、节能、工作可靠、寿命长，而且成本低廉、防静电、防感应电。恒温电烙铁用于晶体管和集成电路的焊接，可直接焊接 CMOS 器件。

4. 其他类型的电烙铁

感应式电烙铁俗称焊枪，它的里面有一个变压器，二次侧一般只有一匝。当变压器一次侧通电时，二次侧感应出的大电流通过加热体，几秒钟后，烙铁头就可迅速达到焊接温度，不需要持续通电，适用于断续工作的场合，但不能用来焊接一些对电荷敏感的元器件，如绝缘栅 MOS 管等。

储能式电烙铁用于焊接集成电路以及对电荷敏感的 MOS 电路。焊接时，先将电烙铁插在特制的供电器上储存能量，然后取下电烙铁，不接电源而仅依靠储存在其中的能量完成焊接，一次可焊接几个焊点。

5. 电烙铁的选用

（1）电烙铁功率和加热形式　电烙铁应具有如下特点：温度稳定性好，热量充足；重量轻，方便焊接；结构坚固灵活、可更换烙铁头，易于修理。电烙铁具体选用原则见表 6-1。

表 6-1　电烙铁的选用

焊件和工作性质	温度/℃	烙铁类型
一般 PCB、安装导线	350 ~ 450	20W 内热式；30W 外热式；恒温式
集成电路	250 ~ 400	20W 内热式；恒温式；储能式
焊片、电位器、2 ~ 8W 电阻、电解电容	350 ~ 450	30 ~ 50W 内热式；调温式；50 ~ 75W 外热式
8W 以上电阻、体积较大元器件	400 ~ 550	100W 内热式；150 ~ 200W 外热式
汇流排、金属板	500 ~ 630	300W 以上外热式
一般电子产品调试、维修	350	20W 内热式；30W 外热式；恒温式；感应式；储能式

（2）烙铁头的形状　烙铁头的大小和形状各不相同。要根据焊点大小和焊点密集程度选择烙铁头的大小，烙铁头的直径应稍微小于焊盘直径，这样不仅操作方便、有利于热量传输，还可避免对元器件和 PCB 产生不必要的损伤。烙铁头的形状可根据元器件的种类、焊点接触容易程度和焊锡量的大小选择。

烙铁头的形状与应用见表 6-2。

表 6-2　烙铁头形状与应用

图示	形状	应用	图示	形状	应用
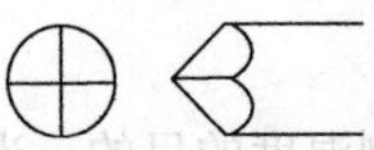 ⊕ ◁	尖锥形	适合空间狭小的密集焊点、精细焊接	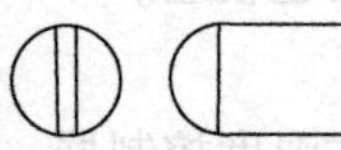 ⊘ ◨	凿形	用烙铁头两边焊接，烙铁头存锡量多，用于焊接长形焊点
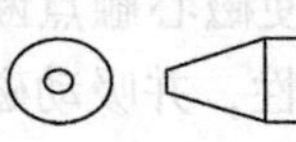 ⊙ ◁	圆锥形	无方向性，整个烙铁头前端均可焊接	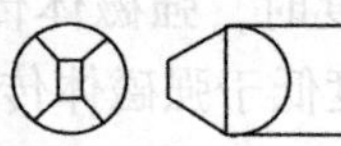 ⊕ ◨	半凿形	较长焊点
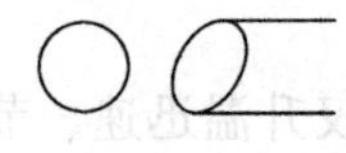 ⊘ ◩	斜切圆柱形	通用	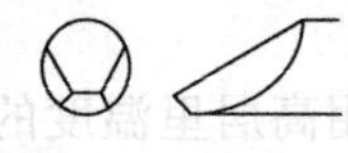 ⬯ ◿	斜面复合型	通用
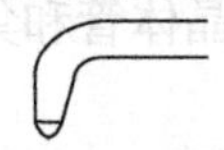 ⌐	弯形	大焊件、较大焊点			

6. 电烙铁的维护

使用前和使用后，在烙铁头的刃面合金层上部沾上一圈焊锡，上部的焊锡加热后，受重力作用自然浸润到下部的烙铁尖，这个过程称为镀锡或搪锡。**焊接过程中，烙铁头在高温作用下容易氧化，必须使用专用海绵清洁。海绵使用前，应加水使之膨胀。电烙铁超过 10min 不使用时，必须切断电源。**

6.3　手工焊接材料

6.3.1　焊料

焊接一般是指金属的焊接，即被焊的两种金属（母材）通过加热、加压或两者并用，并且使用第三种金属合金材料（焊料）做填充，使其达到原子层面的结合而形成一种永久连接的方法。

焊接可分为熔焊、钎焊和压力焊三大类，**其中熔焊是一种最常见的焊接方法。熔焊又称为熔化焊，是指焊接过程中将焊接接头和焊料在高温的作用下达到熔化状态，由于被焊工件是紧密贴在一起的，在温度场、重力等作用下，熔化的熔液会在无须加压的情况下发生混合，待到温度降低后熔化部分凝结，两个工件就被牢固的焊接在一起。熔焊所用焊料的熔化温度通常不低于母材的固相线，其化学成分、力学、热学特性都和母材比较接近，焊缝强度也不低于母材本身。**

钎焊是利用熔点比被焊工件熔点低的焊料，在低于被焊工件熔点、高于焊料熔点的温度下，熔化的液态焊料与被焊工件相互熔融和扩散，从而实现连接的一种焊接方法。**钎焊焊料的化学成分常与母材相差较大，钎缝纤细，尺寸精密，但钎缝强度多数不及母材本身，抗蚀性也较差。钎焊焊料分为硬焊料和软焊料。硬焊料如铜锌料（铜锌合金），银钎料（银铜合金）等，用于连接强度要求较高的金属构件；而软焊料（锡铅合金）的焊成接头强度较小，用于连接强度要求不大的小接头，如电子仪器、仪表、家电电子线路的接头。**

压力焊是指通过加热等手段使金属达到塑性状态，加压使其产生塑性变形、再结晶和扩散等作用，使两个分离表面的原子接近到晶格距离（0.3~0.5nm），形成金属键，从而获得不可拆卸接头的一类焊接方法。

　　锡铅合金焊料主要由锡和铅组成，又称焊锡。手工锡焊是用电烙铁加热熔化焊锡丝，在助焊剂的辅助下，液态焊锡流入被焊金属的间隙中，冷却后形成牢固可靠的焊接点。锡焊要经过浸润、扩散和冶金结合三个物理、化学过程，在这个过程中，被焊金属不能受到任何震动和损伤。锡焊的可焊性是指金属材料对焊锡的适应性，银的可焊性好，铜的可焊性比银差一些，钢铁和铝的可焊性更差；钢铁的含碳量越高，可焊性越差。

　　1. 锡铅合金的特性

　　锡是一种熔点只有232℃的银白色软金属，具有惰性，不与空气、水反应，不失金属光泽，主要用于制造各种合金。铅是一种浅青白色的软金属，熔点为327℃。金属铅不易被腐蚀、抗氧化性好，有毒。由锡和铅熔合而成的锡铅合金具有锡和铅所不具有的诸多优点。

　　1）各种锡铅含量百分比不同的焊锡熔点均低于锡和铅各自的熔点，有利于焊接。图6-4为锡铅合金状态示意图，图中 DEF 是液相线，即温度高于这条线的焊锡呈现液态；DGEHF 是固相线，即温度低于这条线焊锡呈现固态；两个三角形 DGE 和 EHF 区域内的焊锡呈现液态和固态之间的半凝固状态；ABC 表示最适宜的焊接温度。图中 E 点的锡铅合金含锡量为 61.9%，含铅量为 38.1%，这一

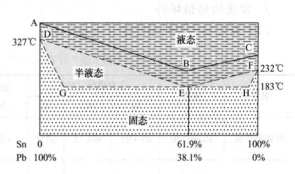

图 6-4　锡铅合金状态示意图

点称为共晶点。在这一点上可直接实现固态和液态的相互转换，即熔点和凝固点相同。处于共晶点的焊锡熔点最低，使得焊接温度降低，减少了元器件过热损坏的概率；熔点和凝固点相同，使得焊锡结晶迅速，不会因为凝固时间过长而使焊点结晶疏松，可以减少虚焊的发生。因此，共晶焊锡是所有焊锡中性能最好的。

　　2）机械强度高。抗拉强度和剪切强度高，导电性能好，电阻率低。

　　3）焊锡的表面张力小，流动性好。焊料能很好地填满焊缝，并对工件有较好的浸润作用，使焊点结合紧密光亮。

　　4）抗腐蚀性能好。锡和铅的化学稳定性比其他金属好，抗大气腐蚀能力强，其中，共晶焊锡的抗腐蚀能力更好。

　　2. 杂质含量对锡铅焊料的影响

　　锡铅焊料成分不合规格或杂质超标都会影响焊锡质量，特别是某些杂质含量，例如锌、铝、镉等，即使是 0.001% 的含量也会明显影响焊料润湿性和流动性，降低焊接质量。在实际中，为了让焊锡具有某些性质，故意在其中掺入一些其他金属杂质。杂质对焊锡性能的影响见表 6-3。

表 6-3　杂质对焊锡性能的影响

杂质金属	对焊锡性能的影响
金	变脆；焊点无光泽、呈白色
银	加入 0.5% ~2%，可使机械强度增加；降低熔点；提高耐热性

（续）

杂质金属	对焊锡性能的影响
铜	变脆、变硬，熔点提高；黏性增大，焊接时易出现拉尖和桥接
锌	焊点呈白色；流动性降低
铝	焊点呈白色；流动性降低；易氧化腐蚀
锑	抗拉强度增大；润湿性降低；熔化区间变窄；电阻大
铁	熔点提高；有磁性、易附于铁
铋	变脆、变硬，熔点降低；冷却时有裂缝
砷	变脆、变硬；流动性变差

3. 常用的锡铅焊料

（1）常用锡铅焊料与性能（见表6-4）

表6-4　常用锡铅焊料性能与用途

名称	牌号	主要成分（%）			杂质（%）	熔点/℃	抗拉强度/(kgf/mm²)	主要用途
		锡	锑	铅				
10 锡铅焊料	HLSnPb10	89～91	≤0.15	余量	<0.1	220	43	钎焊食品器皿、医药卫生物品
39 锡铅焊料	HLSnPb39	59～61	≤0.8	余量	<0.1	183	47	钎焊一般电子、电气产品
45 锡铅焊料	HLSnPb45	53～57		余量		200		
50 锡铅焊料	HLSnPb50	49～51	≤0.8	余量	<0.1	210	3.8	钎焊散热器、计算机、黄铜制品
58-2 锡铅焊料	HLSnPb58-2	39～41	1.5～2	余量	<0.106	235	3.8	钎焊工业、物理仪器仪表等
68-2 锡铅焊料	HLSnPb68-2	29～31	1.5～2	余量	<0.106	256	3.3	钎焊电缆护套、铅管等
73-2 锡铅焊料	HLSnPb73-2	24～26	1.5～2	余量		265	5.9	钎焊铅管
80-2 锡铅焊料	HLSnPb80-2	17～19	1.5～2	余量	<0.6	277	2.8	钎焊油壶、容器、散热器
90-6 锡铅焊料	HLSnPb90-6	3～4	5～6	余量	<0.6	265	5.9	钎焊铜和黄铜

　　（2）焊锡的形状　焊锡按规定的尺寸加工成型，通常有片状、块状、棒状、带状、球状、饼状和丝状等多种形状。手工电烙铁一般使用焊锡丝，其外径有 0.5mm、0.6mm、1.0mm、1.2mm、1.6mm、2.0mm、2.3mm 等规格。

6.3.2　助焊剂

助焊剂是一种促进焊接的化学物质，在手工锡焊中，助焊剂的作用特别重要。

　　1. 助焊剂的功能

　　1）去除氧化物。暴露于空气中的金属表面总会生成一层氧化膜，焊接时，这层氧化膜会阻止焊锡的浸润，严重降低焊接质量，利用助焊剂中的酸性物质或氯化物与金属表面的氧化物发生还原反应，清除氧化物。

2）降低熔融焊锡的表面张力。熔融焊锡由于表面张力的作用，会阻止浸润的正常进行，而当助焊剂覆盖在熔融焊锡的表面时，可降低其表面张力，提高浸润的质量。

3）防止高温氧化。高温时，熔融的焊锡与金属表面都会加速氧化，助焊剂熔化后覆盖在金属与焊锡的表面，可有效地防止再次氧化。

4）加快热传导。助焊剂可加快热量从烙铁头向焊料和被焊金属表面传递，不仅能保护被焊金属，还能增加焊点的美观程度。

2. 助焊剂的分类

助焊剂的种类很多，可分为无机、有机和树脂三个大类别。

（1）无机类助焊剂　无机类助焊剂属于酸性焊剂，包括无机酸和无机盐两种。它的优点是化学作用强、活性大，助焊性能非常好；缺点是腐蚀性很大，容易腐蚀坏金属和焊点，使用后必须用溶剂严格清洗。因此，无机类助焊剂通常只用于铜、不锈钢等可清洗的金属制品的焊接，在电子产品的焊接以及装联中严禁使用。

（2）有机类助焊剂　有机类助焊剂也属于酸性、水溶性焊剂，主要有有机酸，有机卤素，氨酰胺等，其助焊效果介于无机类与树脂类助焊剂之间。它的优点在于清洗之前即使留有残留物也可以保持一段时间而无严重腐蚀。因此，可用于电子元器件的焊接或波峰焊、再流焊等；缺点是热稳定性差，不宜用在对热稳定性要求较高的场合，它一般作为活化剂与松香一起使用。

（3）树脂类助焊剂　树脂是一种在受热时可以软化的高分子化合物，分为天然树脂和合成树脂。天然树脂是从自然界中动植物分泌物所得的有机物质，如松香、琥珀等；合成树脂是通过简单有机物的化学合成而得到的树脂，如酚醛树脂、聚氯乙烯树脂等，它是塑料的主要成分。

松脂是树脂类助焊剂的代表，也称作松香，可从不同种类的松树中获取。松香一般为淡黄色或棕色的透明固体，不溶于水，在常温下呈中性。松香在加热到熔点时，含有的枞酸开始发挥酸性物质的作用，与金属表面的氧化物发生化学反应，生成可溶解游离的金属皂。当温度达到300℃以上时，枞酸失去活性，不再有助焊的功能。松香还具有一定的成膜性，能保护去除氧化膜后的金属不再重新被氧化。

松香是非晶体，汽化时没有固定沸点，与焊锡同时加热后不易爆炸，且具有非腐蚀、高绝缘及无毒特性。松香加入活化剂可增加活性，常用的国产活性焊剂见表6-5。手工焊接前需在印刷板上涂敷松香酒精助焊剂，高纯度酒精和松香的重量比范围在1:2至1:4之间；如果使用浓度为75%的酒精，则其重量比范围在1:3至1:5之间。

表 6-5　常用国产助焊剂

名称	成分	占比（%）	活性	可焊性	适用范围
松香酒精助焊剂	松香	33	中性	中	PCB、导线
	无水乙醇	67			

（续）

名称	成分	占比（%）	活性	可焊性	适用范围
盐酸二乙胺助焊剂	盐酸二乙胺	4	轻度腐蚀性	好	手工电烙铁焊接电子元器件
	三乙醇胺	6			
	特级松香	20			
	正丁醇	10			
	无水乙醇	60			
盐酸苯胺助焊剂	盐酸苯胺	4.5	轻度腐蚀性	好	手工电烙铁焊接电子元器件、零部件、上锡
	树脂	2.5			
	特级松香	23			
	无水乙醇	60			
	溴化水杨酸	10			
201 助焊剂	树脂 A	20	轻度腐蚀性	好	元器件上锡、浸焊、波峰焊
	溴化水杨酸	10			
	特级松香	20			
	无水乙醇	50			
201-1 助焊剂	溴化水杨酸	7.9	轻度腐蚀性	好	PCB 涂覆
	丙烯酸树脂	23.5			
	101 特级松香	20.5			
	无水乙醇	48.1			
SD 助焊剂	SD	6.9	轻度腐蚀性	好	浸焊、波峰焊
	溴化水杨酸	3.4			
	特级松香	12.7			
	无水乙醇	77			
202-A 助焊剂	溴化肼	10	轻度腐蚀性	好	上锡、波峰焊
	甘油	5			
	蒸馏水	25			
	无水乙醇	60			
202-B 助焊剂	溴化肼	8	轻度腐蚀性	好	上锡、波峰焊
	甘油	4			
	特级松香	20			
	蒸馏水	48			
	无水乙醇	20			
氯化锌焊剂	氯化锌饱和水溶液		腐蚀性强	很好	金属制品、钣金件
氯化铵焊剂	乙醇	70	腐蚀性强	很好	黄铜零件
	甘油	30			
	氯化铵饱和溶液				

3. 助焊剂的选用

1）助焊剂的熔点应低于焊料的熔点，但不宜相差过大。

2）助焊剂应有良好的热稳定性，一般热稳定温度不小于100℃。

3）助焊剂的表面张力、黏度、密度都要小于焊料。这样的助焊剂才能均匀地在被焊金属表面铺展，呈薄膜状覆盖在焊料和被焊金属表面。

4）助焊剂的残留物不应有腐蚀性而且要容易清洗，不应产生有毒、有害气体或刺激性气味。

6.3.3　阻焊剂

阻焊剂是防止焊接的一种材料，PCB 除了焊盘之外的地方都涂覆有一层阻焊剂，主要起着绝缘、防腐蚀、防尘、防水、阻挡热量冲击、降低 PCB 的温度的作用，在一定程度上也有保护布线层的作用。阻焊剂的质量与外观是 PCB 质量好坏的重要指标。涂在 PCB 上的阻焊剂要求有一定的厚度和硬度，表面颜色均匀、有光泽、没有多余印记。一般工厂中使用的阻焊剂俗称"绿油"，这也是 PCB 呈现绿色的原因。

6.4　手工焊接技法

6.4.1　焊接前准备

焊接之前，要确保焊锡的质量合格、电烙铁的功率和烙铁头的形状合适；清洁焊件和PCB 表面；保证元器件质量良好、参数合格，将元器件引脚弯曲成型。

元器件引脚在出厂前一般都会镀上一层薄锡，但时间一久，引线表面会生成氧化层，造成可焊性下降。这时，可用断锯条制成小刀刮去金属引线表面的氧化层，使引脚露出金属光泽。对于一些镀金、镀银的引线不宜将镀层刮掉，可用橡皮擦除表面的脏污。PCB 可用细纱纸将铜箔打光后，涂上一层松香酒精溶液。对于没有镀锡层的元器件，焊接前先将引脚上锡。用沾锡的电烙铁浸松香加热引脚，同时转动引脚使其表面均匀镀锡。

元器件插装前，一般需要将引脚弯曲成形，这样不仅提高焊接质量，还可使各种元器件在 PCB 上排列整齐、美观。操作中可用镊子或尖嘴钳对引线整形加工。元器件引脚成形后各种不同的形状如图 6-5 所示。元器件引脚成形具体要求取决于其本身的封装外形和在 PCB 上的安装位置。引线不能从根部弯曲，应该留有 1.5mm 的余量，否则引线容易折断。弯曲要有一定弧度，不能成死角。圆弧半径应大于引线直径的 2 倍。**特别注意，电路板元件面和焊接面的引脚金属部分均不能触碰，以防止出现短路故障。**

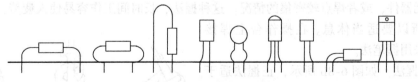

图 6-5　元器件的引脚成形

元器件的插装是指将成形后的引脚插入 PCB 的焊孔内，插装时主要考虑元器件的散热问题。一些大功率的元器件插装时，不宜紧贴着 PCB，否则会增加产品的故障率、降低元器件和 PCB 的使用寿命。元器件插装示意图如图 6-6 所示。贴板插装适合小功率元器件，稳定性好，插装简单。但可能某些安装位置不适应，也不利于散热。元器件悬空插装时，距离 PCB 的距离一般为 2 ~ 4mm。这种插装方法较复杂，需要控制高度，优点是散热好，适用大多数元器件。

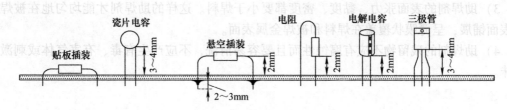

图 6-6　元器件的插装示意图

操作时，不能用手直接接触元器件的引脚和 PCB 的焊盘，以防汗渍污染金属引线，**降低焊接的质量**。插装时，元器件有字符的一面要尽量置于容易观察到的位置且字符方向保持一致，以便读取参数和检查。

推荐初学者检测焊接尺寸的方法如图 6-7 所示。焊接面的焊点高度约 2mm，露出焊点的引线约 1mm，合计 3mm。初学者可以用小号一字螺钉旋具的刀头（大约 3mm）比对，引线距离线路板的高度大约是螺钉旋具的刀刃的长度。需要注意的是，这种方法仅适用于条件简陋的初学者训练使用，不能作为电子产品生产的依据。生产电子产品时露出焊点的引线为 0.5 ~ 1mm，既要考虑在任何情况下引线之间不短路，又要考虑检测时能被检测仪表的钩具或夹具可靠夹持。

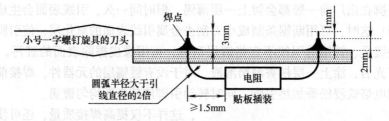

图 6-7　初学者检测焊接尺寸的方法

6.4.2　电烙铁的握法

电烙铁一定要拿稳对准，根据电烙铁的大小和被焊件位置以及焊点的要求不同，电烙铁有三种握法。

1）握笔法。如图 6-8a 所示，握笔法类似于写字时的拿笔姿势，适用于小功率电烙铁和热容小的元器件，或者焊点较密集的情况。这种握法，长时间工作容易使人疲劳，烙铁头发生抖动，所以要适当休息。在操作台上焊接 PCB 时多采用握笔法。

2）正握法。如图 6-8b 所示，正握法适于中等功率或带弯头的电烙铁。

3）反握法。如图 6-8c 所示，用五根手指把烙铁柄握在掌中，反握法适用于大功率电烙铁和热容较大的元器件，稳定性好，长时间工

a）握笔法　　b）正握法　　c）反握法

图 6-8　电烙铁的握法

作不易疲劳。

焊接时，电烙铁温度很高，助焊剂挥发的气体对人体有害，应保持口鼻与烙铁的距离在 40cm 左右；电烙铁不用时，要放在烙铁架上，烙铁的电源线不要离烙铁头太近。实际操作中出现过烙铁头烫坏电源线而造成短路的事故。

6.4.3　焊锡丝的拿法

焊锡丝通常有两种拿法。一种是断续法，如图 6-9a 所示，用大拇指、食指和中指夹住焊锡丝，适用于小段焊锡丝的手工焊接，不能连续送进；另一种是连续法，如图 6-9b 所示，用大拇指和食指捏住焊锡丝，其余三个手指配合拇指和食指向前连续送进，此法适用于成卷焊锡丝的手工焊接。焊锡中含有对人体有害的重金属铅，长时间操作时应戴上手套，操作后洗手，避免伤害。

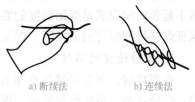

a) 断续法　　　b) 连续法

图 6-9　焊锡丝的拿法

6.4.4　手工焊接步骤

初学者应使用五步焊接法练习焊接，操作步骤如图 6-10 所示。

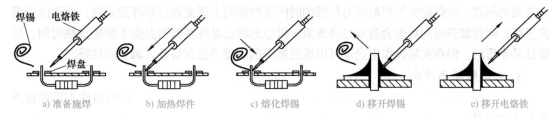

a) 准备施焊　　b) 加热焊件　　c) 熔化焊锡　　d) 移开焊锡　　e) 移开电烙铁

图 6-10　五步焊接法操作步骤

1）准备施焊。一手持焊锡丝，一手持电烙铁，保持待焊状态。

2）加热焊件。烙铁头同时轻触焊盘和元器件引脚，加热焊件整体，使之均匀受热，并在几秒钟内加热到最佳焊接温度。

3）熔化焊锡。焊件的焊接面加热到一定温度时，将焊锡丝从烙铁头相对一面接触焊件。随着焊锡的熔化，将形成一个焊点。为了形成完美的焊点，在焊锡开始熔化后，必须将依附于焊接点上的烙铁头按照焊点的形状移动。

4）移开焊锡。熔化适量的焊锡后，迅速将焊锡丝沿斜上方 45°方向移开。

5）移开电烙铁。当焊锡完全润湿焊接点，观察焊点的光泽和焊锡量都合适，表面无针孔时迅速沿斜上方 45°方向移开电烙铁。

完成上述的五步焊接法，一般需要二三秒钟，实际操作中各步骤之间停留的时间对焊接质量有重要影响，只有通过大量的实践练习才能逐步掌握。

6.4.5　手工焊接技术要点

1. 加热时间要恰到好处

加热时间不足，焊锡不能对焊件充分浸润，形成虚焊；加热时间过长，危害较多，主要有如下几方面：

1）元器件性能变坏甚至完全失效；PCB、塑料等材质发生变形变质；PCB 上铜箔的黏合层被破坏，铜箔从基板上脱落，导致线路断路。

2）焊点表面因为焊剂挥发，失去保护而发生氧化，容易造成焊接缺陷。如松香发黑，一般是加热时间过长造成的。

3）焊点外观缺陷。在焊锡已经充分浸润焊件后还继续加热，会使液态焊锡过热，烙铁撤离时极易造成拉尖；同时焊点的结合层超过合适的厚度，焊点表面出现粗糙颗粒、色泽灰暗，焊点性能变差。

锡焊时，可以采用不同的加热速度，例如烙铁头形状不良、用小烙铁焊较大焊件时都不得不延长时间以满足焊锡温度的要求，这种操作对电子产品装配是有害的，要尽量避免。在保证焊锡浸润焊件的前提下，焊接时间越短越好。

2. 保持适宜的温度

在焊接时，要有足够的热量和温度。温度过低，焊锡流动性差，很容易凝固，形成冷焊；温度过高，将使焊锡流淌，焊点不易存锡，同时焊剂分解速度加快，使金属表面加速氧化，导致 PCB 上的焊盘脱落。特别在使用天然松香作助焊剂时，锡焊温度过高，很容易氧化脱皮而产生炭化，造成虚焊。

焊接温度包括烙铁头标准温度、焊料熔化温度和焊件最佳焊接温度三种，一般烙铁头的温度比焊锡温度高 50℃左右。采用高温烙铁焊接小焊点，虽然会缩短加热时间，但也会带来另一方面的问题：焊锡丝中的焊剂没有足够的时间在被焊面上漫流而过早挥发失效，而且由于温度过高，即使加热时间短也会造成过热现象。理想的状态是在较低的温度下缩短加热时间，尽管这是矛盾的，但在实际操作中完全可以通过熟练的焊接手法获得令人满意的结果。

3. 电烙铁撤离方向

移开电烙铁的时间、速度和方向对焊点的质量和外观起关键作用。应使烙铁头沿焊接点水平方向移动，在焊锡接近饱满、松香还没完全挥发时向斜上方大致 45°方向移开电烙铁。另外，撤烙铁时轻轻旋转一下，可保持焊点适当的焊料，这需要在实际操作中慢慢体会。

4. 不要用烙铁头对焊点施力

烙铁头把热量传给焊点主要靠增加接触面积，而非用烙铁头对焊点加力。例如：电位器、开关、接插件的焊接点都是固定在塑料构件上的，加力的结果很容易造成元器件的变形失效。

5. 形成焊锡桥

在烙铁上持续保留少量的焊锡，作为烙铁头与焊件之间的传导热量的桥梁，由于金属液体的导热性好，焊件很快就可以被加热到合适的焊接温度。这样，可以提高烙铁的加热效率，有助于提高焊接的质量。

6. 不要反复焊接

一些不必要的反复会增加焊锡的加热时间，使金属化合物变脆，导致焊点断裂。

7. 在焊接过程中对烙铁头要经常擦蹭

焊接过程中烙铁头长期处于高温状态，表面容易氧化，形成一层黑色杂质。这些黑色杂质形成隔热层，使烙铁头加热作用降低。因此，要随时在烙铁架上蹭去烙铁头的杂质，用湿海绵随时擦蹭烙铁头。

6.4.6 手工焊接技艺

1. PCB 焊接

PCB 是电子元器件实现电气连接的基体。它的质量对电子产品有较大影响，在焊接之前要认真检查，有无断路、短路，金属化孔是否不良，是否涂有助焊剂和阻焊剂等。较大批量生产的 PCB 在出厂前都经过了严格的检测，其质量可以得到保证。但一般非正规投产的少量 PCB 或研发用板，焊接前需要严格的检查。否则，在整机调试中，会有很大麻烦。

1）双面 PCB 的连接孔金属化，即在绝缘的孔壁上镀上一层导电金属将各层印制导线互相可靠的连接起来。如图 6-11 所示，金属化孔焊接时，要将包括孔内的整个元器件的安装座都充分浸润，加热时间应稍长一些。

2）元器件要做好焊接前的准备，如引脚成型、上锡等。然后按照焊接工序焊接。一般焊接顺序是先焊高度低的元器件，再焊高度较高或要求较高的元器件。**通常次序是电阻→电容→二极管→晶体管→其他元器件。**但有时也可先焊较高的元器件，使得所有元器件的高度不超过最高元器件的高度，如在晶体管收音机装焊中，就可以先焊高度较高的中周，再焊其他元器件。

图 6-11　金属化孔的焊接

3）PCB 的焊接可选用 20～30W 的内热式电烙铁，温度一般为 300～320℃，烙铁头为锥形或凿形。加热时烙铁头要同时接触铜箔和元器件引脚，耐热性较差的元器件要利用工具辅助散热。晶体管的焊接时间不要超过 5～10s，要求使用镊子夹持引脚散热，防止烫坏。

4）焊接完成后，要检查有无漏焊、虚焊等。检查焊点是否牢固时，可用镊子将每个元器件的引脚轻轻提一下，看是否摇动。如果有摇动，则应重新焊接。然后，剪去多余的元器件引线，以防止过长的引线弯曲接触其他导线或焊盘时发生短路。用斜嘴钳剪去多余引线时，要将平坦一面的刃口向下，平行于 PCB 放在焊点的顶端，不要对焊点施加剪切力以外的力。最后，根据工艺要求用清洗液清洗 PCB。

2. 导线焊接

（1）导线上锡　导线在电子电路中应用很广泛，常用来连接电路的导线有单芯线、多芯线和屏蔽线三种。

如图 6-12 所示，单芯线的绝缘层里只有一根导线，也称为硬线；多芯线的绝缘层里有多达几十根导线，也称为软线；屏蔽线分为三层：外绝缘层、屏蔽层和内绝缘层。金属网状编织的屏蔽层将信号线包裹起来，可以屏蔽外界的干扰信号。

| 单芯线 | 多芯线 | 屏蔽线 |

图 6-12　常用导线外形

多芯线的端头上锡需要注意以下几点。

① 剥除绝缘层。用剥线钳或斜嘴钳除掉绝缘皮时，不能伤及内部导线。如果操作中用力过大，多芯线会有几根被切断或有压痕，这样的线头容易断线，造成电路故障。

② 如图 6-13a 所示，剥除外皮时要边拽边拧，把多股导线绞合成

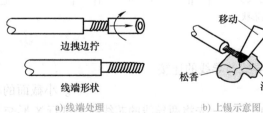

a）线端处理　　　b）上锡示意图

图 6-13　多芯线端头处理

螺旋状，否则上锡时线头会散乱，无法插入焊孔，而且散落在外的导线很可能造成电路故障。

③ 如图 6-13b 所示，上锡时不要让焊锡进入绝缘层，否则，造成软线变硬，容易导致接头故障。

屏蔽线端头的处理过程如图 6-14 所示。先剥掉外层绝缘皮，用镊子将屏蔽层包着的多个芯线取出，然后剥掉内层绝缘皮，对导线上锡，最后套上热缩套管为端头提供绝缘保护。注意：屏蔽层也要绞和后上锡，以便接地焊接。

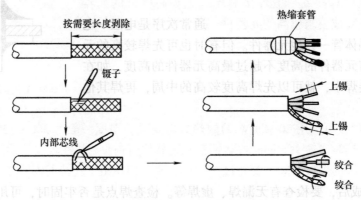

图 6-14　屏蔽线端头处理

（2）导线与接线端子连接　导线端头的处理与上锡参看 6.4 节，经过上锡后，导线与接线端子有如下连接方式：

① 钩焊。将导线端子弯曲成钩状，钩在接线端子的眼孔中并用钳子夹紧后焊接，如图 6-15a 所示。注意导线要紧贴接线端子表面，绝缘层要避免接触端子，图中 L 为导线绝缘外皮与焊面之间的距离，L 取值在 1 ~ 3mm 之间。

② 搭焊。将导线搭到接线端子上直接焊接，如图 6-15b 所示。这种连接方式连接方便但强度可靠性较差，仅用于临时连接或不方便缠钩的场合或某些插接件上。

③ 绕焊。将导线端子在接线端子上缠绕一圈，再用钳子拉紧缠牢后焊接，如图 6-15c 所示。注意事项与钩焊相同，这种连接方式的强度可靠性最好。图 6-15d 为绕焊的各种形式，针对不同形状的接线端子，可以有不同的绕法。

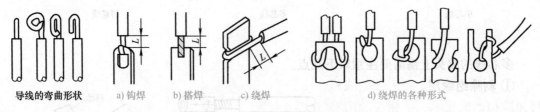

导线的弯曲形状　　　a) 钩焊　　　b) 搭焊　　　c) 绕焊　　　　d) 绕焊的各种形式

图 6-15　导线与接线端子的连接

（3）导线与导线的连接　导线之间的连接主要有绞合连接、绕焊和搭焊。

1）绞合连接是将导线的芯线直接绞合。小截面的单芯铜导线常用绞合连接方式。其步骤如图 6-16 所示，先将两导线的芯线线头进行 X 形交叉；再将它们相互缠绕 2 ~ 3 圈后扳直两线头；然后将每个线头在另一芯线上紧贴密绕 5 ~ 6 圈，剪去多余线头；最后套上热缩套管并用电吹风或热风枪吹扫，使热缩管收缩。

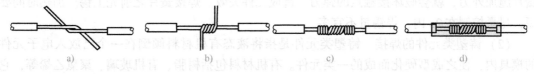

图 6-16　导线与导线的绞合连接

2）绕焊　导线与导线（多芯线）的连接以绕焊为主，粗细不同、粗细相同的导线绕法分别如图 6-17 所示，步骤如下：首先将导线剥除一定长度的绝缘外皮；再将导线端头上锡；然后将两根导线绞和，涂上无酸助焊剂，再用沾上焊锡的电烙铁焊接。注意焊接中应使焊锡充分熔融渗入导线接头缝隙中，焊接完成的接点应牢固光滑。最后将焊接点整形，套上热缩套管，用热风枪或电吹风吹缩，冷却后形成绝缘保护。

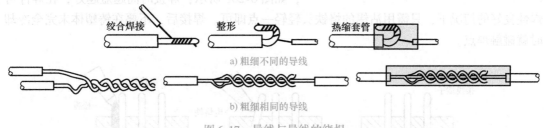

图 6-17　导线与导线的绕焊

（4）导线与杯形焊件的焊接　导线与杯形焊件的焊接如图 6-18 所示。用电烙铁加热杯体，使焊锡熔化填满杯体 75% 以上，用镊子夹持导线，并紧靠内壁垂直插入到杯底部，移开电烙铁拿稳导线，直到焊锡凝固。

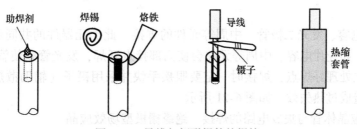

图 6-18　导线与杯形焊件的焊接

（5）在金属板上焊导线　在金属板上焊导线如图 6-19 所示，首先要在金属板上镀锡。金属板面积大、吸热多而且散热快，通常要用功率大一些的电烙铁。操作时，先用小刀在焊接区划出一些刀痕或者用砂纸打磨金属表面，然后涂上少量助焊剂，用沾满焊锡的烙铁头适当用力在金属板上做圆周运动，这样可以不断地将焊锡镀在金属板上。最后，焊接导线。

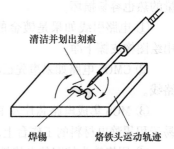

图 6-19　在金属板上焊导线

3. 易损元器件焊接

（1）簧片类元件的焊接　簧片是继电器、波段开关等元件的组成部分，一般是由弹性较好的磷铜或镍铜合金制成的长薄片，其尾端引出，用来连接到由继电器控制的电路中。

簧片在制造时需要加预应力，以产生适当弹力，保证电接触性能。如果安装或焊接过程中对簧片施加外力，就会破坏接触点的弹力，造成元件失效。焊接簧片之前先上锡。加热时间要短，尽量控制在 2s 内，焊锡量不宜多。

（2）铸塑类元件的焊接　铸塑类元件是指将液态有机材料倾倒在一个已放入电子元件的模具内，使之成型硬化而成的一类元件。有机材料包括树脂、有机玻璃、聚氯乙烯等，它们可以被制成各种形状复杂、结构精密的元件，如开关、插接件等。但这类元件有其固有的弱点——无法承受高温，因此，对铸塑在有机材料中的金属部分施焊时，要特别注意控制加热时间。否则，很容易使元件变形，导致性能降低甚至失效。

铸塑类元件焊接时的注意事项如下：焊接前上锡要一次成功，不要反复操作；烙铁头不能对焊点的任何方向施力，如图 6-20a、b 所示。若焊接时对接线端子用力，导致元件变形，将使元件失效；焊接一个点时，不要碰到相邻点；上锡和焊接时，助焊剂用量要少，否则，多余的焊剂流入开关触点，造成接触不良，如图 6-20c 所示；焊接时间越短越好，在焊件可焊性良好的情况下，只需用沾锡的烙铁头轻轻一点即可。焊接后，不要在铸塑体未完全冷却时就碰触焊点。

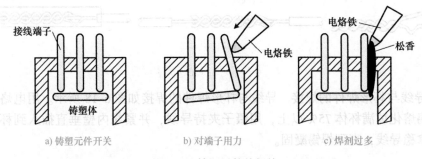

a) 铸塑元件开关　　　　b) 对端子用力　　　　c) 焊剂过多

图 6-20　铸塑元件的焊接

（3）瓷片电容、发光二极管、中周等元件的焊接　此类元器件的共同弱点是加热时间过长就会失效，如瓷片电容、中周等元件会使内部接点开焊，发光管则使管芯损坏。因此，焊接前一定要先处理好焊点，焊接时一定要眼疾手快并采用镊子（辅助散热工具）夹持元件根部以避免造成过热失效，如图 6-21 所示。

（4）场效应晶体管与集成电路的焊接　绝缘栅极型场效应晶体管输入阻抗很高，一旦操作不慎，非常容易造成内部击穿而失效。双极型集成电路内部集成度高、管隔离层很薄，一旦受到过量的热也容易损坏。

① 电路引线如果是镀金的，不要用刀刮，可用酒精擦洗或用绘图橡皮擦干净。

② CMOS 电路如果事先已将各引线短路，则焊前不要拿掉短路线。

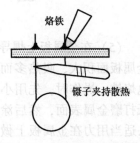

图 6-21　焊接时的辅助散热

③ MOS 集成电路芯片及 PCB 不宜放在铺有橡胶垫、塑料等易于积累静电材料的工作台上。

④ 用烙铁头较窄的电烙铁，保证焊一个端点时不会碰到相邻端点。

⑤ 焊接时间要尽可能短，一般不超过 3s。

⑥ 最好使用230℃的恒温电烙铁，也可用20W内热式电烙热，接地线应保证接触良好；若用外热式，不要超过30W，而且要利用烙铁断电后的余热焊接，必要时还要采取人体接地措施。

⑦ 焊接集成电路插座时，要按照引脚排列图焊好每一个点；集成电路直接焊到 PCB 上时，安全焊接顺序为接地端→输出端→电源端→输入端。

4. 典型焊点的焊接

（1）大焊盘的焊接　如图 6-22 所示，对直径大于 5mm 的焊盘焊接时，可移动烙铁使烙铁头绕焊盘转动，以免长时间对焊盘某点加热导致局部过热。

图 6-22　大焊盘焊接示意图

（2）片状焊件的焊接　片状焊件在实际中比较常见，如耳机和电源插座、电位器接线片，还有一些接线焊片等，这类焊件一般都有焊孔。片状焊件的焊接步骤如图 6-23 所示。首先将导线端头上锡并弯曲成钩状、焊片表面清洁后上锡；然后将导线端头钩住片状焊件的焊孔，用镊子夹住结合处焊接；再在焊接处套上热缩套管。如果片状焊件表面没有焊孔，也可在表面凿出焊孔或直接焊接。

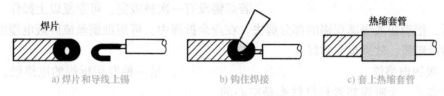

a) 焊片和导线上锡　　　　　　b) 钩住焊接　　　　　　c) 套上热缩套管

图 6-23　片状焊件焊接示意图

（3）板形、槽形、柱形焊点的焊接

1）板形焊点的焊接如图 6-24a 所示。首先将导线端头上锡、清洁金属板表面；然后对板形焊件表面上锡并将导线缠绕在板形焊件上；再用镊子夹住导线绝缘层焊接；最后套上绝缘套管并用热风枪吹缩。

2）槽形的焊接如图 6-24b 所示。首先将导线端头上锡、槽口表面清洁；然后将导线紧贴槽口底部且贯穿整个接线槽，在槽出口处可以辨识；再用镊子夹住导线绝缘层焊接，焊锡不能超过顶端或堆积在顶部；最后套上绝缘套管并用热风枪吹缩。

3）柱形的焊接如图 6-24c 所示。首先将导线端头上锡、柱形焊件表面清洁；然后对焊件表面上锡并将导线缠绕在柱形焊件上；再用镊子夹住导线绝缘层焊接；最后套上绝缘套管并用热风枪吹缩。

6.4.7　手工拆焊

将焊接在 PCB 上的元器件拆下来即拆焊，也称为解焊。拆焊在调试或维修中经常用到，如果方法不当，就

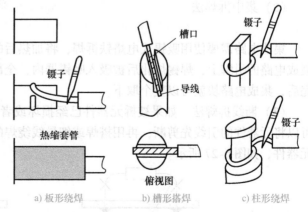

a) 板形绕焊　　　　b) 槽形搭焊　　　　c) 柱形绕焊

图 6-24　板形、槽形和柱形焊件焊接示意图

会损伤没有失效的元器件或者 PCB。因此，需要掌握一些拆焊的方法与技巧。

拆焊不可损坏 PCB 上的焊盘、印制导线、被拆除的元器件及其周围的元器件。已经损坏的元器件，可以把引线先剪断，这样拆焊时可减小对其他元器件的损伤。

1. 常用拆焊工具

（1）**吸锡器** 吸锡器用来吸取熔化的焊锡，分为手动和电动两种。手动式吸锡器通常采用耐高温的塑料或铝合金制成，使用时需要与电烙铁配合，如图 6-25 所示。电动式吸锡器可以直接拆焊。

常用的胶柄手动吸锡器里面有一个弹簧，使用时，先把吸锡器顶端的滑杆向下压入，听到"咔"的一声，表明已被卡住，接着用电烙铁加热焊锡，同时将吸锡器靠近焊点，焊锡熔化后，移开电烙铁并迅速将吸锡器吸嘴贴在焊点上，同时，按动吸锡器按钮，即可将焊锡吸走。若一次未吸除干净，可重复以上步骤。

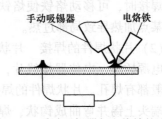

图 6-25　手动吸锡器与电烙铁的配合

（2）**吸锡线** 吸锡线对熔化的焊锡有较强的吸附能力。操作时，将吸锡线前端吃上松香，放在将要拆焊的焊点上，再把电烙铁放在吸锡线上加热焊点，熔化后的焊锡就被吸锡线吸走。若焊锡没有一次被吸完，可重复以上操作，直至吸完，然后，把吸锡线吸满焊锡的部分剪去。在业余拆焊中，可用细铜丝或屏蔽电缆的网状屏蔽层代替吸锡线，效果也非常好。

（3）**吸锡电烙铁** 吸锡电烙铁也称为电热吸锡器，是一种专用拆焊的电烙铁，它比普通电烙铁多了一个吸锡装置且烙铁头是空心的，能对焊点加热的同时将熔化的焊锡吸入内腔。拆焊时，每次接触焊点前都沾一点松香以改善焊锡的流动性。当焊锡熔化后，以焊点引脚为中心，手向外按顺时针方向画一个圆圈之后，再按动吸锡器按钮。吸锡式电烙铁工作时，每次只能针对一个焊点拆焊，所以要及时清除吸入的焊锡残渣，保持吸锡孔的畅通。

2. 拆焊方法

（1）**分点拆焊法** 分点拆焊法适于引脚比较少的元器件，如电阻、电容等。如图 6-26 所示，将 PCB 竖直夹持住，用电烙铁加热元器件的焊点，同时，用镊子夹住元器件引脚轻轻拉出。

（2）**集中拆焊法** 当电阻、电容、晶体管等元器件的焊点距离较近时，可用电烙铁交替快速加热焊点，然后一次性拉出元器件引脚。集成电路需要使用吸锡式电烙铁拆焊，将加热后的电烙铁头放在集成电路的引脚上，焊锡熔化后被吸入吸锡器内，全部引脚的焊锡吸完后，集成电路块就可以整个取下。

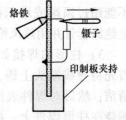

图 6-26　分点拆焊法

（3）**断线拆焊法** 如果被拆元器件已经损坏或者引脚留有余量，可以将元器件的引线先剪断，再用搭焊或细导线绕焊的方法换上好的元器件，如图 6-27 所示。

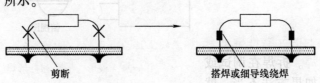

剪断　　　　　　搭焊或细导线绕焊

图 6-27　断线拆焊法

　　(4) 典型焊点的保留拆焊　对需要保留元器件引线或导线端子的拆焊，首先要将焊点上焊锡去除干净，然后摘下元器件或导线。

　　① 搭焊的元器件或导线的接头处都有绝缘套管，拆焊时，要先退出套管，先在焊点上涂上助焊剂，用电烙铁熔化去除焊锡，就可拆下。

　　② 绕焊的元器件或导线，在清除焊锡后要先搞清楚导线的绕向，用镊子或尖嘴钳夹住线头逆绕而退，再把导线平直后待用。

　　③ 钩焊的元器件或导线，在清除焊锡后，还要用电烙铁将钩子下面的残余焊锡熔化，同时，在钩线方向用工具将线端撬起，再移开电烙铁并用尖嘴钳对线端矫正处理。

　　④ 引脚较多的元器件，在清除焊锡后仍然不能顺利取下时，不能强行拽下，要先仔细检查一下是否还有引脚没有完全脱焊，如果还有，就需要用电烙铁继续熔化，同时，将引脚向没有焊锡的方向轻轻推去，让引脚与焊盘脱离，这样就可取下元器件。

　　3. 拆焊技术要点

　　1) 注意控制加热的温度和时间。拆焊的时间一般都长于焊接时间，温度也高于焊接温度，所以要严格控制加热的温度和时间，避免烫坏元器件或造成焊盘脱落。

　　2) 要适当用力。高温状态下的元器件，封装强度都会降低，过分用力扯动、摇晃、拉拽都会造成元器件或焊盘的损坏，可采用间隔加热法拆焊。

　　3) 去除焊锡。拆焊时，如果有吸锡器，可以直接把元器件拔下。如果没有吸锡工具，则可以把 PCB 倒过来，加热焊点后利用重力原理，让焊锡自动流向烙铁头，也能去除焊锡。

6.5　焊接质量检查

　　PCB 上如果有一个焊点质量不合格，就会对整机质量造成影响。因此，焊接质量的检查尤其重要。

6.5.1　合格焊点

1. 可靠的电气连接

　　一个焊点要形成可靠的电气连接，需要有一定的连接面积和牢固连接的合金层，这样的焊点才能持续、稳定、可靠地通过电流。焊锡只是少部分形成合金层或仅仅堆在表面，可能在短时间内可以正常工作，但一旦接触层发生氧化，焊点脱离，电流时通时断或完全没有，而焊点外观还是完好的。这种隐蔽性较强的缺陷令人无从下手排查，要尽量避免。

2. 足够的机械强度

　　焊点要保证有足够的机械强度，否则，在受到振动或冲击时，就会发生松动乃至脱落。常用的锡铅焊料抗拉强度只有普通钢材的十分之一，若要增加焊点的机械强度，就要有足够大的连接面积。焊锡没有凝固时，焊件受到振动、焊锡量过少或没有流满焊盘都会降低焊点的机械强度。

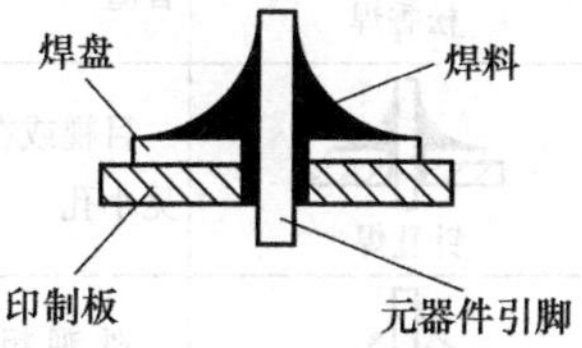

3. 良好的外观

　　良好的外观主要表现在焊点形状符合标准，焊点表面有金属光泽，没有拉尖、桥接等现象。一个标准焊点如图 6-28 所示。具有良好外观的焊点焊锡量要恰到好处，且外观满足下列条件：外形近似圆锥而稍微凹陷，以元器件引脚为中心，以裙

图 6-28　标准焊点

状拉开；焊锡的连接面呈半弓形凹面，自然过渡，焊锡与焊盘交界面平滑，角度尽量小一些；表面光滑，没有针孔、裂纹、夹渣等；引脚末端要清晰可见，伸出长度约为1mm。

6.5.2 焊点检查

1）目视检查。目视检查就是从外观上观察焊点是否合格。"眼观"的主要内容有以下几方面：是否漏掉了该焊接的点，即漏焊；焊点的焊锡是否足够；焊点表面是否有光泽；焊点是否凹凸不平，是否有拉尖、桥接、气泡、裂纹等；焊点周围是否残存有助焊剂。

2）手动检查。用手或镊子夹住元器件引线轻轻摇动，是否松动，焊锡是否脱落等。

3）通电检查。在确定电路连线无误后才能通电检查。通电检查可能出现的故障与原因见表6-6。

表6-6 通电检查可能出现的故障与原因

故障	可能表现方式	故障原因
元器件损坏或导通不良	失效	加热温度过高、时间过长；电烙铁漏电
	性能降低	
	断路	松香焊、开焊、虚焊、插座接触不良
	短路	桥接、PCB短路、焊锡飞溅、错焊
	时断时通	虚焊、导线断线、焊盘脱落、松香焊

6.5.3 焊点缺陷分析

1. 常见焊点的缺陷与分析

造成焊接缺陷的主要原因包括材料、工具、焊接方式和操作者的焊接水平4个因素。一般焊接时，前两个因素是确定的，那么后两个就成为决定性因素。常见焊点缺陷与原因分析见表6-7。

表6-7 常见焊点缺陷与原因分析

焊点缺陷	外观特点	危害	原因分析
焊料过多	焊料面呈凸形，焊点接近球状	机械强度差，易出现虚焊、断路故障或桥接现象	PCB面有氧化物或杂质且焊锡丝撤离太迟
焊料过少	焊料面没有形成平滑的圆锥形	机械强度差	焊锡丝撤离过早
松香焊	焊点内部夹杂有松香渣	机械强度差，导电性能差，时通时断	1. 热量不足或加热时间短；2. 助焊剂用量过多或已经失效
针孔焊	目视或在放大镜下可见小孔	焊点容易被腐蚀	焊盘与元器件引脚间的缝隙过大
焊点无光泽	外观粗糙，颜色发白，缺少光泽	机械强度差，元器件损坏	1. 电烙铁功率过大；2. 加热时间过长

（续）

焊点缺陷	外观特点	危害	原因分析
拉尖	表面有尖刺	外观不佳，易造成桥接现象	烙铁头撤离方向或速度不当；焊料质量差或焊接温度过低
气泡	引脚根部焊锡隆起，里面隐藏有空洞	长时间工作时导通不良或不导通	引线浸润性差或与焊盘间的缝隙过大
焊料球	焊锡成球状散落在 PCB 上	造成电气短路	1. 焊锡中氮含量高且助焊剂失效；2. 波峰焊时，气体在焊点周围形成高压气流；3. 助焊剂质量差，加热段升温过快，环境相对湿度高致使焊锡膏吸湿（针对表面安装工艺）
冷焊	表面呈橘皮状，界面可能存在裂纹	连接强度差，电气性能不稳定，导电性差	焊锡温度没达到浸润的温度，没有生成足够的界面金属化合物
不对称	焊锡没有流满焊盘	机械强度差	热量不足或焊锡流动性差；助焊剂不足或质量差
虚焊	焊锡与元器件引脚和铜箔之间有黑色分界线，未形成牢固连接	连接强度差，电气性能不稳定，导电性差	被焊金属引脚或焊盘由于氧化、污染或锈蚀，可焊性下降，导致熔化的焊锡不能浸润
松动	元器件引线可移动	电气性能差，可能不导通	1. 焊锡未凝固前，引线移动；2. 引线没处理好（浸润不良或未浸润）
焊盘脱落	铜箔脱离绝缘基板	电路出现断路，元器件无法安装	1. 焊接时间过长、温度过高；2. 拆焊时，焊料没有完全熔化就拔取元器件
桥接	相邻焊点搭接	导致产品出现电气短路，有可能使相关电路的元器件损坏	1. 焊锡用量过多；2. 焊接温度过高或过低；3. 导线端头处理不好；4. 残留有金属杂物
丝状桥接	多发生在焊盘间隔小且密集区域，丝状焊锡较脆，直径为微米单位	容易发生电气短路	1. 焊锡杂质含量高，形成松针状；2. Cu_3Sn_4 与焊锡的固相点温差较大时，若波峰焊温度较低，集聚的松针状 Cu_3Sn_4 容易产生丝状桥接
焊点剥落	焊点从铜箔上脱落（与焊盘脱落不同）	电路断路	焊盘金属层不佳或可焊性差

2. 导线焊接缺陷

在接线端子上单面焊接导线的常见缺陷如图 6-29 所示。

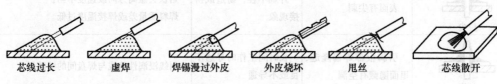

| 芯线过长 | 虚焊 | 焊锡漫过外皮 | 外皮烧坏 | 甩丝 | 芯线散开 |

图 6-29　导线焊接缺陷

在接线端子上插入式焊接导线的合格焊点如图 6-30 所示。在焊接时，从单面焊接，焊锡自动流到孔与铜线的配合间隙里，在焊接面和背面同时形成光滑光亮的焊点。在接线端子上插入式焊接导线的不合格焊点如图 6-31 所示。

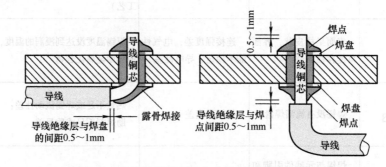

图 6-30　在接线端子上插入式焊接导线的合格焊点

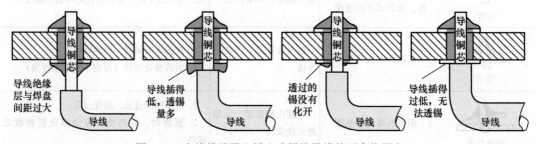

图 6-31　在接线端子上插入式焊接导线的不合格焊点

6.6　电子工业生产中的焊接技术

PCB 上的元器件密集度非常高，对焊接质量的要求也非常严格，这样的焊接工艺必须采用浸焊或者波峰焊才能完成。

6.6.1　浸焊

浸焊是将插装工序完成后的 PCB 置于装有液态焊锡的锡锅内浸锡，一次完成多个焊点焊接的方法。**浸焊也是最早用于电子产品批量生产的焊接方法。**

1. 手工浸焊

手工浸焊是由操作者手持夹具夹住插装好元器件的 PCB，将其浸入锡锅内完成焊接的方法。**手工浸焊设备如图 6-32 所示，其工艺流程如下：**

1) 在 PCB 的焊盘上均匀喷涂一层松香助焊剂。

2) 用夹具夹住 PCB 浸入锡锅中，浸锡深度为 PCB 厚度的 1/2 ~ 2/3，浸锡时间为 3 ~ 5s。

3) 使 PCB 与锡面成 5 ~ 10°的角度离开锡面，稍微冷却后检查焊接质量。若有较多的焊点未焊好，可再次浸锡；若只有少量焊点不良，可手工补焊。

4) 修剪过长的元器件引线。

手工浸焊设备简单、投入少，但效率低，焊接质量与操作人员熟练程度有关，易出现漏焊，对于表面组装元器件的 PCB 效果一般。

2. 机器浸焊

机器代替手工夹具夹住 PCB 完成浸焊可以显著提高效率。针床式浸焊设备如图 6-33 所示。操作时将喷涂助焊剂的 PCB 放于针架上，起动后即可完成自动焊接，且可以同时焊接多块不同规格的 PCB。

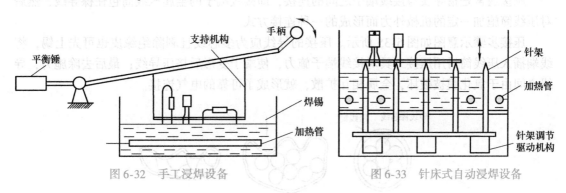

图 6-32　手工浸焊设备　　　　图 6-33　针床式自动浸焊设备

6.6.2　波峰焊

波峰焊是让插装后的 PCB 的焊接面直接与高温液态焊锡接触来完成焊接的方法。在焊接过程中，焊锡保持一个斜面并形成一道道类似波浪的形态，因此得名"波峰焊"。波峰焊的波峰是由浸沉在熔融焊锡贮存槽下面的离心泵产生的，离心泵有机械泵和电磁泵两种。PCB 以一定的倾斜角度与波峰形成相对运动时，PCB 面受到一定的压力，焊锡浸润元器件的引线和焊盘，在毛细管效应下，形成锥形焊点。

波峰焊原理如图 6-34 所示，由图可见，波峰焊是局部接触，而浸焊则是面接触。

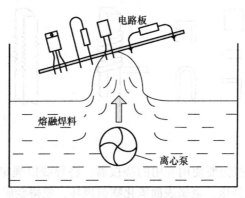

图 6-34　波峰焊原理图

波峰焊前，要做好充分的准备工作，包括元器件引脚上锡、PCB 涂覆助焊剂等。波峰焊机由传送带、助焊剂添加区、预热区和焊锡锅等组成。涂覆助焊剂一般采用发泡法：将助焊剂溶液泡沫化或雾化后，均匀地涂在 PCB 上；PCB 预热后可使助焊剂达到活化点，加热方式可以用热风或红外线；PCB 在焊锡锅内完成波峰焊，最后再冷却、清洗。整个过程通过传送带连续传输。

在焊锡锅内，可一次完成整个 PCB 上全部元器件的焊接，PCB 上不需要焊接的部位要涂上阻焊剂或用特制的阻焊膜片贴住，防止焊锡产生堆积。

6.6.3　无锡焊接

无锡焊接属于焊接技术的一部分，它是一种不需要焊锡和焊剂也可以得到可靠的电气连接和机械连接的方法，常用的无锡焊接有压接和绕接。

1. 压接

压接通常是指导线与接线端子之间的连接，即接线端子的金属压线筒包住裸导线，然后对压线筒施加一定的机械外力而形成的一种连接方式。

压接步骤示意图如图 6-35 所示。压接的导线应为多芯线且剥除绝缘皮也可先上锡，将线端插入压线筒后用压接工具对接线端子施力，使端子变形后挤压导线；最后去除施力，导线之间由于氧化膜被破坏，金属相互扩散，就形成了可靠的电气连接。

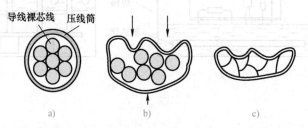

图 6-35　压接步骤示意图

2. 绕接

绕接是直接将导线缠绕在接线端子上而形成的一种连接方式。绕接所用的接线端子也称接线柱，一般是用铜或铜合金制成的棱柱体，其截面形状如图 6-36a 所示。绕接的导线应为单芯铜导线。

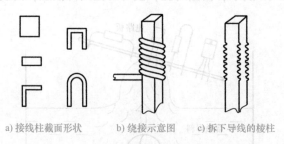

a) 接线柱截面形状　　b) 绕接示意图　　c) 拆下导线的棱柱

图 6-36　接线柱截面形状与绕接示意图

如图 6-36b 所示，绕接需要使用专用的绕接器，将导线以规定的圈数密绕在接线柱上，导线与接线柱的棱角相互挤压，金属表面氧化物被破坏，使得金属相互扩散，从而形成一种紧密的连接。如图 6-36c 所示，拆下导线后，接线柱棱角已经留下刻痕，因此，这种连接可靠性高且寿命长。

课后思考题与习题

6-1　简述五步焊接法的步骤及内容。

6-2　插装之前，为什么要对元器件的引脚进行成形处理？引脚成形的注意事项有哪些？

6-3　手工焊接中，合格焊点的标准是什么？

6-4　手工焊接中，如何才能形成一个高质量的焊点？

6-5　说明球状焊点形成的原因及危害。

6-6　拆焊的原则是什么？

第7章

表面贴装技术

思考与考题与习题

7.1 表面贴装技术概述

表面贴装元器件：适合用表面贴装工艺组装的元器件，其主要外形特征是无引线或短引线且体积小。

通孔安装（THT）：元器件有较长引线，插入 PCB 的通孔上，在 PCB 另一面焊接，又称为直插式安装。

表面贴装（SMT）：把表面贴装元器件直接贴装在 PCB 铜箔上，焊点与元器件在 PCB 的同一面而完成的安装，又称为表面组装或表面安装。

SMT 与 THT 两种安装方式的示意图如图 7-1 所示。

THT 需要元器件插入通孔，其体积大、引脚长而且笨重。表面贴装元器件体积小，通常只有直插式元器件体积的几十分之一，绝大部分电子产

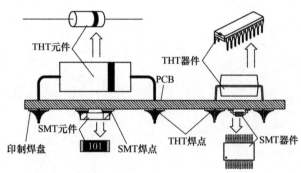

图 7-1 SMT 与 THT 安装方式示意图

品都使用表面贴装元器件。但在功率电路中，需要使用直插式元器件才能承受足够的功率。

表面贴装技术由基础部分（元器件、PCB 和组装材料）和组装工艺与设备两大部分组成，而工艺与设备又包括主干工艺与设备（涂覆、贴装、焊接）、辅助工艺与设备（清洗、检测、返修等）两类。此外还包括 SMT 设计（产品组装设计、可制造性设计、电磁兼容设计、热设计、防护设计等）和 SMT 管理（质量管理、工艺管理、设备管理、物料管理等）。表面贴装技术的内容如图 7-2 所示。

7.2 表面贴装元器件

7.2.1 常用表面贴装元器件

1）表面贴装电阻。按封装外形可分为矩形片状和圆柱形两种。矩形片状电阻的阻值范围为 $1\Omega \sim$

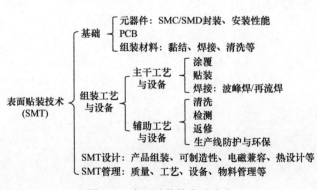

图 7-2 表面贴装技术的内容

$10M\Omega$，额定功率为 $1 \sim 1/32W$，焊接温度一般为 $230 \sim 240℃$，焊接时间为 $3s$ 左右，一般用于调谐、移动通信等设备中；圆柱形电阻（MELF）就是将普通圆柱形电阻去掉长引线，两端改为电极，额定功率系列目前仅有 $1/8W$ 和 $1/4W$ 两种，多用在音响设备中。

贴片电阻用数码法表示标称阻值，精密贴片电阻（允许偏差 1%）用 4 位数字表示，前 3 位表示有效数字，第 4 位表示乘方数，如 1000 表示电阻值 $100 \times 10^0 = 100\Omega$，而不是 1000Ω，4992 表示 $499 \times 10^2 = 49900\Omega$，0R56 表示 0.56Ω。贴片电阻表面如果只有 3 位数字，允许偏差为 $\pm 5\%$，如果有 4 位数字，允许偏差则为 $\pm 1\%$。

2）表面贴装电容。其包括多层片状陶瓷电容、铝和钽电解电容、有机薄膜和云母电容等。表面贴装电容也分为矩形片状和圆柱形两大类，外形同表面贴装电阻类似。

3）表面贴装半导体元器件。二极管、晶体管、场效应晶体管等半导体分立器件都有相应的表面贴装形式，详见第 4 章半导体分立器件部分的介绍。

4）表面贴装集成电路（SMIC）。随着半导体工艺技术的不断发展，表面贴装集成电路的封装形式也在改变。主要封装形式包括双列扁平封装、方形扁平封装、塑封有引脚芯片等。

7.2.2　表面贴装元器件的封装、外形及特点

表面贴装元件（SMC）主要包括电阻器、电容器、电感器及滤波器等无源元件，表面贴装器件（SMD）主要包括晶体管、场效应晶体管、集成电路等有源器件。常见表面贴装元器件封装、外形及特点见表 7-1。

表 7-1　常见表面贴装元器件封装、外形及特点

封装形式	外形	说明
片式元件		电阻（左），电容（中），电感（右）
圆柱状金属电极		圆柱形玻璃二极管（左），电阻（右）
塑封有引脚芯片载体（PLCC）		引脚从封装的 4 个侧面引出，呈 J 形，基材为塑料。引脚数从 18 ~ 84 个。J 形引脚不易变形，比 QFP 容易操作，但焊接后的外观检查较为困难
小外形封装（SOP）		引脚从封装两侧引出，呈 L 形，有塑料和陶瓷两种。SOP 是应用最广的封装形式，引脚数为 8 ~ 44，用于存储器 LSI，也广泛用于规模不太大的 ASSP 等电路
方形扁平封装（QFP）		引脚从 4 个侧面引出，呈 L 形，基材有陶瓷、金属和塑料 3 种。当没有特别表示出材料时，多数情况为塑料。用于微处理器、门阵列等数字逻辑 LSI 电路或 VTR 信号处理、音响信号处理等模拟 LSI 电路
焊球阵列封装（BGA）		在印刷基板背面按阵列方式制作出球形凸点，代替引脚，在印刷基板正面装配 LSI 芯片，再用模压树脂或灌封方法密封，引脚个数可超过 200。优点是引脚更短、组装密度更高

（续）

封装形式	外形	说明
针栅阵列封装（PGA）		在封装的底面有阵列状的引脚，长度从 1.5~2.0mm。贴装采用与印刷基板碰焊的方法，也称碰焊 PGA

7.3 表面贴装 PCB 和材料

表面贴装 PCB（SMB）主要特点如下：布线密度高、孔径小、板厚孔径比高、层数多、电气性能高、平整光洁度高、稳定性高等。表面贴装 PCB 的基板质量必须要足够好，才能在尺寸稳定性、高温特性、绝缘介电特性及机械特性上满足安装质量和电气性能的要求。

表面贴装材料包括黏合剂、焊锡膏、助焊剂、清洗剂等，是在整个表面贴装过程中使用并完成特定工艺所需要的材料。

1. 黏合剂

黏合剂俗称为"胶"，主要作用是把贴装元器件固定在 PCB 上，还可以作为添加剂加入到焊膏中。

（1）分类

1）按材料分：环氧树脂、丙烯酸树脂及其他聚合物。

2）按固化方式分：热固化、光固化、光热双固化及超声波固化。

3）按使用方法分：丝网漏印、压力注射、针式转移。

（2）特性要求　除去与一般黏合剂有同样要求外，SMT 还有以下要求：

1）快速固化，固化温度 $<150℃$，时间 $\leq 20min$。

2）触变性好，触变性是胶体物质的黏度随外力作用而改变的特性。特性好就是受外力时黏度降低，有利于通过丝网网眼，外力去除后黏度升高，保持形状不漫流。

3）耐高温，能承受 $240~270℃$ 的温度。

4）化学稳定性和绝缘性好。

2. 焊锡膏

焊锡膏是再流焊的关键材料，在 SMT 中起着黏合和焊接的双重作用。焊锡膏由合金焊粉和焊剂按一定的比例混合而成，要求必须具有足够的黏度和可印刷性。焊锡膏呈牙膏状，涂覆在焊盘上的焊锡膏如图 7-3 所示。

（1）分类

1）按合金焊料熔点：高温焊锡膏为 $300℃$，用于要求耐高温的产品；中温焊锡膏为 $183℃$，用于普通产品；低温焊锡膏为 $140℃$，用于含有热敏元件的产品。

2）按焊剂活性：RSA 高活性，用于可焊性极差的产品；RA 活性、松香型，用于可焊性差的产品；RMA 中等活性，用于一般产品；

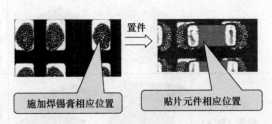

图 7-3　涂覆在焊盘上的焊锡膏

R 低活性，用于可焊性强的产品。

3）按清洗方式：机溶剂清洗、水清洗、半水清洗、免清洗。

（2）使用方法

1）冷藏焊膏成分中焊剂、黏结剂、活化剂、触变剂等化学材料都是温湿度敏感材料，要求保存在恒温、恒湿的冰箱内，温度为 2～10℃。

2）回温焊锡膏使用时，应提前至少 2h 从冰箱中取出，密封置于室温下，待焊锡膏达到室温时打开瓶盖；注意不能加速它的升温；若中间间隔时间较长，应将焊锡膏重新放回罐中并盖紧瓶盖放于冰箱中冷藏。

3）搅拌焊锡膏涂覆前要搅拌均匀以降低黏度。

4）焊锡膏开封后尽可能一次用完。

3. 清洗剂

PCB 焊接后，表面会留有各种残留物，造成电路板腐蚀，严重影响电路性能。常用的清洗剂有三氟三氯乙烷和甲基氯仿。

7.4　表面贴装工艺与设备

7.4.1　波峰焊工艺与设备

1. 波峰焊工艺

波峰焊主要用于传统通孔插装 PCB 以及表面贴装与通孔插装混装的电路板焊接，具有生产效率高、焊接质量好、可靠性高等优点。波峰焊工艺流程如下：

1）点胶。如图 7-4a 所示，将黏合剂（胶）精准地涂到表面贴装元器件的中心点，起到黏贴、固定的作用，操作时要注意不能涂在元器件的焊盘上。

2）贴片。如图 7-4b 所示，通过一定的方式把表面贴装元器件从其包装中取出并贴放在 PCB 上，使它的电极精准地置于焊盘上。

3）加热固化。如图 7-4c 所示，通过加热使黏合剂固化，把表贴元器件黏在 PCB 上。

4）焊接。如图 7-4d 所示，用波峰焊焊接。

5）清洗及测试。焊接完成后，清洗 PCB，避免残留物腐蚀电路板，并测试电路。

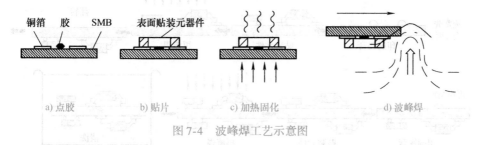

铜箔　胶　SMB　　表面贴装元器件

a) 点胶　　　　b) 贴片　　　　c) 加热固化　　　　　d) 波峰焊

图 7-4　波峰焊工艺示意图

2. 波峰焊设备

波峰焊设备由传送带、助焊剂添加区、预热区、焊锡锅、冷却区五部分组成。经过贴装处理后的电路板进入波峰焊机的传送带（进板），完成焊接后出板。

（1）喷涂助焊剂　将 PCB 轻放在传送带上，机器内部的助焊剂涂覆装置会自动给板子底面喷涂一层助焊剂。涂覆方法有发泡法和定量喷射法。

（2）预热　预热是为了挥发掉焊剂中的大部分溶剂，以提高去污能力。此外，充分预热后可防止进入焊接区时，温度突然升高，损害电路板和元器件。

（3）波峰焊　波峰焊可分为单波峰焊和双波峰焊两类。单波峰焊在通孔安装焊接中普遍采用，表面贴装由于高密度性，导致焊料很难及时充分湿润到元器件各个部分，将会出现严重的漏焊和桥连。因此，表面贴装必须采用双波峰焊。双波峰焊在焊锡锅前后有两个波，前波较窄、流速较快、垂直压力大，使得焊剂受热产生的气体都被排除掉，表面张力作用也被削弱，焊锡对表面贴装元器件有充分的渗透，不足之处是焊点上会出现毛刺、焊料堆积。后波为双方向宽平波，焊锡流动平坦而缓慢，有利于形成充实的焊缝，除去多余的焊料，修正焊接面，消除桥接或拉尖，提高焊接质量。双波峰焊在插贴混装焊接中也被普遍采用。

7.4.2　再流焊工艺与设备

1. 再流焊工艺

再流焊又称回流焊或重熔焊，它是把施加焊料和加热熔化焊料形成焊点作为两个独立的步骤来处理，而烙铁焊接、浸焊和波峰焊则是作为一个步骤来处理。再流焊工艺是贴装技术的主流工艺。

再流焊工艺流程工序：涂焊膏、贴片、焊接、清洗及测试。

1）单面再流焊工艺流程：单面再流焊工艺流程示意图如图7-5所示。

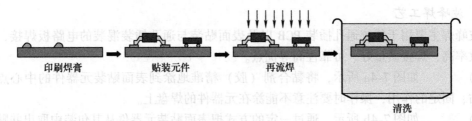

图7-5　单面再流焊工艺流程示意图

2）双面再流焊工艺流程：双面再流焊工艺流程示意图如图7-6所示，此工艺适合在PCB两面均贴装有较大的表面贴装元器件时采用。

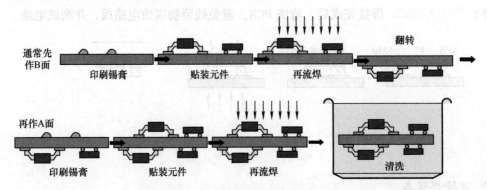

图7-6　双面再流焊工艺流程示意图

2. 再流焊设备

再流焊机按加热方式可分为红外再流焊、汽相再流焊、红外热风再流焊、全热风再流焊、激光再流焊等，其中应用最多的是红外热风再流焊机。红外热风再流焊机由炉体、红外加热源、PCB 传输装置、空气循环装置（风扇配置）、冷却装置、排风装置、温度控制装置和计算机控制系统组成。其结构主体是一个道式炉膛，沿传送装置的运动方向设有若干可独立控温的区域，通常设定为不同的温度。再流焊机实物如图 7-7 所示。

再流焊的温度曲线是指表面贴装 PCB 经过再流焊炉时，其上某一点温度与时间的关系曲线，一条最佳的温度曲线是保证再流焊质量的关键。一个典型的红外热风再流焊温度曲线如图 7-8 所示。

图 7-7　再流焊机实物图

1）预热升温区。PCB 进入时，焊膏中的助焊剂润湿焊盘、元器件端头及引脚，使其与氧气隔离。

2）预热保温区。PCB 和元器件得到充分的预热，防止突然进入焊接高温区损坏。

3）焊接区。温度迅速上升，焊膏熔化，形成焊接点。

4）冷却区。焊点凝固，完成再流焊。

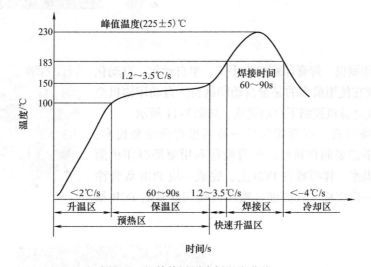

图 7-8　红外热风再流焊温度曲线

7.4.3　涂覆工艺与设备

表面贴装工艺中，涂覆是指将黏合剂（包括助焊剂）和焊膏按需要的"形"和"量"涂覆在 PCB 上的一种技术。涂覆质量的好坏对电路的功能和可靠性有重要影响。

1. 焊膏涂覆方法

焊膏涂覆是将焊膏施加在焊盘上的一道工序，主要方式有手工滴涂、印刷及喷印。

（1）丝网印刷原理　焊膏印刷有丝网漏印和模板漏印两种方式。丝网漏印原理如图 7-9 所示，丝网印板与 PCB 之间有一定的间隔，并与焊盘对准，当刮刀以一定速度和角度向前移动时，对焊膏产生一定的压力；焊膏在刮板前滚动前进，焊膏黏度下降，产生的切变力使焊膏注入漏孔；刮刀压力消失后，焊膏黏度上升，焊膏释放，弹性丝网回弹，脱开 PCB。

模板漏印属于直接接触式印刷，它是用金属模板代替丝网，但基本原理和工艺流程不

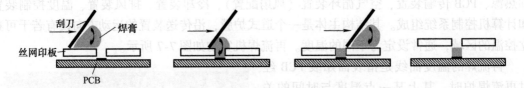

图7-9　丝网印刷原理示意图

变。金属模板是用化学方法在金属片上蚀刻或激光刻板刻出漏孔制成。模板漏印可采用手工印刷，而丝网漏印则只能用机器印刷。图7-10a为激光钢网、7-10b为手动印刷、7-10c为自动印刷。

a) 激光钢网　　　　　　　　　b) 手动印刷　　　　　　　　　c) 自动印刷

图7-10　激光钢网与模板漏印

（2）焊膏印刷机　焊膏印刷机有手工、半自动化、自动化等不同档次，现在使用最多的是全自动印刷机。自动印刷机全部印刷工作都在计算机控制下自动完成，如图7-11所示。

（3）焊膏喷印机　焊膏喷印是一种新型焊膏涂敷技术，其最大特点是不需要制作模板。焊膏喷印利用喷墨打印机原理，将焊膏像墨水一样喷敷在PCB上，完成一块PCB焊膏涂敷就如同打印一份文稿一样方便。喷印机喷完焊膏的PCB如图7-12所示。

图7-11　自动焊膏印刷机实物

a) 焊膏喷印机实物　　　　　　　　　b) 喷完焊膏的PCB

图7-12　焊膏喷印机和喷完焊膏的PCB

2. 黏合剂涂覆方法

1）印刷法即丝网印刷法，精确度高、涂覆均匀、效率高，是目前SMT的主要涂覆方法。

2) 注射法如同医用注射器注射的方式一样，将黏合剂注到 PCB 上，通过选择注射孔大小、形状和注射压力调节注射物的"形"和"量"。

3) 针印法如图 7-13 所示，黏合剂涂覆通常采用自动点胶机，利用针状物浸入黏合剂中，提起时针头挂上一定量的黏合剂，将其放到 SMB 预定位置，使黏合剂点到板上。当针蘸入黏合剂深度一定且胶水黏度一定时，重力可保证每次针头携带黏合剂的量相等。如按 PCB 位置制成针板并用自动系统控制黏度、针插入深度等过程，即可完成自动针印工序。

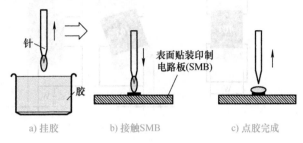

图 7-13　针印法示意图和点胶机

7.4.4　贴片工艺与设备

1. 贴片工艺

贴片质量的好坏直接影响焊接质量。如图 7-14 所示，贴片工艺过程包括元器件的拾取、检测调整和贴装三个步骤。

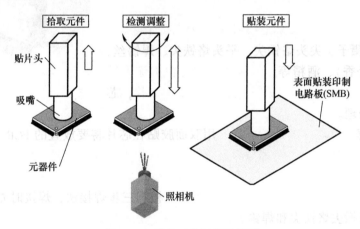

图 7-14　贴片工艺过程示意图

（1）拾取　拾取是指用一定的方式将片式元器件从包装中拾取出来。目前，贴片机的拾取用吸嘴通过真空吸取方式完成。由于元器件大小、形状相差很大，一般贴片机都配备多种类型的吸嘴。

（2）检测调整　贴片机在拾取后，需要确定元器件中心与贴装头中心是否保持一致，以及是否符合贴装要求，这个步骤由视觉系统和激光系统来完成。

（3）贴装　贴装是将元器件准确地贴放于 PCB 相应的位置。操作时，要保证元器件在焊膏上适度压入。压入不足和压入过度都会影响贴片质量，甚至伤害元器件。

表面贴装元器件位置贴放标准示意图如图 7-15 所示。图 7-15a 为理想状态，元器件在焊盘的中央无偏移，所有上锡面都能完全与焊盘充分接触；图 7-15b 为允许接收状态，元器件横向超出焊盘以外，但小于或等于其可焊端宽度的 25%（1/4W）；图 7-15c 为拒绝接收状态，元器件横向超出焊盘以外，大于其可焊端宽度的 25%（1/4W）。

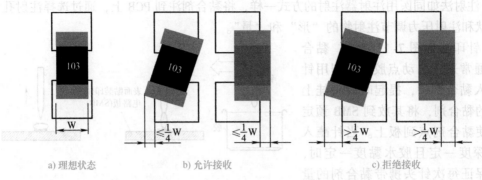

a) 理想状态   b) 允许接收   c) 拒绝接收

图 7-15 表面贴装元器件位置贴放标准示意图

2. 贴片机

在生产线中，贴片机配置在点胶机或印刷机之后，按使用功能分类，可以把贴片机分为高速贴片机、多功能贴片机、模组式贴片机。高速贴片机实物如图 7-16 所示。

7.5 表面贴装元器件的手工焊接方法

首先准备焊接工具（25W 的小烙铁，或使用温度可调的焊台），准备镊子、尖头烙铁尖、平头烙铁尖、焊锡丝、助焊剂（例如松香）、酒精等。焊接之前在焊盘上涂上助焊剂，用烙铁处理一遍，以免焊盘镀锡不良或被氧化，芯片则一般不需处理。

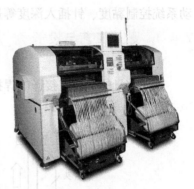

图 7-16 高速贴片机实物

接下来讲解贴片芯片的焊接方法。用双面胶贴在芯片将要放置的 PCB 上的中心部位。用镊子将芯片放到 PCB 上，使其与焊盘对齐，注意芯片的标识位置，放置方向要正确。把烙铁的温度调到 300～350℃，将烙铁头上部沾上少量的焊锡，将芯片对准位置并用工具或手指按住，分别在两个对角位置的引脚上焊接。根据三步焊接法，焊接时先送烙铁尖和焊锡，焊接后同时撤去烙铁尖和焊锡。在焊完第一个角的引脚后重新检查芯片的位置是否对准，再焊斜对角的焊点。焊完对角点后，如果需要调整位置，则要拆焊一个焊点后才能重新在 PCB 上对准位置。这时候如果位置是正的，出现引脚之间连焊的情况，可以等其他焊点焊接完成后再处理。

开始焊接其他引脚时，根据三步焊接法，用烙铁尖接触芯片每个引脚的末端，直到看见焊锡流入引脚。在焊接时要控制焊锡的送入量并保持烙铁尖与被焊引脚平行，防止因焊锡过量发生搭接。焊完所有的引脚后，用助焊剂润湿所有的芯片引脚，待芯片冷却后再用烙铁尖加热焊盘吸掉多余的焊锡，以消除任何短路和搭接。助焊剂可以增加焊锡的流动性，使焊锡被烙铁尖牵引，依靠表面张力分开并包裹在各个独立的引脚和焊盘上。然后用镊子和放大镜检查是否有虚焊，将硬毛刷浸上酒精沿引脚方向擦拭干净，从 PCB 上清除助焊剂。

逐点焊接方法容易造成焊锡量不均匀的情况，采用拖焊方法可以避免。拖焊需要采用宽头电烙铁，将烙铁头沿焊点方向拖动成排焊接。如果助焊剂的量足够，焊锡会逐个粘附在焊点上，不产生粘连。

焊接贴片阻容元件，可以先焊一个焊点，然后检查是否放正了；如果已放正，再焊另外一个焊点。如果焊点的焊锡量多，或者发生了粘连现象，可以将 PCB 竖起来，烙铁头接触斜上方的焊点，焊锡受重力作用自然流到烙铁头上，也可以使用吸锡线或细铜丝将多余的焊锡粘下来。

拆焊有两种方法：一种是用热风枪扫风加热焊点，然后取下表面贴装元器件，这种方法操作时要尽量使芯片中间少受热，否则容易导致芯片内部击穿损坏。另一种是将芯片的焊点全部涂上足够量的焊锡使引脚互相粘连，用烙铁头循环加热，用镊子轻轻向水平方向拨动表面贴装元器件，松动后即可取下，注意不要向上拔，向上拔容易造成焊盘脱离 PCB。批量拆解 PCB，可以采取钢板（或者平底锅）+烤炉的拆解方法，在温度合适时将 PCB 放在钢板上，烘烤 2~3s，反手一磕即可拆卸全部的元器件。

7.6　用再流焊工艺制作贴片收音机

贴片收音机的焊接与组装要经过表面安装 PCB 检测、丝网印刷、贴片、再流焊、检测与调试等过程，其流程图如图 7-17 所示。

1）在绿色的阻焊层下面，可以看到铜箔与过孔以及焊盘的连接，用万用表测量，有铜箔连接的过孔与过孔、过孔与焊盘是导通的，电阻接近 0Ω；没有连接的过孔与过孔、过孔与焊盘是不导通的，电阻接近无穷大。有时 PCB 出现裂纹，导致铜箔断裂，用双手轻轻掰弯 PCB 可以发现这种现象。

对照原理图和元器件清单，观察 PCB 的孔位以及尺寸是否与原理图一致，在工作台上按照安装位置排布各种元器件，用万用表检测元器件。注意，在检查贴片元器件时，要用镊子夹持，不可用手接触贴片元器件，避免手上的盐分腐蚀元器件。贴片电容没有标识，等到焊接前再揭开包装。

2）接下来介绍使用焊膏印刷机印刷焊膏的方法。首先清洗印刷机丝网孔，去除丝网上的焊膏残留。将 PCB 安放在印刷机的固定位置，如果装不下 PCB，可以适当打磨 PCB 的边沿，使 PCB 正好卡在印刷机的固定槽位置上。调整小型焊膏印刷机的盖板位置，使用两种不同的调节旋钮，将盖板上的丝网漏印孔正对着焊盘。

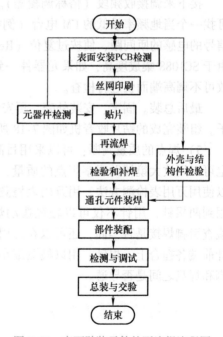

图 7-17　表面贴装元件的再流焊流程图

将锡膏取出，用刮板沿 75° 方向刮动焊膏，将焊膏压入丝网孔内，反复几次，抬起盖板，取出 PCB。检查 PCB 上的锡膏涂敷情况，对于涂敷不合格的情况可以采取适当的修补措施或重新刮涂焊膏。

将涂敷合格的 PCB 放在工作台上，按设计图用镊子在 PCB 上摆放贴装元器件。注意元器件有标记的一面向上。将布满贴片元器件的 PCB 放入再流焊炉中。按再流焊炉的说明书调整设置加热时间。起动再流焊炉，焊接完成后检查焊接质量。如果出现质量问题可以对个别元器件手工焊接修复。

3）接下来安装通孔元器件。首先，安装跨接线，可用剪下的元件引线代替跨接线。然后安装并焊接各种元器件。注意，安装耳机插座时，先将耳机插头插入耳机插座中焊接，以保证耳机插座完好。焊接电源连接时注意正负连线颜色。

4）调试及总装。所有元器件焊接完成后目视检查元器件和焊点是否有缺陷。安装完毕后先不接通电源，断开电源开关，用万用表测量贴片收音机开关两侧的电阻，当电阻大于一定数值时方可通电检查。如果该电阻小于一定数值应检查电路或元器件是否短路。这里根据欧姆定律 $R = U/I$ 确定正常电路的大致阻值。

用万用表跨接在开关两端测量总电流，正常电流应为 7～30mA（与电源电压有关）且LED能正常点亮。

然后搜索电台广播。可按 SI 搜索电台广播。只要元器件质量完好、安装正确、焊接可靠，不用调任何部分即可收到电台广播。如果收不到广播应仔细检查电路，则要检查有无错装、虚焊、漏焊等缺陷。

接下来调接收频段（俗称调覆盖）。我国调频广播的频率范围为 87～108MHz，调试时可找一个当地频率最低的 FM 电台（例如在北京，北京文艺台为 87.6MHz），适当改变接收信号的电感的匝间距，使按过复位（Reset）键后第一次按搜台（scan）键可收到这个电台。由于 SC1088 集成度高，如果元器件一致性较好，一般收到低端电台后均可覆盖 FM 频段，故可不调高端而仅进行检查。

最后总装。固定、安装外壳，再安装螺钉，再安装电位器旋钮，最后安装后盖，安装卡子。组装完成的贴片收音机如图 7-18 所示。

5）焊点的质量判断：可以采用目测法，也可以用放大镜辅助观察焊点的质量，还可以使用万用表检测方法。用万用表检测需要用到两根针，用针不仅可以轻轻拨动焊点，检查引脚焊接是否牢固，还可以在万用表表针前端各捏合上一根针，用以检测细小的引脚和焊盘之间是否导通。

图 7-18　组装完成的贴片收音机

7.7　表面贴装质量检测

表面贴装质量检测包括组装前检验、组装过程中检验、成品检验。根据产品要求，有人工目视、人工仪器（放大镜、显微镜等）及机器检测。

1. 表面贴装焊点质量要求

表面湿润的焊料在被焊金属表面上应铺展，并形成完整、均匀、连续的焊料覆盖层，其接触角应不大于 90°。焊料量适宜，焊点表面应完整、连续和圆滑，但不要求极光亮的外观。

2. 焊点缺陷分类

表面贴装焊点缺陷图如图 7-19 所示，主要焊点缺陷如下：

1）不润湿。不润湿会造成焊点上的焊料与被焊金属表面形成的接触角大于90°。

2）脱焊。即焊接后焊盘与PCB表面分离。

3）竖件、立碑或吊桥。即元器件的一端离开焊盘面向上方斜立或直立。

4）桥接或短路。即两个或两个以上不应相连的焊点之间的焊料相连，或焊点的焊料与相邻的导线相连。

5）虚焊。即焊接后，焊端或引脚与焊盘之间出现电隔离现象。

6）拉尖。即焊点中出现焊料有突出向外的毛刺，但没有与其他导体或焊点相接触。

7）焊料球。即焊接时粘附在PCB、阻焊膜或导体上的焊料小圆球（锡珠）。

8）孔洞。即焊接处出现孔径不一的空洞。

9）位置偏移。即焊点在平面内横向、纵向或旋转方向偏离预定位置。

10）焊料过少。即焊点上的焊料低于最少需求量。

11）侧立。即元器件在长边方向竖立。

12）其他缺陷。偶然出现的表面粗糙、微裂纹、油污等。

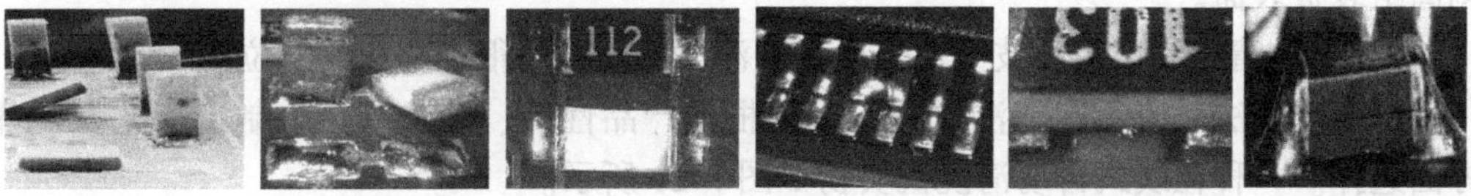

　　a) 不润湿　　　b) 竖件、立碑　　　c) 翻件　　　d) 桥接　　　e) 焊料球　　　f) 裂缝

图 7-19　表面贴装焊点缺陷图

3. 表面贴装焊点质量检测方法

1）目视检验。目视检验借助带照明或不带照明，放大倍数为2~5倍的放大镜，用肉眼观察焊点质量。

2）目视和手感检验。用手或其他工具在焊点上以适宜的力或速度划过，依靠目视和手的感觉，综合判断焊点的质量状况。

3）在线检测。在组装过程中，对板上的每个元器件分别检测电气性能，将测试信号加在经过组合的结点上，测量其输出反应值，来判断元器件及其与PCB之间的焊点是否有缺陷。

4）其他检验。可采用X射线、三维摄像、激光红外热像法，必要时可采用破坏性抽检，如金相组织分析检验。

7.8　返修及清洗工艺与设备

表面贴装焊点手工修复方法如下：对于不润湿、脱焊、竖件、立碑或吊桥等问题焊点，可以用镊子适当加入松香，加热焊点即可使焊点光滑。对于桥接或短路的焊点，可以加热焊点后用细铜丝插入到桥接或短路的焊点，细铜丝蘸上焊料后可以消除桥接或短路现象。

尽管现代组装技术水平不断提高，但产品一次合格率不可能达到100%，不合格品经过返修，大部分可以达到合格。表面贴装密度高，采用一般手工工具返修难度很大，必须选择各种专业返修设备返修PCB。返修设备实际是一台集贴片、拆焊和焊接为一体的手工与自动结合的机、光、电一体化的精密设备，称为返修台。根据热源不同，有红外返修台和热风返修台两种，其中热风返修台适应面广、综合性能占优势。某型号热风返修台实物如图7-20所示。

为了清除焊接后的助焊剂残留物以及组装工艺过程中造成的污染物，通常需要清洗被焊接的焊点。清洗机制是利用物理作用、化学反应去除被洗物表面的污染物、杂质的过程。清洗要经过表面润湿、溶解、乳化作用、皂化作用等，并通过施加不同方式的机械力将污染物从组装板表面剥离下来，然后漂洗或冲洗干净，最后吹干、烘干或自然干燥。

清洗分为人工刷洗或机械刷洗。清洗主要有以下方法：

1）浸洗是将被洗物浸入清洗剂液面下清洗，可采用搅拌、喷洗或超声等不同的机械方式提高效率。

2）喷洗包括空气中喷洗和浸入式喷洗两种。

3）离心清洗利用转动离心力作用使被洗物表面的污染物剥离组装板表面。

图7-20 热风返修台

4）超声波清洗利用超声波空穴作用，可清洗其他方法很难到达的部位。

不同清洗方法对应不同清洗设备，可以根据产品性质、PCB种类、制造工艺及可靠性等方面选择。一种在线式自动清洗机实物如图7-21所示。

图7-21 在线式自动清洗机实物

课后思考题与习题

7-1 什么是表面贴装技术？表面贴装技术有什么特点？

7-2 简述波峰焊工艺的各个工序内容。

7-3 简述再流焊工艺的各个工序内容。

第8章

Altium Designer 10电路设计

8.1 Altium Designer 10 与 PCB 简介

8.1.1 Altium Designer 10 软件概述

PCB 的雏形来源于 20 世纪初利用"线路"（Circuit）概念的电话交换机系统，它是用金属箔切割成线路导体，然后将它们粘贴在两张石蜡纸中间制成。但是，真正意义上的 PCB 则是 20 世纪 30 年代诞生的，采用电子印刷术制作而成，以绝缘板作基材，按设计要求切割成一定的尺寸，其上至少附有一个导电图形，并布有孔（如组件孔、紧固孔、金属化孔等），用来代替以往安装电子元器件的底盘。显然，PCB 实现电子元器件之间的相互连接，对电信号起到中继作用，是电子元器件的支撑体。

目前，国内使用较多的 PCB 设计软件有 Altium Designer、Cadence allegro、Mentor pads、EasyEDA 等，其中，Altium Designer 软件由于界面友好、容易入门、功能比较齐全，从而成为国内应用最广泛的电路设计软件之一。

Altium Designer 是原 Protel 软件开发商 Altium 公司推出的一体化的电子产品开发系统，主要运行在 Windows 操作系统。这套软件把原理图设计、电路仿真、PCB 绘制编辑、拓扑逻辑自动布线、信号完整性分析和设计输出等技术完美融合，为设计者提供了全新的设计解决方案，使设计者可以轻松设计，熟练使用这一软件使电路设计的质量和效率大大提高。此外，该软件运用精简统一的界面，使设计过程的各个阶段都能保持在最高效的状态。在相同的直观设计环境中，可以轻松完成原理图与 PCB 设计的切换。

Altium Designer 软件发展经历了几个阶段，最早版本起源于 1987 年美国 ACCEL Technologies 公司开发的 TANGO 软件包，之后澳大利亚 Protel 公司推出 Protel CAD 软件作为 TANGO 的升级版本，然后相继推出的有 Protel for DOS，Protel for Windows 系列。1998 年之后推出 Protel 98、Protel99、protel DXP 等。2006 年之后，软件名称变为 Altium Designer + 数字（表示软件的发布时间）的形式。基本上 Altium Designer 软件功能每年都有更新。

8.1.2 电路设计流程

电子产品设计是指从功能分析、设计思路、可行性验证到电路原理图设计、PCB 制作调试一直到最后产品成形的全过程。产品设计过程非常重要的一个环节就是电路设计，电路设计主要包括两部分，即原理图设计和 PCB 设计。一般先设计电路原理图，再通过加载网络表的方式把原理图中包含的所有元件及其网络关系加载到 PCB 文件中，然后进行合理的布局布线，获得完整的 PCB 图，完成整个电路设计过程。上述电路设计流程如图 8-1 所示。

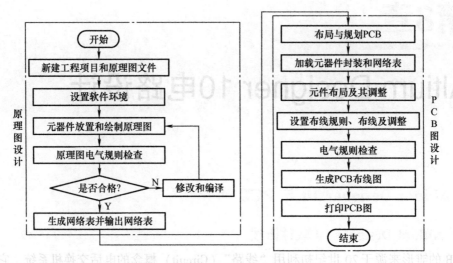

图 8-1　电路设计流程

8.1.3　电路原理图与 PCB 图

电路原理图是人们为了研究和工程的需要，用约定的符号绘制的一种表示电路结构的图形。通过电路图可以了解实际电路的情况，但它不涉及元器件的具体大小、形状，而只是关心元器件的类型、相互之间的连接情况。图 8-2 为两级放大电路原理图，R_1 与 VT_5 构成共射极放大电路，是放大电路输入级，起到放大电压的作用；元件 VT_1、VT_2、VT_3、VT_4 构成互补对称功率放大电路，作为输出级放大功率。电路中各元件之间的逻辑、连接关系、信号流向很明确，但各元件具体大小、形状从电路图中是看不出来的。

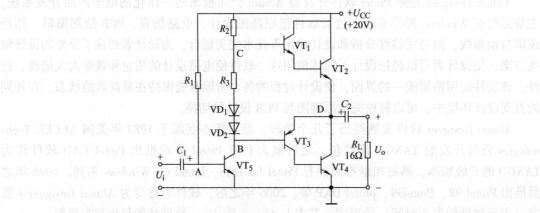

图 8-2　两级放大电路原理图

目前电路原理图设计一般采用计算机辅助设计软件（Computer Aided Design，CAD）设计，Altium Designer 在原理图设计上功能比较完整、界面友好、使用方便，非常适用于电类本科生和电子工程师进行电路原理图设计。采用 Altium Designer 设计原理图的编辑界面如图 8-3 所示。其中，"文件""编辑""察看"等为菜单栏，通过菜单栏命令可以完成各种原理图设计的相关操作；菜单命令栏下边是主工具栏和布线工具栏，通过使用这些快捷工具可以比较方便的设计原理图的各项操作；编辑器左侧区域为管理面板，通过选择左下区域相应标签可进入不同的管理与操作模式；编辑器右下空白区域为原理图设计图纸区域，用于绘制原理图。

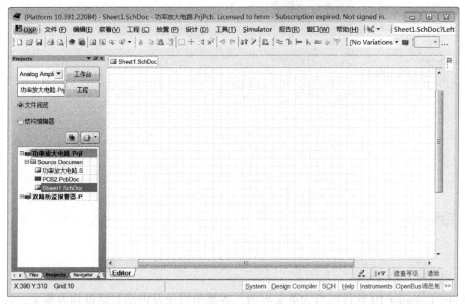

图 8-3　原理图编辑界面

PCB 图是用来打印和制作 PCB 的，如图 8-4 所示。采用 PCB 的主要优点是大大减少布线和装配的差错，提高了自动化水平和劳动生产率。Altium Designer 集成了专门用于 PCB 设计的 PCB 编辑器，可自动将完整的元器件参数通过网络表从原理图传递到 PCB 设计中。由于该软件具有非常先进的设计规则，只要合理设置好 PCB 的布局和布线规则，在交互式环境下，可以快速、高效完成电子产品的 PCB 设计过程。Altium Designer 的 PCB 设计编辑器如图 8-5 所示。

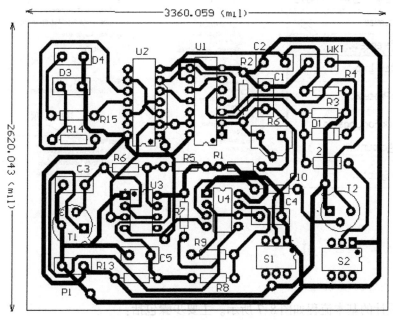

图 8-4　双路防盗报警电路的 PCB 图

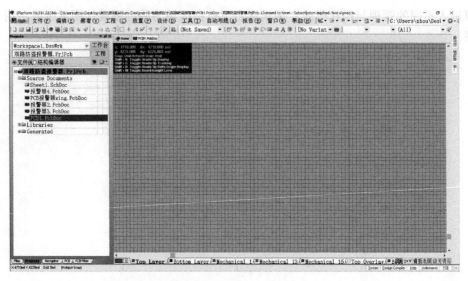

图 8-5　PCB 设计编辑器

8.1.4　Altium Designer 10 软件汉化方法

　　Altium Designer 10 软件原版为英文界面，各菜单目录及内部对话框均为英文，为方便使用，国内对其菜单以及部分内部对话框进行了汉化，软件使用者可以选择使用英文版或汉化版。汉化方法如下：单击"DXP"→"Preferences..."，弹出系统设置对话框，然后将"General"→"localization"→"Use localized resources"前面的复选框选中，单击"OK"退出软件后再重启即可进入中文操作界面。上述操作如图 8-6 所示。

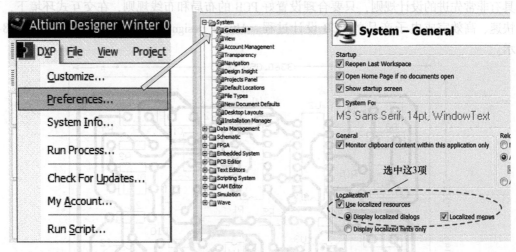

图 8-6　软件汉化操作

8.2　电路原理图设计

8.2.1　原理图设计概述

　　原理图设计的基本流程如图 8-7 所示。主要步骤包括：新建工程项目和原理图文件、设置软件环境、元器件放置和绘制原理图、原理图电气规则检查、修改和编译、生成网络表并输出网络表等。在元器件放置环节，如果出现 Altium Designer 软件自带的原理图库没有的新元件，则需要自行绘制，创建个人的元件库再调用个人绘制的新元件到图纸中。原理图绘制完成后，电气连接是否正确，可以通过电气检查规则进行校验，**但是这种检查并不能排除所有错误，如果电路本身设计原理有问题，那么通过这种方式是无法检查出来的。**

8.2.2　原理图设计流程

为了说明电路原理图的绘制方法，下面以设计"功率放大电路原理图"为例讲述电路原理图设计的大致流程，如图 8-8 所示。

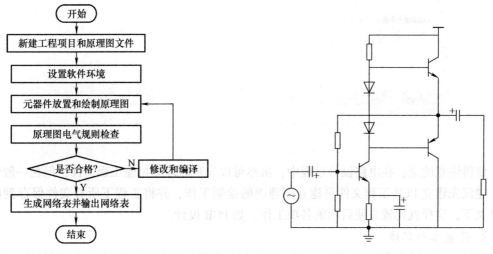

图 8-7　原理图设计基本流程图　　　　　　　　　图 8-8　功率放大电路

1. 创建工程文件（或称为项目文件）

启动 Altium Designer Release 10 软件，单击"文件"→"新建"→"工程"→"PCB工程"，创建 PCB 工程文件并重命名为"功率放大电路"，如图 8-9 所示。

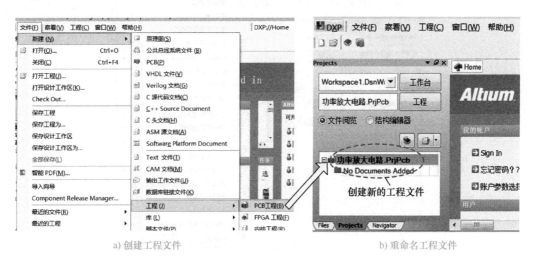

a) 创建工程文件　　　　　　　　　　　　　b) 重命名工程文件

图 8-9　新建工程文件

2. 创建原理图文件并保存

在新建的 PCB 工程下，单击"文件"→"新建"→"原理图"创建新的原理图文件，保存原理图文件名称为"功率放大电路"，如图 8-10 所示。

图 8-10　新建原理图文件

值得注意的是，在电路设计过程中，虽然可以先画原理图再建工程文件，但在一般情况下，建议先建立 PCB 工程文件再建立原理图的绘制工作，并将工程下所有文件保存到同一文件夹下，这样就比较方便后续的各项工作，如 PCB 设计。

3. 设置工作环境

根据个人习惯，可以设置原理图设计编辑器工作环境，但一般情况下可以保持默认状态，如需设置个人的工作环境，单击"设计"→"文档选项…"，如图 8-11a 所示。在系统弹出的"文档选项…"中设置。根据图 8-11b，可以设置图纸排列方式、大小、栅格宽度等。

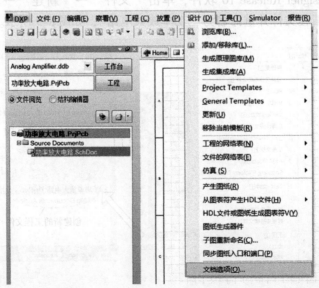

a) 选择"文档选项…"菜单

图 8-11　设置工作环境

b) 图纸环境参数设置

图 8-11　设置工作环境（续）

4. 放置元器件

放置元器件的方式主要有三种，可以根据情况合理选择某一种方式。

方法一：安装库文件的方式放置

如果知道所需要的元件在哪一个库，则只需要直接将该库加载，具体加载方法如下：单击"设计"→"添加/移除库…"，弹出"可用库"对话框，选择"已安装"标签，然后单击"安装…"，进入库文件夹，单击安装所需库文件即可，如图 8-12 所示。在软件自带元件库中，Miscellaneous Decice. IntLib 为常用元件库，里面包括电阻、电容、电感、晶体管、开关及变压器等常用元器件。Miscellaneous Connectors. IntLib 为常用接插件库，包含常用的各种用于通信、电源的连接端子。一般启动 Altium Designer 10 软件会默认加载上述两个元器件库。其他元件库根据需要来合理添加。

图 8-12　加载/删除元件库

把需要的元件库加载到内存后，在原理图编辑器下，直接选择需要放置的元件所在库，如图 8-13 所示，单击绘图界面右上角"库"标签，弹出元件库管理面板，然后选择该元件所在库，找到该元件并放置到图纸上。例如要放置 NE555P 这个元件，选择该元件所在"TI

Analog Timer Circuit. IntLib"库，在元件库管理面板的筛选框里键入"NE"两个字母，则该元件库中所有以"NE"开头的元件将显示在元件列表框里，找到该元件并放置到图纸上即可。

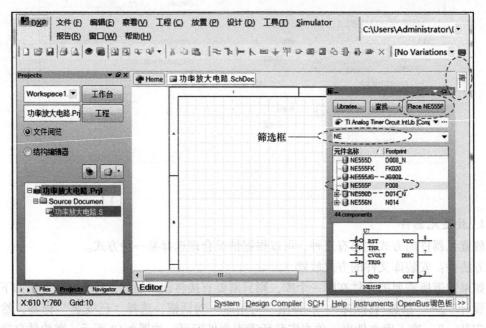

图 8-13 通过加载的元件库查找并放置元器件

方法二：搜索元件方式放置

在未知某个需要用的元件在哪一个元件库的情况下，可以采用搜索元件的方式放置元件，如需要 NPN 型晶体管，但未知从哪一个元件库调用。具体操作如下：在原理图编辑器界面下，单击"放置"→"器件…"，弹出"放置端口"对话框，如图 8-14 所示。

图 8-14 放置元器件

接着单击"Choose", 弹出"浏览库"对话框, 如图 8-15a 所示。单击对话框右上角"发现…"进行查找, 进入"搜索库"对话框, 如图 8-15b 所示。在对话框"域"中键入"name", "运算符"选择"contains", "值"一栏键入搜索元件的名称"NPN", 搜索方式选择"库文件路径", 路径设置为元件库所保存路径, 一般设置为软件安装目录下"Library"文件夹所在路径 (应把所有元件库都保存在该文件夹下, 以便于调用元器件)。

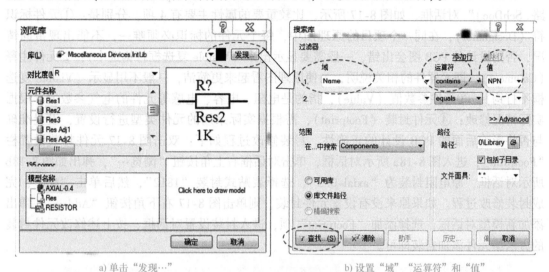

a) 单击"发现…"　　　　　　　　b) 设置"域""运算符"和"值"

图 8-15　浏览库与搜索库设置

设置完成后单击"查找…", 弹出如图 8-16a 所示的对话框, 选中所需的元件 NPN 后单击"确定", 弹出如图 8-16b 所示对话框, 设置好元件"标识"和"封装"类型, 单击"确定", 将元件放置到图纸上合适位置即可。

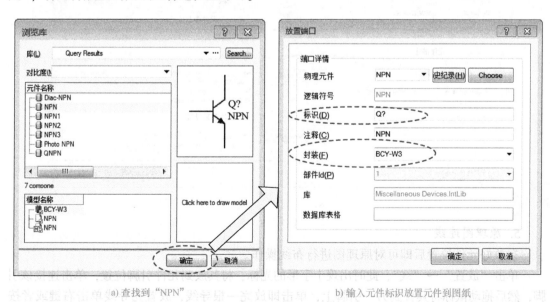

a) 查找到"NPN"　　　　　　　　b) 输入元件标识放置元件到图纸

图 8-16　选择元件并放置到图纸

方法三：建立个人的元件库

具体建库步骤参见原理图库的建立一节。添加元件同方法一，在此也不再赘述。

以上述三种方式把元器件放置到图纸后，还需要设置元件属性。元件属性修改方法如下：

在图纸上选中元件双击，弹出"Properties for Schematic Component in Sheet［功率放大电路.SchDoc］"对话框，如图 8-17 所示，比较重要的属性主要有 4 项，分别是：①元件标识符（Designator），在同一个项目的原理图中，每个元件的标识必须唯一，不能出现雷同情况，否则设计的 PCB 图会出错，一般需要显示出来（Visible 复选框打钩选中）；②元件注释（Comment），即元器件的相关说明，为使原理图看起来更简洁，一般不用显示（Visible 复选框不打钩）；③元件参数值（Value），指的是电阻、电容、电感等元件的电气参数值，根据实际情况修改；④元件封装（Footprint），需根据实际采用的元件类型进行设置，设置准确与否将影响后面的 PCB 设计的正确性，封装修改过程如下：双击图 8-17 元件封装设置栏"Footprint"，进入图 8-18a 所示对话框，单击对话框右上角按钮"浏览…"，弹出如图 8-18b 所示对话框，原电阻封装为"axial-0.3"，选择表贴式封装"1812"，然后单击"OK"，完成封装修改过程。如果原来没有设置元件封装，则单击图 8-17 右下角按钮"Add…"，弹出添加新模型对话框，选择添加"Footprint"项，进入封装设置对话框，按上述修改元件封装的方法给元件添加封装即可。

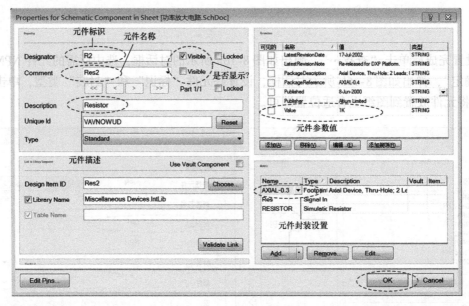

图 8-17　元件属性设置

5. 原理图连线

在放好元件位置后即可对原理图进行布线操作。

单击"放置"→"线"，此时出现十字形的光标，将其放到元件引脚位置，单击连接该引脚，然后拖动鼠标将其拉到另一引脚上，单击即放完一根导线，放置完导线单击右键或者按<Esc>键结束放置。此外，还可以单击布线工具栏中布线图标" 〜 "进行连线操作，或者在原理图空白处单击右键，单击"放置"→"线"也可完成连线操作，如图 8-19 所示。

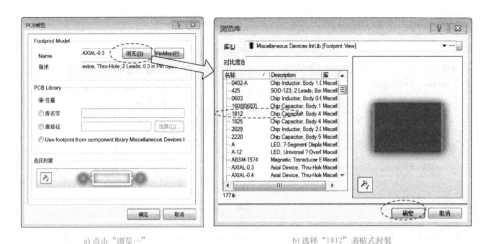

a) 点击"浏览…"　　　　　　　　　b) 选择"1812"表贴式封装

图 8-18　添加或修改元件封装

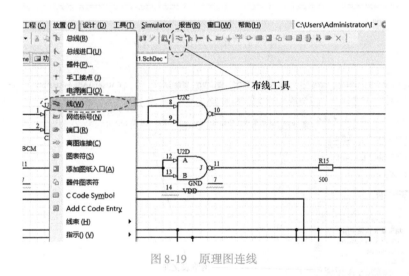

图 8-19　原理图连线

6. 原理图电气规则检查

如果要对整个工程项目进行电气检查，则单击"工程"→"Compile PCB Project［功率放大电路 . PrjPcb］"，如图 8-20a 所示，然后弹出"message"（信息）对话框，若无错误或警告信息，即表示没有电气连接问题，如图 8-20b 所示；若有错误提示，则需要改正。

需要注意的是，建议初学者不要更改电气检查规则，一般情况保持默认设置即可，通过工程编译方式查错只能发现电气连接问题，并不能排除原理图本身的设计缺陷或错误。

7. 生成网络表

单击"设计"→"工程的网络表"→"Protel"，按提示操作，即可生成网络表文件，如图 8-21 所示。网络表主要包含两部分内容：第一部分是元器件信息，如元件标识、封装和名称；第二部分为网络信息，即原理图涉及的所有网络连接关系。网络表是连接原理图和PCB 图的桥梁，默认情况下，通过在原理图中更新 PCB 文件，就将原理图网络表包含的元器件及其网络关系加载到 PCB 文件中。

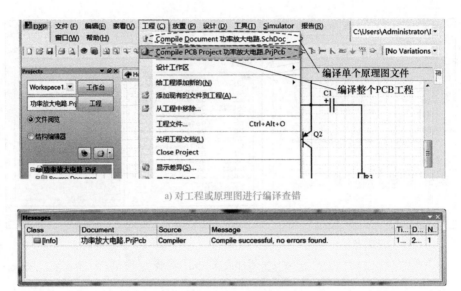

a) 对工程或原理图进行编译查错

b) 电气检查规则信息

图 8-20 原理图电气规则检查

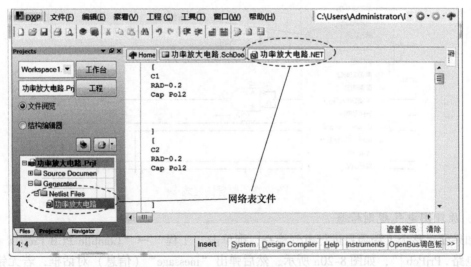

图 8-21 生成网络表文件

8. 保存输出

单击"File"→"Save"（或者"Save As…"）保存原理图文件。

8.3 制作元件与创建元件库

设计原理图时，并不是所有元器件在软件 Altium Designer 自带的元件库中都能找到，或者能找到但与实际采用的元件引脚标号不一致，或者元件库里面的元件外形大小、引脚排列不便于进行原理图连线等问题，这就需要对找不到的元件或者某些需要修改的元件重新绘制，以完成整个电路的原理图设计。

原理图中的元器件由两部分构成，第一部分是标识图，提示元器件功能，没有电气特性；第二部分是元器件引脚，这个是元器件的核心，具有电气特性，每个元器件的引脚编号都是唯一的，不能出现相同编号的引脚。制作原理图元件的方法有两种，一种方法是对 Altium Designer 自带元件库中的元器件重新编辑、修改，从而得到新的元器件；另一种方法是建立个人的元件库，使用元器件绘制工具设计新的元器件。本节重点介绍第二种元器件制作方法。

自建元件库及其制作元件流程如图 8-22 所示。具体操作步骤以绘制元件 NE555P 为例进行说明。

1. 新建元件库

创建元件库首先需要建立原理图库文件，操作方式如下：单击"文件"→"新建"→"库"→"原理图库"，创建原理图库文件，然后重命名为"My-

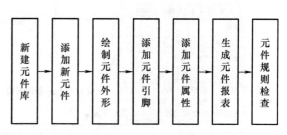

图 8-22　自建元件库及制作元件流程

Schlib. SchLib"文件，如图 8-23 所示，在该库文件中就可以着手制作新元件了。

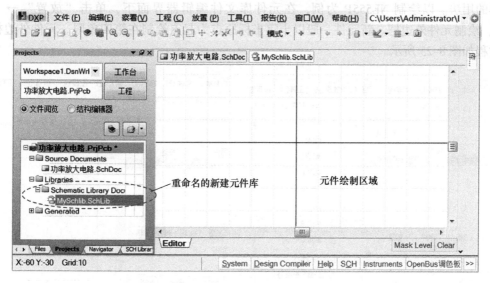

图 8-23　新建元件库文件

2. 在库文件中添加新元件

创建元件库文件后，要添加新元件，可单击库文件管理面板，在库文件编辑器左下区域管理面板上选择"SCH Library"选项，默认有一个名称为"Component_ 1"的空白元件，假设要制作一个"NE555P"的元件，单击"工具"→"重新命名器件"，即可重命名为"NE555P"，如图 8-24 所示。制作两个以上的新元件时，单击"工具"→"新器件"，弹出"New Component Name"对话框，键入新元件名称，确定后即可在右边的工作区内绘制新元件。

3. 绘制元件外形

原理图元件的外形主要由直线、圆弧、椭圆弧、椭圆、矩形和多边形等组成，系统本身

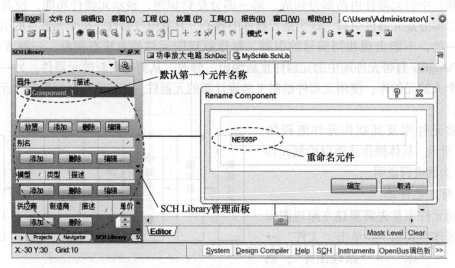

图 8-24　创建新元件

也提供了相应的绘图工具。要想比较熟练地绘制所需要的元件外边框，就必须掌握各种绘图工具的用法。以绘制 NE555P 为例，在元件库文件编辑器界面下，单击"放置"→"矩形"，绘制元件外边框。新元件一般以十字坐标原点为起点绘制在第四象限。元件外边框绘制过程如图 8-25 所示。

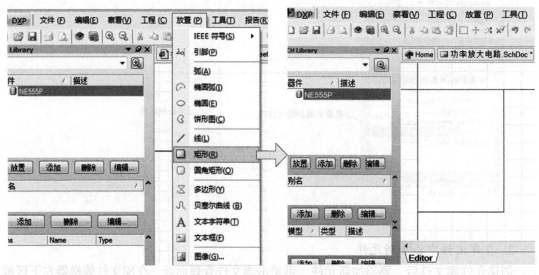

图 8-25　绘制元件外边框

4. 添加元件引脚

单击"放置"→"引脚"，光标变为十字形状，并附带有一个引脚符号，按下 < Tab > 键，弹出属性对话框，操作过程如图 8-26 所示。在属性对话框中可以修改引脚参数（包括引脚名称、标识、电气类型以及引脚长度等）。移动光标，使引脚符号上远离光标的一端（即非电气热点端）与元件外形的边线对齐，然后单击，即可放置一个引脚。

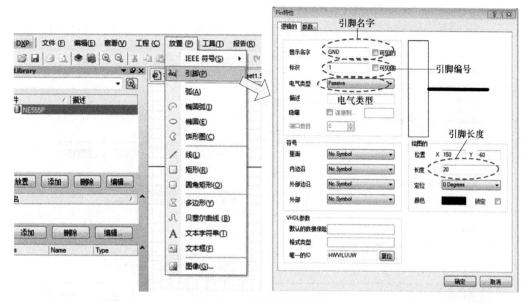

图 8-26　元件引脚属性设置

5. 添加元件属性

绘制好元件后，还需要描述元件的整体特性，如元件的默认标识、描述、PCB 封装等，其操作过程简述如下：在库文件面板的元件栏中，单击选中 NE555P，单击"编辑"或双击元件名称，即可弹出"Library Component Properties"对话框，如图 8-27a 所示，图中对主要栏目的填写信息进行了相关说明。利用此对话框可以为元件定义各种属性，设置好元件属性的对话框如图 8-27b 所示。

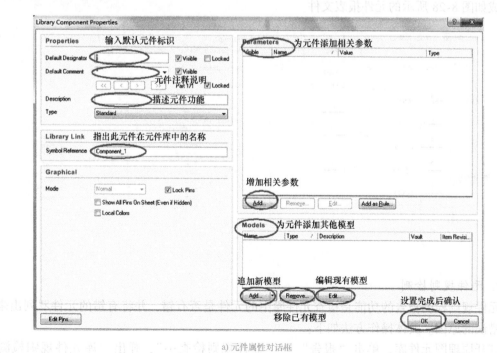

a) 元件属性对话框

图 8-27　元件 NE555P 的属性设置

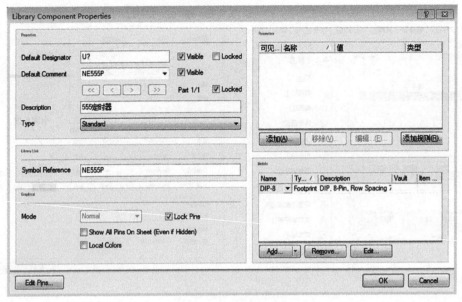

b) 设置好NE555P属性的对话框

图 8-27　元件 NE555P 的属性设置（续）

6. 生成元件报表

元件报表中列出了当前元件库中选中的某个元件的详细信息，如元件名称、子部件个数、元件组名称以及元件各引脚的详细信息等。元件报表生成方法如下：打开新建的元件库，在"SCH Library"面板上选中需要生成元件报表的元件，单击"报告"→"器件"，即可生成如图 8-28 所示的元件报表文件。

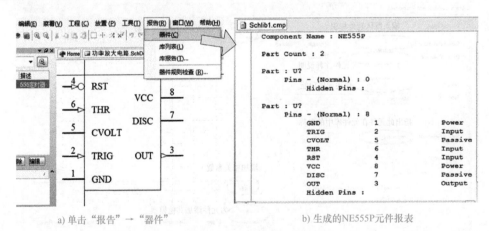

a) 单击"报告"→"器件"　　　　　　　　b) 生成的NE555P元件报表

图 8-28　如何生成元件报表

7. 元件规则检测

元件规则检测报告的功能是检查元件库中的元件是否有错，并将有错的元件罗列出来，指出错误的原因。具体操作方法如下：

打开原理图元件库，单击"报告"→"器件规则检查…"，弹出"库元件规则检测"

对话框，如图 8-29 所示，检查规则设置一般保存默认即可。在该对话框中设置规则检查属性。设置完成后单击"确定"完成操作。

图 8-29　库元件规则检测

8.4　制作元件封装与创建封装库

元件封装设定了它的外观形状和焊点大小、位置，纯粹的元件封装只是空间的概念，不同的元件可以共用一个封装，不同元件也可以有不同的元件封装，因此画 PCB 时，不仅需要已知元件的名称，还需要已知它的封装形式。

在软件 Altium Designer 自带的封装库中，包含了丰富多样的元件封装类型，但是由于各种新器件和特殊器件的出现，使得软件自带的封装库中也不能保证找到所有封装形式，这就需要 PCB 设计人员自行制作元件封装。

8.4.1　元件封装概述

元件封装形式大体可以分为两大类：直插式元件封装和表面贴式元件封装。实物图和封装图如图 8-30 所示。

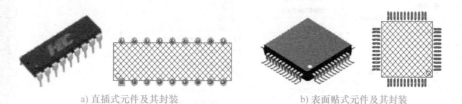

a) 直插式元件及其封装　　　　　　　　　b) 表面贴式元件及其封装

图 8-30　元件及其封装图

元件封装的命名规则一般为元件类型加上焊点距离（焊点数）或元件外形尺寸，因此可以根据元件名称来判断元件包装规格。比如 AXAIL0.4 表示此元件包装为轴状的，两焊点间的距离为 400mil（1mil = 25.4μm）。DIP - 16 表示双排引脚的元件封装，两排共 16 个引脚。RB.2/.4 表示极性电容的器件封装，引脚间距为 200mil，元件直径为 400mil。

8.4.2　元件封装及封装库制作流程

创建元件封装库的主要流程如图 8-31 所示。

创建元件封装的方法有两种，一种是手工创建，另一种是通过向导创建。下面分别介绍这两种方法。

方法一：手工绘制元件封装

以创建一个双列直插式 14 引脚元件封装为例（即 DIP - 14），该封装引脚间距为 100mil（2.54mm），双列之间的引脚间距为 300mil（7.62mm），如图 8-32 所示。手工绘制封装 DIP - 14 的流程如下所述。

1. 新建元件封装库文件

单击"文件"→"新建"→"库"→"PCB 元件

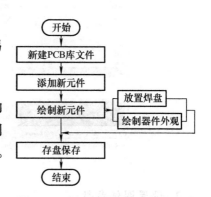

图 8-31　创建元件封装库的流程图

库"，弹出元件封装库编辑器，如图 8-33a 所示。然后再单击"文件"→"保存为…"，将新建立的元件封装库文件重命名为"Mylib. Pcblib"，如图 8-33b 所示。将管理面板切换到元件封装库管理界面（PCB Library），默认情况下创建的元件封装库文件下第一个封装名称为"PCBCOMPONENT_ 1"，单击"工具"→"元件属性"，进入元件属性对话框，如图 8-34 所示，可重命名为 DIP-14。

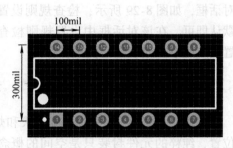

图 8-32　DIP-14 封装图

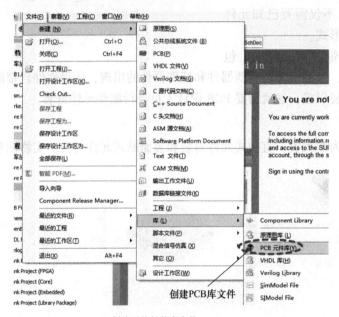

a) 创建元件封装库文件

b) 重命名封装库文件

图 8-33　手工创建 PCB 库文件

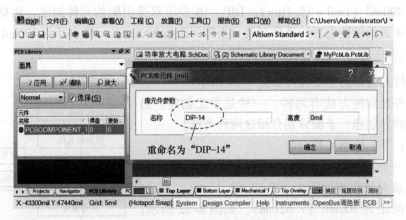

图 8-34　重命名元件封装

2. 设置图纸参数

单击"工具"→"器件库选项…"，弹出"板选项［mil］"对话框，如图 8-35 所示。

一般情况下，对初学者来说不需要设置图纸参数，保持默认即可。如果不习惯默认的英制单位 mil，可在"度量单位"下面选择"metric"，然后单击"确认"，即可将单位 mil 转换为 mm。

图 8-35　如何设置图纸参数

3. 添加新元件封装

在新建的库文件中，单击"PCB Library"选项，单击"工具"→"新的空元件"，又创建一个名为"PCBCOMPONENT_ 1"的新元件，如图 8-36 所示。双击新建元件名，弹出"PCB 库元件"对话框，如图 8-34 所示。重命名元件和设置相关属性。

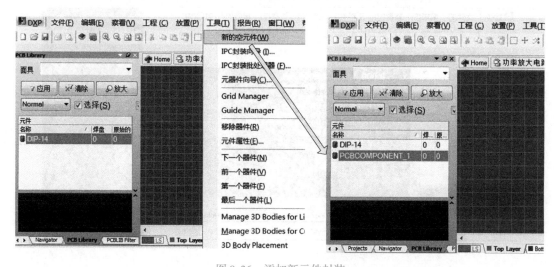

图 8-36　添加新元件封装

4. 放置焊盘

单击"放置"→"焊盘"（或者单击绘图工具栏的 ◎ 按钮），此时光标会变成十字形状并且中间会粘浮着一个焊盘，按 <Tab> 键，调出属性对话框，可设置焊盘标识、焊盘形状与外形尺寸、通孔形状与尺寸等，如图 8-37 所示。设置好以后单击"确定"，然后将焊盘移动到合适的位置，单击将其定位。一般将 1 号焊盘放置在原点位置（0, 0）上，形状为矩形，如图 8-38a 所示，其他焊盘为圆形。接下来按元件封装焊盘间距依次放置其他焊盘，焊盘序号按逆时针方向依次递增，直至将元件全部焊盘放完，如图 8-38b 所示。

图 8-37　设置元件封装焊盘属性

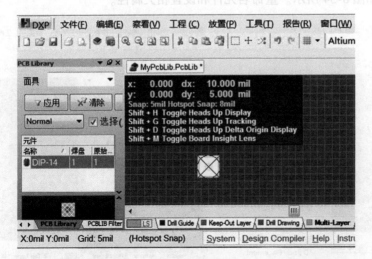

a) 放置第一个焊盘

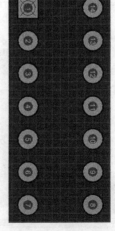

b) DIP-14的焊盘放置

图 8-38　放置元件封装焊盘

5. 绘制元件外形

元件外边框采用画直线的工具绘制。步骤如下：将工作层面切换到顶层丝印层（即［TOP-Overlay］层），单击"放置"→"走线"，此时光标会变为十字形状，移动鼠标指针到合适的位置，单击确定元件封装外形轮廓的起点，到一定的位置再单击即可放置一条轮廓，以同样的方法直到画

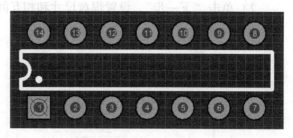

图 8-39　绘制完成后的 DIP-14 封装图

完为止。单击"放置"→"圆弧"可放置圆弧，如图 8-39 所示。

6. 设置元件封装的参考原点

合理的设置元件参考原点以便元件封装往图纸上放置，设置方法是单击"编辑"→"设置参考"→"1 脚"，将元件的参考点设置为"1 脚"即可。参考原点也可以根据个人习惯选择其他位置。如果在放置第 1 个焊盘时，就把它放在图纸坐标为（0，0）的位置，则不再需要重新设置参考点。

方法二：通过向导制作元件封装

Altium Designer 10 提供了元件封装向导，允许用户预先定义设计规则，根据这些规则，元件封装库编辑器可以自动的生成新的元件封装。下面以绘制 DIP－8 封装为例来介绍使用向导制作元件封装的过程。

1）在 PCB 元件库编辑器编辑状态下，单击"工具"→"元件向导…"，弹出"PCB 器件向导"界面，进入元件封装制作向导，单击下一步，选择元件封装类型（Dual In-line Packages）和单位制（Imperial），如图 8-40 所示。

图 8-40　使用元件向导做元件封装

2）单击"下一步"，设置焊盘尺寸和相互间距，如图8-41所示。

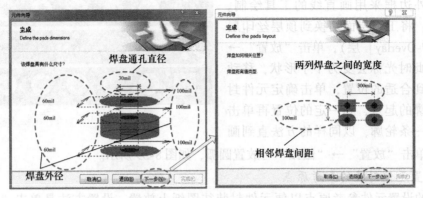

图8-41 设置焊盘尺寸与间距

3）单击"下一步"，设置元件外边框宽度，完成后再单击"下一步"设置元件焊盘总数，如图8-42所示。

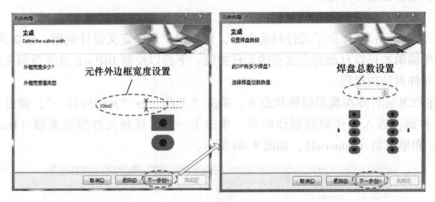

图8-42 元件外边框宽度和焊盘总数设置

4）单击"下一步"，设置元件封装名称为DIP-8，完成后单击"下一步"，在新打开的界面单击"完成"即完成整个元件封装的绘制工作，操作过程如图8-43所示。

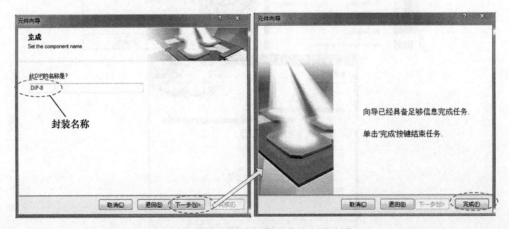

图8-43 设置封装名称及完成封装制作

5) 上述操作完成后，得到 DIP‑8 的封装如图 8‑44a 所示，然后运行元件设计规则检查，即单击"报告"→"元件规则检查…"，弹出"元件规则检查"对话框，采用默认设置，单击"确定"，生成检查元件规则检查报表，上述操作结果如图 8‑44 所示。

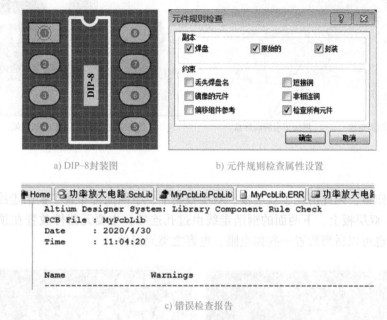

| a) DIP‑8封装图 | b) 元件规则检查属性设置 |

c) 错误检查报告

图 8-44　元件封装图与错误检查报告

8.5　PCB 设计与制作

PCB 是通过在绝缘程度非常高的绝缘基板上覆盖一层导电性良好的铜膜，采用刻蚀工艺，根据 PCB 的设计在敷铜板上腐蚀后保留铜膜形成电气导线，一般在导线上再附上一层薄的绝缘层，并钻出安装定位孔、焊盘和过孔，适当剪裁后供装配使用。

8.5.1　PCB 设计基础

1. PCB 的层数

PCB 是电子元器件电气连接的提供者，其作用是安装、固定支撑各个实际电路元器件并利用铜箔走线将各种元器件连接起来形成电流通路的一块基板。PCB 按照其层数多少可分为单层板、双层板、以及多层板。一个电子产品的 PCB 设计究竟采用哪种结构形式，主要根据其电路复杂程度、信号频率高低等综合因素来确定，一般计算机和手机主板采用四层或六层的 PCB。

（1）单层板　早期的 PCB 主要连接较大体积的元器件，由于制造工艺水平不够高，因此主要以单层板为主。单层板只有一面布线，一般是底层布线并进行焊接，顶层放置元件，如图 8‑45 所示。单层板由于仅在一面布线，布通率比较低，适合元件数量和导线较少、电路比较简单的电路。

（2）双层板　对于一些稍微复杂的电路，尤其是中大规模集成电路的出现使 PCB 的布局更加复杂，单面布线将导致跳线过多甚至难以布线的情况，也增加了电子元器件安装、调

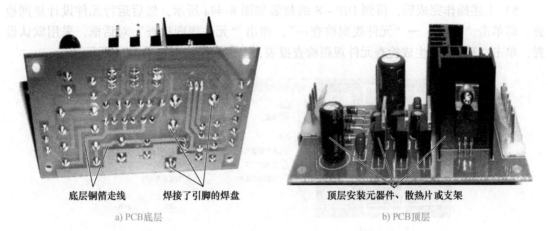

a) PCB底层   b) PCB顶层

图 8-45 单层板

试的难度和工作量，因此出现了双层板。双层板是上、下两面都布置了铜箔走线的 PCB，如图 8-46 所示。双层板上、下两面的铜箔走线由过孔连接，主要元器件放置在顶层，顶层放不下时，底层也可以适当放置一些如电阻、电容之类元器件。

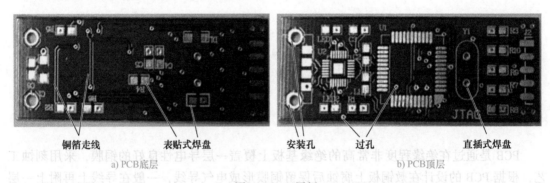

a) PCB底层   b) PCB顶层

图 8-46 双层板

（3）多层板　多层板是在双层板的基础上发展起来的，其特点是除了顶层和底层布线外，PCB 中间还有走线层。如图 8-47 所示为四层板，其中图 8-47a 为四层板结构示意图，图 8-47b 为 PCB 顶层布线图。PCB 顶层和底层为信号层，两个中间层分别为电源层、接地层。

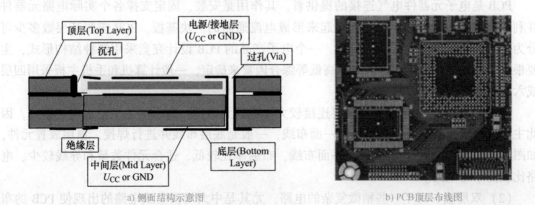

a) 侧面结构示意图   b) PCB顶层布线图

图 8-47 四层板

2. PCB 布局与布线基础知识

（1）元件布局 元件布局不仅影响 PCB 的美观，而且还影响电路的性能。在元件布局时应注意以下几点：

1）先放置引脚比较多的核心元器件（如单片机、DSP、存储器等），然后按照地址线和数据线的走向布放其他元器件。

2）高频元器件引脚引出的导线应尽量短些，以减少对其他元件及其电路的影响。

3）模拟电路模块与数字电路模块应分开布置，不要混合在一起。

4）带强电的元件与其他元件距离尽量远些，并布放在调试时不易触碰的地方。

5）对于重量较大的元器件，放置到 PCB 上要安装支架固定，防止元件脱落。

6）发热严重的元器件，需要加装散热片。

7）电位器、可变电容等可调元器件应布放在便于调试的地方。

（2）PCB 布线 PCB 布线时应遵循以下基本原则：

1）在信号频率较高的电路中，输入端导线与输出端导线应尽量避免平行布线，以免发生电磁耦合干扰电路正常工作。

2）在布线允许的情况下，导线的宽度尽量取大些，以提高电路的可靠性，一般不低于 10mil。

3）导线的最小间距由线间绝缘电阻和击穿电压决定，为提高电路安全性，在允许布线的范围内应尽量大些，一般不小于 12mil。

4）微处理器芯片的数据线和地址线应尽量平行布线。

5）布线时尽量少转弯，若需要转弯，一般取 45°走向或圆弧形。在高频电路中，拐弯时不能取直角或锐角，以防止高频信号在导线拐弯时发生信号反射现象。

6）电源线和地线的宽度要大于信号线的宽度。

8.5.2 PCB 设计流程

一般情况下，PCB 设计的主要流程大致包括 12 个环节，如图 8-48 所示。详细设计过程如下所述。

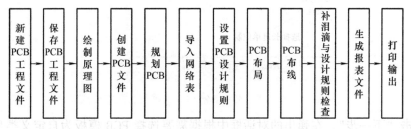

图 8-48 PCB 设计流程图

1. 新建 PCB 工程文件

在电子产品的开发过程中，为便于文件管理和后续操作，使用 Altium Designer 软件设计电路时，一般应先建立 PCB 工程文件。创建 PCB 工程文件的方法，在 8.2.2 节图 8-9 中进行了详细介绍，在此不再赘述。

2. 保存 PCB 工程文件

单击"文件"→"保存工程为…"菜单命令，弹出"Save［PCB_ Project1. PrjPCB］as…"

对话框；选择保存路径后，在"文件名"栏内键入新文件名保存到个人建立的文件夹中。

3. 绘制原理图

整个原理图绘制过程参见 8.2 节原理图设计部分。

4. 创建 PCB 文件

创建 PCB 文件的方法主要有两种方式，分别是利用 PCB 向导创建和使用菜单命令创建，其中利用向导创建的方式为启发式，可以根据提示一步一步操作，比较适用于初学者。

方法一：利用 PCB 向导创建 PCB 文件

1）在 PCB 编辑器窗口左侧的工作面板上，单击左下角的"Files"选项，打开"Files"管理面板。单击"Files"→"New From Template"→"PCB Board Wizard"，启动 PCB 文件生成向导，弹出"PCB 向导"界面，单击"下一步"，在弹出的对话框中选择 PCB 采用的单位，默认为英制单位，根据个人习惯设置，如图 8-49 所示。

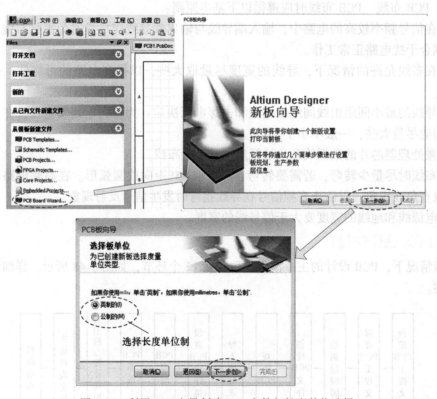

图 8-49　利用 PCB 向导创建 PCB 文件与长度单位选择

2）单击"下一步"，在弹出的对话框中根据需要选择 PCB 模板为自定义类型还是采用系统自带模板，然后单击"下一步"设置 PCB 轮廓类型、宽度与高度、尺寸层及其他相关参数，如图 8-50 所示。

3）单击"下一步"，在弹出的对话框中设置 PCB 层数，然后单击"下一步"，在新对话框中设置 PCB 过孔风格，如图 8-51 所示。

4）单击"下一步"，在弹出的对话框中选择 PCB 上安装的大多数元件的封装类型和布线逻辑，再单击"下一步"，在弹出的对话框中设置导线和过孔尺寸，如图 8-52 所示。

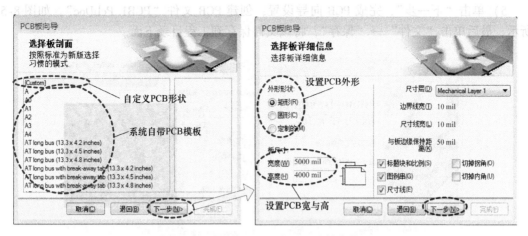

图 8-50　设置 PCB 形状、尺寸等参数

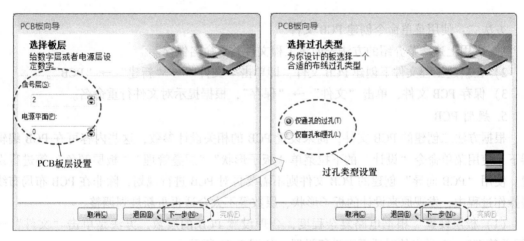

图 8-51　PCB 板层与过孔类型设置

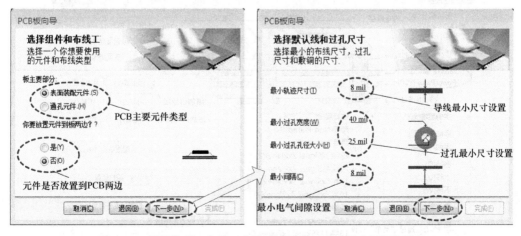

图 8-52　元件类型、布线工艺及最小线宽、过孔与电气间隙设置

5）单击"下一步"，完成 PCB 向导设置，创建 PCB 文件"PCB1. PcbDoc"，如图 8-53 所示，最后单击"文件"→"保存"，将该文件保存到工程目录下面。

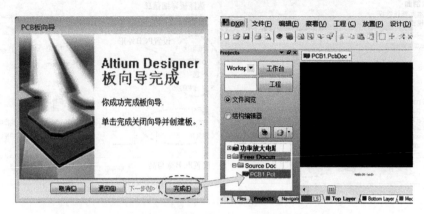

图 8-53　完成 PCB 文件创建并保存

方法二：使用菜单命令创建 PCB 文件

1）应用上述章节介绍的方法先创建工程文件并重命名保存。

2）在新建工程文件下创建 PCB 文件，即单击"文件"→"新建"→"PCB"。

3）保存 PCB 文件，单击"文件"→"保存"，根据提示对文件行重命名。

5. 规划 PCB

根据方法二创建的 PCB 文件，尚未设置 PCB 的相关设计参数，这些内容可在 PCB 编辑器下，使用菜单命令"设计"的下拉菜单"板子形状""层叠管理""板层颜色"等进行设置。使用"PCB 向导"创建的 PCB 文件则不需要再对 PCB 进行规划，除非在 PCB 布局布线等操作过程中，发现原来设计的板子形状、层数等不太合适再重新规划调整。

（1）板层设置　根据电路复杂程度，合理设置 PCB 的层数，方法是单击"文件"→"层叠管理"，在弹出的对话框中进行设置，如图 8-54 所示。

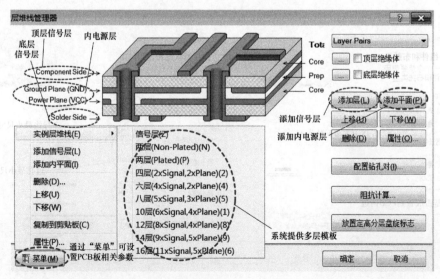

图 8-54　PCB 板层设置

　　（2）工作面板的颜色和属性设置　默认情况下，创建一个 PCB 文件后，编辑界面下会显示一些不需要的层面，为便于电路设计，可以有选择的打开或关闭某些层面，也可以改变某些层面的颜色设置。在工作面板中单击"设计"→"板层颜色"，在弹出的对话框中进行设置，将 PCB 设计过程中需要操作的层面复选框"展示"打上"√"，不需要显示的则不选中，如机械层（Mechanical 层）一般只需要保留"Mechanical 1"，在对应复选框打上"√"，其他机械层复选框则取消显示。设置好后单击"确定"，如图 8-55 所示。

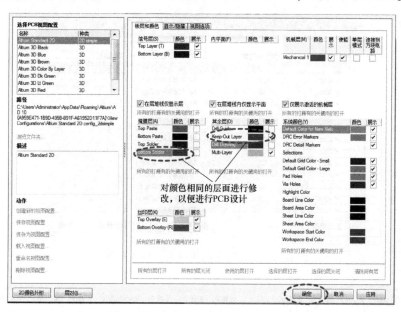

图 8-55　设置 PCB 板层颜色与是否显示

　　（3）PCB 物理边框设置　设置 PCB 的物理边框是在机械层里进行规划。单击工作窗口下面的"Mechanical 1"选项，切换到"Mechanical 1"工作层上，如图 8-56 所示。单击"放置"→"走线"菜单命令，根据个人需要，绘制一个物理边框，如图 8-57 所示。

图 8-56　切换到机械层画 PCB 边框

　　（4）PCB 布线框设置　在禁止布线层下设置手工或自动布线区域，也即设置布线框，其方法是单击工作窗口下面的禁止布线层"Keep-Out Layer"选项，切换到"Keep-Out Layer"工作层上，单击"Place"→"Line"。根据物理边框的大小设置一个紧靠物理边框内侧的电气边界，如图 8-57 所示。

　　6. 导入网络表
　　创建 PCB 文件后，激活 PCB 工作面板，以电路"功率放大电路"为例，其原理图如图 8-8 所示，图中各元件封装已设置好，单

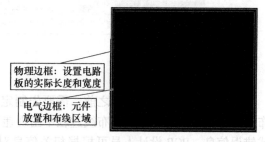

图 8-57　PCB 物理边框和电气边框绘制

击"设计"→"Import Changes From［功率放大电路］.PrjPcb",弹出"工程更改顺序"对话框,然后单击"生效更改"→"执行更改",如状态检测和完成情况没有问题,单击"关闭",完成网络表的导入,如图8-58所示。如果在执行命令"生效更改"或"执行更改"过程中,提示错误信息,则根据信息进行相应更改后再执行下一步动作,最后单击"关闭",将原理图网络表包含的元件封装及其网络关系载入PCB图纸,打开如图8-59所示界面,接下来进行元件布局。

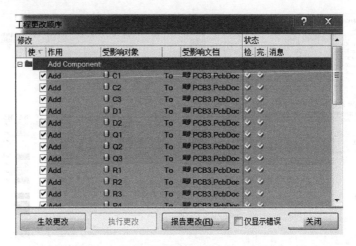

图8-58 将原理图网络表导入PCB图纸中

图8-59 在PCB文件中导入网络表

7. 设置PCB设计规则

在进行元件布局和布线之前,需要先制定PCB设计规则,系统可以根据规则进行自动布局和布线。如果在布局和布线过程中出现违背设计规则的情况,系统会给出相应警告信息或错误信息,PCB设计人员可根据相关信息对元件布局和布线情况进行修改,使其满足设计要求。

单击"设计"→"规则…"，弹出 PCB 设计规则设置对话框，如图 8-60 所示。PCB 设计规则内容较多，比较复杂，对初学者来说，如果设计的电路工作频率比较低，工作电压、电流比较小的情况下，一般只需要设置以下少数几项内容即可，其他基本保持默认设置不变。下面对功率放大电路进行 PCB 布线设计，其 PCB 设计规则设置为：最小电气间隙设置为 10mil；导线宽度设置，地线（GND）宽为 30mil，电源线（U_{CC}）宽为 25mil，一般信号线（SIGNAL）宽为 15mil；布线层设置，该电路比较简单，设置为单面布线；布线优先级设置，地线优先级最高，其次电源线，最低的是信号线。设置好之后单击"确定"完成 PCB 设计规则的设置。

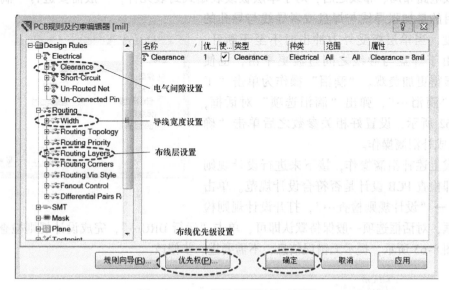

图 8-60　PCB 设计规则设置对话框

8. PCB 布局

虽然 Altium Designer 10 软件有自动布局功能，但是自动布局的结果一般并不理想，需要进行手工调整。通过鼠标移动、旋转元器件，将元器件移动到 PCB 内合适的位置，实现电路的合理化布局。PCB 布局遵循的一些基本规则如 8.5.1 节所述。

对功率放大电路进行布局之后的电路如图 8-61a 所示。

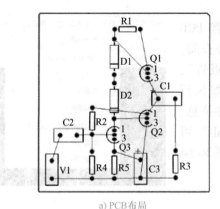

a) PCB布局

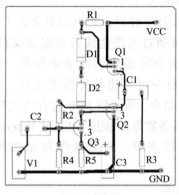

b) PCB布线图

图 8-61　PCB 布局布线图

9. PCB 布线

调整好元件位置后即可进行 PCB 布线，布线方式有手工布线和自动布线两种，自动布线完成后往往需要做一些调整和修改，一般情况可将自动布线和手工布线相结合，以提高 PCB 布线效率和布线质量。手工布线为单击"放置"→"Interactive Routing"，或者单击布线工具栏中 📝 图标，此时光标为十字形，在焊盘处单击鼠标左键即可开始连线。连线完成后单击鼠标右键结束布线。图 8-61b 为布线完成后的 PCB 图。

10. 补泪滴与设计规则检查

完成电路布局、布线之后，对于单层板或表贴式封装元件，一般需要进行"滴泪"操作，其目的是加强导线与焊盘或者导线与导孔的机械强度，当单层板受外力冲击时不至于断开，此外，由于焊盘与导线之间过渡更平滑，也使 PCB 图显得更加美观。"滴泪"操作为单击"工具"→"滴泪…"，弹出"滴泪选项"对话框，如图 8-62 所示，设置好相关参数之后单击"确定"，完成补泪滴操作。

图 8-62　泪滴选项设置对话框

完成上述补泪滴操作，接下来进行设计规则检查，即检查 PCB 设计是否符合设计规范。单击"工具"→"设计规则检查…"，打开设计规则检查对话框，对话框选项一般保持默认即可，单击"运行 DRC…"，完成设计规则检查。检查结果如图 8-63 所示，提示无错误信息，不需要进一步修改。

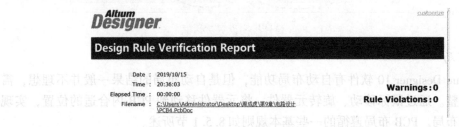

图 8-63　设计规则检查结果

11. 生成报表文件

完成 PCB 设计工作后，如果需要全面了解 PCB 的相关信息，可通过系统生成各种报表文件查阅。操作方法是单击 PCB 编辑器的菜单命令"报告"，然后执行相关命令可创建各种报表文件，如执行"板子信息…"命令，可了解 PCB 包含的元件信息、焊盘个数、导线条数等，单击"Bill of Materials"可创建元件材料报表等。相关操作界面如图 8- 64 所示。

12. 打印输出

要制作 PCB，还需要对 PCB 图进行打印，如制

图 8-64　生产报表文件

作加工 PCB，大多需要采用以下几个步骤。

1）单击"文件"→"打印预览…"，弹出打印预览界面，在预览页面左侧区域单击鼠标右键，打开一个下拉菜单，然后再单击"页面设置…"，弹出"页面设置"对话框，各项参数设置如图 8-65 所示，设置完成后单击"关闭"退出该界面。

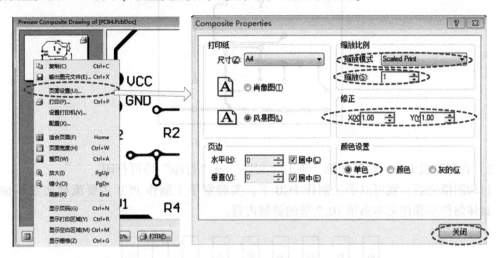

a) 打印预览部分截图　　　　　　　　b) 打印属性设置对话框

图 8-65　PCB 图打印属性设置

2）单击图 8-65 所示下拉菜单命令"配置（X）…"，进入"PCB Printout Properties"对话框。如果制作单层板，为防止短路，需要将 Top Overlay、Top Layer 等层删除，删除操作是选中需要删除的层，单击鼠标右键，在弹出的对话框中选择"Delete"，单击"Yes"即可删除。如果需要插入某个层，只需在空白的地方单击鼠标右键，选择"Insert Layer"，在弹出的对话框中找到需要插入的层即可。设置完成后如图 8-66 所示，单击"OK"完成打印设置。打印到转印纸上的 PCB 图形只保留了底层导线、多层焊盘及 PCB 外边框，如图 8-67 所示，接下来就可以打印了。

图 8-66　PCB 打印层修改

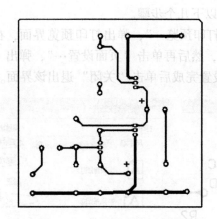

图 8-67　单层板布线打印图

3）在打印机上放入热转印纸，单击"文件"→"打印"即可打印。

打印图纸之后，就可以手工制作 PCB 了，实验室手工制作 PCB 主要流程如图 8-68 所示。具体制作步骤详见本书第 10.2 节的讲解内容。

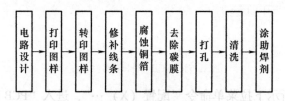

图 8-68　实验室手工制作 PCB 流程

第9章

超外差式收音机

9.1 无线电信号发射与接收原理

9.1.1 无线电信号发射原理

发送无线电信号（电磁波）的目的是将包含语音、图像或其他信息的电磁波信号发给接收者。这需要把语音、图像或其他信息转变成电信号，再由发射天线将电信号以电磁波的形式发射出去。为了远距离发送无线电信号，必须将低频的语音信号"搭载"在高频振荡信号上发射出去，这个过程是"调制"。调制是用原始的低频信号去控制高频载波信号，使后者带有前者的特征。对于正弦交流信号来说，可以通过控制它的三个参数（振幅、频率和相位）达到调制的目的。

在无线电广播中，常用的调制方式有调幅和调频两种，**其波形如图9-1所示**。调幅是用语音调制信号控制高频载波的振幅，使其跟随语音信号的规律变化。从图9-1c可见，载波振幅的包络随音频信号变化，而频率保持不变。调幅电路具有占用频带窄，线路简单等优点，一般中短波无线广播均采用这种方法。调频是用语音信号控制载波的频率，使其按照语音信号的规律变化。如图9-1d所示，此时载波频率变化而振幅保持不变。

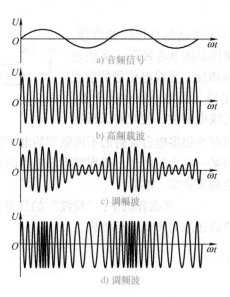

图 9-1　调幅与调频波形

调幅发射机原理框图如图9-2所示。广播电台的声音由传声转变为音频电信号，经放大后送往调制器，高频振荡器产生的高频等幅振荡信号也送往调制器。在调制器中，高频振荡信号被音频信号控制后成为高频调幅信号，再通过高频放大器放大后送往发射天线，最后，由发射天线向空间发射电磁波。

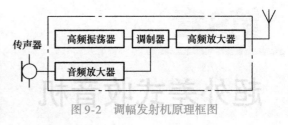

图9-2　调幅发射机原理框图

无线电信号根据频率的不同可划分为几个波段（或称为频段），不同频率的电信号特性和用途不同，见表9-1。一般短距离广播使用中波频段，中波沿着地球表面传播，也称地波传播。远距离广播或通信多用短波。

表9-1　无线电信号的频段和传输特性

频段	频率	调制方式	主要用途	传输特性
低频（LF）长波	$30 \sim 300kHz$	调幅	广播通信	沿地面传播可达三四千公里，夜间经电离层反射可达几千甚至上万公里。由于地面对它吸收较弱，昼夜强场变化较小，但干扰严重，设备庞大。适于超远距离通信和广播
中频（MF）中波	$0.3 \sim 3MHz$	调幅	广播	沿地面传播可达数百公里，地面对中波吸收较强，且夜间比白天的影响小。适于近距离广播
高频（HF）短波	$3 \sim 30MHz$	调幅	广播电报通信	地面对短波吸收极强，主要靠电离层反射，可远距离传播，但受季节、日夜、气候的影响较大，电波衰落现象严重，信号忽强忽弱。适于远距离通信，对边疆、山区及对外广播
甚高频（VHF）超短波	$30 \sim 300MHz$	调频	雷达电视	波长较短，传送距离较近，一般可达几十至上百公里，称作"视距传播"

9.1.2　无线电信号接收原理

以收音机原理为例讲述无线电信号接收的原理。一个最简单的收音机原理框图如图9-3所示，无线电波的接收原理与发射原理相反。无线电信号的接收部分主要包括天线、调谐电路、检波电路和扬声器。天线用来接收电台发射的无线电磁波，使之在天线回路中产生电动势信号。

图9-3　收音机原理框图

空间存在很多电台发射的不同频率的电磁波，这些电磁波都会被天线不加选择的接收。要想听到某一电台的声音，必须要将该电台的信号选出来，这个"选择"的任务在收音机中由调谐电路来完成。然后，从高频信号中把音频信号分离出来，这个分离过程称为"解调"，也称"检波"。在收音机中，"检波"的任务由二极管或晶体管来完成。检波后的音频信号通过扬声器还原为声音进行播放。

9.2　超外差式收音机原理

9.2.1　超外差式收音机原理框图

超外差式收音机原理框图如图9-4所示，由输入回路、变频级、一级中频放大器、二级中频放大器、检波、前置低频功率放大器和功率放大器组成。

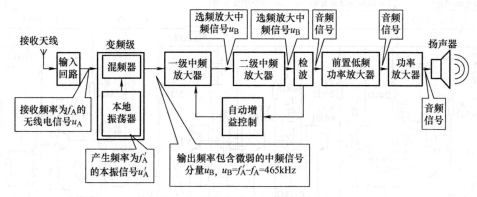

图 9-4　超外差式收音机原理框图

超外差收音机工作原理：天线接收到的频率为 f_A 的高频信号 u_A，通过输入回路与收音机的本机振荡频率 f'_A 的本振信号 u'_A（其频率 f'_A 比外来高频信号 f_A 高出一个固定频率：465kHz）一起送入变频级内进行混合变频，在变频级的负载回路（选频）产生一个新频率为 $f'_A - f_A = 465$kHz 的中频信号，中频只改变了载波的频率，原来的音频包络线并没有改变。中频信号经放大、检波并滤除高频信号后得到 20Hz ~ 20kHz 的音频信号，再经前置低频功率放大、功率放大后，推动扬声器发出声音。**所谓外差式就是变频级后、检波级前的信号频率始终是一个固定的中频 465kHz。**

9.2.2　HX108–2 AM 收音机安装实例

HX108–2 AM 收音机为七管中波调幅半导体收音机，采用全硅管标准二级中放电路，用两只二极管正向压降稳压电路，稳定从变频、中频到低放的工作电压，避免了因为电池电压降低而影响接收灵敏度。HX108–2 AM 收音机原理图如图 9-5 所示。该电路由调谐与变频电路、中频放大电路及自动增益控制电路、检波器、低频前置放大电路、耦合推挽低频功率放大器、扬声器、电压钳位电路组成。

1. 调谐与变频电路

调谐与变频电路包括输入回路（调谐电路）、本机振荡电路和混频电路。

（1）输入回路就是调谐电路　图 9-5 所示的电路中，电感 L_1 和可调电容 C_{1A}（两个并联电容）组成可调节谐振频率的谐振电路，同时 L_1（磁棒上的长电感线圈）感应到电台信号，与该谐振频率相同的电台信号被放大，该信号采用变压器耦合给电感 L_2（磁棒上的短电感线圈），在电感 L_2 两端得到接收频率为 f_A 的无线电信号，并由 L_2 送到 VT_1 的基极和发射极。电感 L_2 用于传递信号。调谐回路的阻抗是晶体管输入阻抗的几十倍，要使信号输出最大，就要让它们的阻抗相匹配，因此，必须适当选择 L_1 与 L_2 的圈数比，一般取 L_1 为 60 ~ 80 匝，L_2 取 L_1 的 1/10 左右。

磁棒负责聚集空间电磁波，这些不同频率的电磁波，使缠绕在磁棒上的线圈感应出相应频率的电动势，每一个频率的电动势，都对应着一个广播电台信号。若某一感应电动势所对应的信号频率，等于磁棒线圈与可变电容组成的串联谐振电路的谐振频率，则该频率的信号将以最大电压传送给变频级。谐振电路接收天线信号示意图如图 9-6 所示。当频率为 f_1、f_2、f_3 和 f_4 的四个电台信号都被天线（电感 L_1）所接收，则电感 L_1 就产生相应的感应电动势

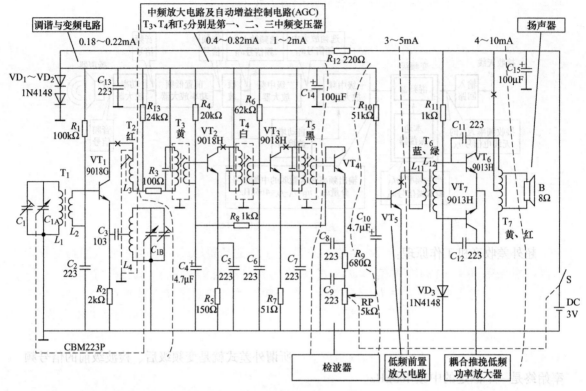

图 9-5　HX108-2 AM 收音机原理图

e_1、e_2、e_3 和 e_4，要收听频率为 f_1 的电台播音，只要旋转可变电容器 C_{1A}，就能找到一个位置，使输入电路的固有频率与信号频率 f_1 相等，即输入电路调谐（谐振）在 f_1 频率上。这时，输入电路中 e_1 产生的电流值最大，而 e_2、e_3 和 e_4 失谐，电流值很小，从而选择出频率为 f_1 的电台信号。

　　（2）本机振荡电路　图 9-5 所示的电路中，本振变压器 T_2 的一次线圈 L_3 和可调电容 C_{1B}（两个并联电容）组成可调节的谐振电路，产生频率为 f'_A 的本振信号。自激振荡信号由反馈线圈 L_4 耦合给振荡回路，再由 C_2、C_3 回送到晶体管 VT_1 的基极和发射极之间，循环放大形成振荡，组成变压器正反馈式振荡器。

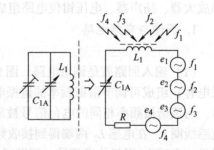

图 9-6　谐振电路接收天线信号示意图

　　（3）混频电路　混频电路又称为变频电路。由于高频放大增益较低，对不同电台发出的高频信号难以实现多级放大，且高低频率信号增益不均匀，因此，在输入回路的后级加入变频电路。变频就是将接收到各种频率的已调信号变成另一固定频率，在变频过程中只改变已调信号的载波频率，而信号的调制类型（调幅、调频等）和调制参数（调幅波的包络线、调频波的频偏）都不变。变频级电路原理框图如图 9-7 所示。

　　从图中可以看出，变频后的调幅信号的载频发生变化而调幅波的包络并没有变化。变频也是一个频率变换的过程，因此要实现变频必须使用非线性元件。

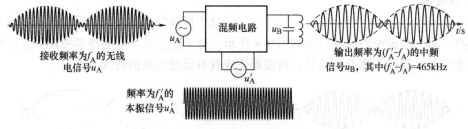

接收频率为 f_A 的无线
电信号 u_A

频率为 f'_A 的
本振信号 u'_A

输出频率为 (f'_A-f_A) 的中频
信号 u_B，其中 $(f'_A-f_A)=465\text{kHz}$

图 9-7　变频级电路原理框图

图 9-5 所示的电路中，混频电路由晶体管 VT_1 和外围电路组成，电流 $i(t)$ 就是晶体管 VT_1 的集电极电流。晶体管 VT_1 兼有振荡和混频的作用。输入调谐信号与本机振荡信号同时加到晶体管 VT_1 上，利用晶体管 VT_1 的非线性特性，在晶体管 VT_1 的集电极产生两种频率信号的和频、倍频和差频信号。

晶体管 VT_1 的电流-电压特性 $I(U)$ 经常作为非线性特性使用，以电压 U 作为输入信号，电流 I 作为输出信号。在工作点 U_0 处用泰勒级数表达其特性为

$$I(U) = I(U_0) + \frac{\mathrm{d}I}{\mathrm{d}U}\bigg|_{U=U_0}(U - U_0) + \frac{1}{2}\frac{\mathrm{d}^2 I}{\mathrm{d}U^2}\bigg|_{U=U_0}(U - U_0)^2 + \cdots \quad (9\text{-}1)$$

使用小信号参数：$i = I(U) - I(U_0)$，$u = U - U_0$，并用简写 a_1、a_2 替换各阶导数，得

$$i = a_1 u + a_2 u^2 + \cdots \quad (9\text{-}2)$$

将式（9-2）代入小信号电压，即

$$u = u_A - u'_A = u_A \cos 2\pi f_A t + u'_A \cos 2\pi f'_A t \quad (9\text{-}3)$$

式中，u_A 表示信号 u_A 的峰值；u'_A 表示信号 u'_A 的峰值。得到以下傅里叶展开式，即

$$i(t) = a_1 u_A \cos 2\pi f_A t + a_1 u'_A \cos 2\pi f'_A t +$$

$$a_2\left[(u_A \cos 2\pi f_A t)^2 + 2u_A u'_A \cos 2\pi f_A t \cdot \cos 2\pi f'_A t + (u'_A \cos 2\pi f'_A t)^2\right] + \cdots \quad (9\text{-}4)$$

其中，二次项为

$$2a_2 u_A u'_A \cos 2\pi f_A t \cdot \cos 2\pi f'_A t = a_2 u_A u'_A\left[\cos 2\pi (f_A + f'_A) t + \cos 2\pi (f_A - f'_A) t\right] \quad (9\text{-}5)$$

式（9-5）中含有所期望的表达式。将电流 $i(t)$ 馈入带通滤波器，可提取出频率为 $(f_A - f'_A)$ 的信号。转换成输出电压为

$$u_B(t) = u_B \cos 2\pi (f_A - f'_A) t = R_B a_2 u_A u'_A \cos 2\pi (f_A - f'_A) t \quad (9\text{-}6)$$

其中，R_B 为带通滤波器在通带处的传输阻抗。显而易见，电流 $i(t)$ 含有频率为 f_A、f'_A、$(f_A - f'_A)$、$(f_A + f'_A)$、$\cdots$ 的分量。在这里频率为 $(f_A - f'_A)$ 的分量极其微弱。

2. 中频放大电路及自动增益控制电路

图 9-5 所示的电路中，中频放大器由中频变压器和高频晶体管及其外围电路组成。T_3、T_4 和 T_5 分别是第一、第二和第三中频变压器（中周），它们的一次绕组分别与各自并联的电容器组成谐振电路，谐振频率为 465kHz，起到选频、耦合和阻抗匹配作用。中频放大晶体管 VT_2、VT_3 起放大信号的作用。

自动增益控制的目的是使收音机在接收强弱不同的电台信号时，保证检波输出的音频信号幅度基本均匀。图 9-5 所示的电路使用小功率高频晶体管及其外围电路实现自动增益控制功能。电阻为 R_8 多级变压器耦合负反馈提供反馈通道，是自动增益控制电路的反馈电阻，使用多级负反馈电路可以稳定电路的放大性能，有效抑制信号失真。

3. 检波器

检波是指从调幅波中检出低频信号的过程，这个低频信号的频率、形状都和高频调幅波的包络线一致。检波电路原理框图如图 9-8 所示，为了能在所产生的许多种频率信号中取出低频调制信号、滤除不需要的信号，检波器还应具有低通滤波的特性。

图 9-8　检波电路原理框图

检波可通过非线性元件——二极管来完成。图 9-5 所示的电路中，晶体管 VT_4 的基极和发射极短接等效为二极管，电容 C_8、C_9 和电阻 R_9、电位器 RP 组成阻容移相滤波电路。检波后输出信号的变化规律和高频调幅波包络线基本一致，得到低频包络信号。在图 9-5 所示的电路高频调幅波频率为 465kHz，低频信号包络线频率为 20Hz ~ 20kHz。其中，包络线只有正半波，没有负半波。电位器 RP 可以调节抽头的电位，从而影响扬声器的音量。电容 C_{10} 起耦合交流信号的作用。

用二极管伏安特性的线性区域进行低通滤波。二极管检波原理电路与波形图如图 9-9 所示。阻容移相滤波电路等效为电阻 R_L 和电容 C 并联。注意要选择合适的放电时间常数 $R_L C$ 和二极管 VT_4，才能获得比较好的检波效果。

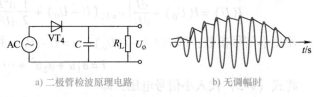

a) 二极管检波原理电路　　　b) 无调幅时

图 9-9　二极管检波原理电路与波形示意图

4. 低频前置放大电路和耦合推挽低频功率放大器

图 9-5 所示的电路中，由晶体管 VT_5、电阻 R_{10}、电位器 RP、电容 C_{10} 组成低频前置放大电路。由 VT_5 集电极送往输入变压器 T_6 的一次侧。低频前置放大电路前置低放的作用是将检波得到的微弱音频信号进行放大。

耦合推挽低频功率放大器的主要作用是将来自前置低放的音频信号进行功率放大，然后推动扬声器发声。图 9-5 所示的电路中，来自 VT_5 集电极的音频信号输入变压器作阻抗变换，耦合输出两组相位差互为 180° 的音频信号，然后分别送往 VT_6、VT_7 的基极和发射极，晶体管 VT_6、VT_7 与变压器 T_6、T_7 组成变压器耦合推挽功率放大器，起交流负载及阻抗匹配的作用，负载为扬声器。为了下一步表述方便，把中周变压器的线圈 L_{11}、L_{12} 的下端设定为同名端。

当 VT_5 集电极的电流增加时，变压器 T_6 的二次线圈 L_{12} 等效为电源，下端为正，电流由 R_{11}、L_{12} 流经 VT_7 的发射极，晶体管 VT_7 导通，VT_6 截止，电流流过变压器 T_7、晶体管 VT_7 到公共端。电流流经变压器 T_7 和扬声器。扬声器的电流自上而下。

当 VT_5 集电极的电流减少时，变压器 T_6 的二次线圈 L_{12} 等效为电源，上端为正，电流由 R_{11}、L_{12} 流经 VT_6 的发射极，晶体管 VT_6 导通，VT_7 截止，电流流过变压器 T_7、晶体管 VT_6 到公共端。电流流经变压器 T_7 和扬声器，扬声器的电流自下而上。

5. 电压钳位电路

图 9-5 所示的电路中，电源为最右侧两节电池，电压为 3V 左右。电容 C_{15} 是滤波电容，

电源电压直供给功率放大电路（由晶体管 $VT_5 \sim VT_7$ 以及变压器 T_6、T_7 和扬声器等元器件组成）。电阻 R_2 和二极管 VD_1、VD_2 构成钳位电路，钳位电压为 $1.0 \sim 1.4V$，给调谐与变频电路、中频放大电路、检波器及自动增益控制电路供电，稳定各级工作电流。R_1、R_4、R_6、R_{10} 分别为 VT_1、VT_2、VT_3、VT_5 的工作点调整电阻；R_{11} 为 VT_6、VT_7 功率放大级的工作点调整电阻；R_8 为中频放大的自动增益控制（Automatic Gain Control，AGC）电阻。

9.2.3　X-921 型收音机原理图分析

X-921 型收音机是另一种常用的收音机，它是全硅管八管中波调幅式超外差收音机，其原理图如图 9-10 所示。

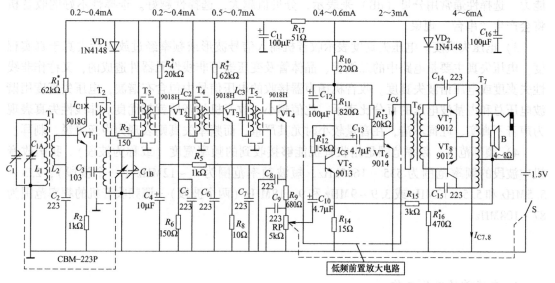

图 9-10　X-921 型收音机原理图

该机主要由 8 个晶体管和 2 个二极管组成，其中，VT_1 为变频晶体管，VT_2、VT_3 为中频放大晶体管，VT_4 为检波晶体管，VT_5、VT_6 组成阻容耦合式前置低频放大器，VT_7、VT_8 组成变压器耦合推挽式低频功率放大器；图中的电阻 R_1、R_4、R_7、R_{12}、R_{13}、R_{16} 分别为 VT_1、VT_2、VT_3、VT_5、VT_6 的静态工作点调整电阻，R_{16} 为 VT_7、VT_8 的静态工作点调整电阻，R_5 为中频放大的自动增益控制电阻；T_3、T_4、T_5 为中周，既是放大器的交流负载又是中频选频器，保证收音机的灵敏度、选择性等重要指标；T_6、T_7 为音频变压器，起交流负载及阻抗匹配的作用。

从图 9-10 和图 9-5 所示的电路对比可以看出，X-921 型收音机与 HX801-2 型收音机电路的调谐电路、变频电路、中频放大电路、检波和自动增益控制电路以及耦合推挽低频功率放大器的工作原理基本相同。区别主要有两点：一个是 X-921 型收音机在低频前置放大电路中增加了用于功率放大的晶体管 VT_5 以及附属电路；另一个是 X-921 型收音机没有电压钳位电路。

图 9-10 所示的低频前置放大电路中，由于增加了晶体管 VT_5，为了保证前置放大器有较大的功率增益和较小的失真，将 VT_6 的集电极静态工作电流设计为 $2 \sim 3mA$。来自 BG6 集电极的音频信号经输入变压器 T_6 阻抗变换后，耦合输出两组相位差互为 $180°$ 的音频信号，

然后分别送往 VT_7、VT_8 组成的推挽低频功率放大器。由于电路上下是完全对称的，来自输入变压器的音频信号，经 VT_7、VT_8 功率放大后，由自耦变压器 T_7 耦合送往扬声器，R_{15} 为级间交流负反馈电阻，作用是降低放大倍数，降低信号的失真度，从而改善低频放大器的音质。

9.2.4　收音机主要技术指标

1）灵敏度。灵敏度是指收音机收听微弱信号或远距离电台的能力。灵敏度越高，接收远距离电台的能力越强，收到的电台数量越多。

2）选择性。选择性是指一台收音机从各种不同频率的电台信号中选中所需电台信号的能力。选择性通常用分贝（dB）来表示，分贝值越大，选择性越好。选择性不好的收音机将会产生"串台"现象。

3）电压失真度。电压失真度表示收音机输入信号波形或频率经过放大后失真于真实程度。电压失真主要是电路中的二极管、晶体管及变压器等非线性元器件造成的，又称作非线性失真或电压谐波失真度。收音机扬声器接收的电压信号中包含有谐波，电压失真度用谐波电压总和占基波电压的百分比表示，比值越小，收音机的音质就越优良。非线性失真表现为声音不真实、吐词不清，在音量较小时尤其严重，而频率失真则表现为声音尖锐、刺耳。

4）频率范围。频率范围是指收音机能够接收到的频率宽度（或称为波段）。我国收音机中波段的频率范围为 535～1605kHz，短波频率范围为 4～12MHz（一个波段），2.3～5.5MHz 和 5.5～12MHz 或 3.9～9MHz 和 9～18MHz（两个波段），调频收音机的频率范围为 87～108MHz。

9.3　收音机的安装过程

1. 安装前的准备工作

1）H801－2 型收音机 PCB 图如图 9-11a 所示，对照图 9-5 所示的收音机电路原理图理解 PCB 图。对照 PCB 图检查 PCB 是否有开路、短路等隐患。注意：图中深色部分轮廓线为导电线路。在拿到 PCB 时，先用万用表测量该部分关联的元件孔，两个元件孔之间的电阻应为 0Ω，即两点之间为铜箔连接。虽然 PCB 上涂了一层深绿色防腐剂，但是 PCB 上铜箔导电线路的颜色与没有铜箔的部位的颜色明显不同。有铜箔连接的两个焊点是可以粘连的，焊接时注意不要将有铜箔连接的焊点划断，图 9-11a 中五个圈内的铜箔断开处是测试断接点。这五个位置和图 9-5 所示的收音机电路原理图的测试断接点（用"×"表示）是对应的。在后面的测试工作完成之后要用焊锡连接这五个测试断接点，使这五个铜箔分别导通。

X－921 型收音机的 PCB 如图 9-11b 所示，与图 9-5 所示的收音机电路原理图相互对应。X－921 型收音机与 H801－2 型收音机的组装基本相同，需要注意的是，X－921 型收音机的 PCB 上只有一个断接点。

2）按元器件清单清点元器件并分类，根据说明书所列出的参数测试元器件。若元器件引脚有氧化现象，应先将氧化膜清除干净后上锡，并根据要求，进行弯脚整型。一些比较大的元器件实物如图 9-12 所示。

2. 机芯装配

（1）确定"特殊元件"在 PCB 上的位置　在收音机套件中找出磁棒线圈、双连电容器、本机振荡线圈、中周、电位器、输入变压器和输出变压器实物，确认这些元件在电路图中的代表符号。根据上述元件引脚特点、固定方式，与 PCB 图上这些元件的符号相对应，找出它们的安装位置。

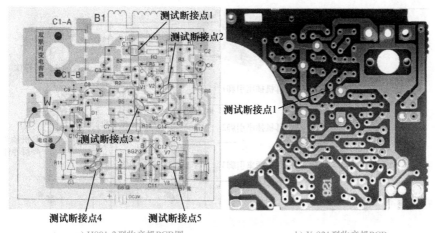

a) H801-2型收音机PCB图   b) X-921型收音机PCB

图 9-11 收音机 PCB 图

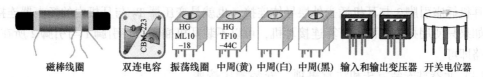

图 9-12 收音机较大元器件实物

（2）磁棒线圈安装和测试方法 磁棒线圈用漆包线绕制，表面涂敷了一层绝缘层。有的线圈在端部已经剥除绝缘层并包裹有焊锡。如果端部没有上锡，则需要用刀片剥离绝缘层，扭绞后再上锡。磁棒线圈上锡示意图如图 9-13 所示。当无法判断出哪两根端头为一次线圈 L_1，哪两根端头为二次线圈 L_2 时，可采用测电阻的方法：一次线圈 L_1 比较长且电阻一般 L_1 为几欧～几十欧，二次线圈 L_2 比较短且电阻一般为几欧，线圈 L_1 的电阻比线圈 L_2 的电阻大几倍以上。线圈 L_1 和线圈 L_2 的引脚之间的电阻应为几兆欧。因为磁棒线比较细，线圈容易折断，磁棒落地容易摔断，在检查完磁棒之后，要把磁棒先放在一边，当其他电路全部焊完之后再焊接磁棒线圈。在收音机电路中，不需要判断一次线圈 L_1 和二次线圈 L_2 的同名端，也就是说一次线圈 L_1 的两个引脚可以颠倒安装，同理二次线圈 L_2 的两个引脚也可以颠倒安装。

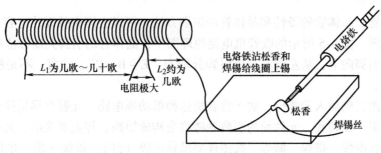

图 9-13 磁棒线圈上锡示意图

（3）耳机插座的基本原理　耳机插座在原理图中的位置如图 9-14a 所示，耳机插座有 3 个引脚如图 9-14b 所示，当没有耳机插入时，与引脚 1 连接的弹簧片不动作，引脚 1 与引脚 2 导通，变压器 T_7 接通收音机扬声器。

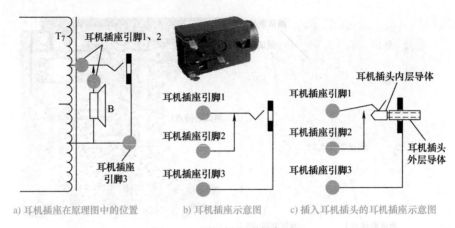

a) 耳机插座在原理图中的位置　　　b) 耳机插座示意图　　　c) 插入耳机插头的耳机插座示意图

图 9-14　耳机插座的基本原理

当有耳机插入时如图 9-14c 所示，与引脚 1 连接的弹簧片被耳机插头顶起，引脚 1 与引脚 2 不导通，变压器 T_7 不接通收音机扬声器，此时耳机插座引脚 1 与耳机插头内层导体连接，耳机插座引脚 3 与耳机插头外层导体连接，也就是变压器 T_7 与耳机内的扬声器连接。

如果只使用扬声器而不打算连接耳机，可以不装耳机插座，将引脚 1 与引脚 2 所在的插孔短路即可。

（4）元器件安装方法和注意事项　安装顺序按照"先小后大，先低后高，先轻后重，先易后难，先一般元件后特殊元件"的原则，先安装焊接电阻、电容、二极管和晶体管元件，再安装焊接中频变压器、中周、输入和输出变压器，最后安装天线（也就是磁棒和天线）。安装时要确保其他元器件不超过中周的高度，使元器件排列整齐、美观。

注意各级变压器、中周位置均不能调换；为了减少电磁干扰，中周 T_2（红）、T_3（黄）、T_4（白）外壳两脚应弯脚与铜箔焊接牢固。

本振变压器 T_2 由支架、工字磁心、磁帽、绕组、支座、引脚及屏蔽罩等组成。线圈整体装在金属屏蔽罩内，上有调节孔，下有引出脚。磁帽与磁心都是由铁氧体制成，绕组绕在工字形磁心上，再把磁帽罩上。磁帽上有螺纹，可在尼龙支架上旋上旋下用以调节线圈的电感量，在磁帽上还涂有色漆，以区别于外形相似的中周。

这里强调电解电容的极性，图形符号为长方形框的一侧为正极，电容壳体上标注"－"的一端为负极。如果极性接反，会导致电路不能正常工作。

注意二极管、晶体管的极性和晶体管的识别方法。可以上网查找元片电容的标注含义和晶体管的引脚图。图 9-5 所示的收音机电路原理图中，晶体管的引脚判断方法如下：有字的面朝向自己，引脚向下，从左到右三个引脚分别为"E－B－C"。注意，不是所有的晶体管都是这种排列。

按照装配图正确插入元器件，对于收音机这种低功率电路，元器件尽量插到底，以便于外壳封装。如果不插到底，元件面的引脚触碰将会构成短路。焊点要光滑，大小最好不要超出焊盘，不能有虚焊、搭焊、漏焊。按图样要求将正极（红）、负极（黑）电源线焊在 PCB

的指定位置。

　　注意，这时候还有几个断接点没有连接，收音机不可能发出声音。在一般情况下，元器件位置正确且焊接没有虚焊，90% 以上的收音机不需要调试就会收到电台信号并发出声音。初次焊接的收音机故障主要是由于虚焊、漏焊、元器件错焊或引脚接反造成的。

　　确保焊点无虚焊的方法有两种：一个是焊接前在 PCB 上均匀涂抹松香水（松香与纯酒精的配合比约为 1:3，在 1:2 至 1:4 之间）；另一个是观察焊点，如果不光滑，可以在二次焊接时用镊子添加松香以除去焊点内的杂质。松香融化后顺着元器件的引脚流到焊点上，如果恰到好处，松香不外溢，焊点融化后可见气泡溢出。等到气泡完全溢出，则焊点表面光滑。应将所有焊点重新用松香处理一遍。

9.4　收音机的测量

9.4.1　收音机静态工作点的测量

　　HX108-2 型收音机原理图如图 9-15 所示，在静态工作点调整前，要先做通电前检查，其目的是为了防止收音机元器件性能不良或安装错误，在通电时引起整机电流过大耗尽电池或损坏元器件。

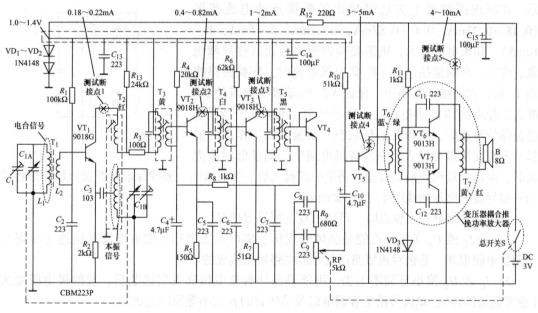

图 9-15　HX108-2 型收音机原理图

　　查找短路常首选断电不拆除元器件的方法。用万用表 R×10Ω 档检测电路中所有晶体管和二极管，由于晶体管等效为两个二极管，当任意两极之间的电阻小于 200Ω，则应首先核对原理图，如果这两极之间没有并联电感线圈或小于 200Ω 的电阻，则拆除晶体管或二极管再测量，如果仍然小于 200Ω，则视为晶体管或二极管短路击穿。同理，当电路中包含 IGFET、IGBT 时也可以用同样的方法大致判断半导体器件的好坏（需要注意的是，测量晶闸管是否损坏需要和测量正常的晶闸管数据相比对）。正常的小功率的晶体管和二极管的正向电阻通常在几千欧 ~ 几十千欧之间，正常的大功率的晶体管和二极管的正向电阻最小可达

300Ω，这是本书将测量结果定为200Ω。对于高电压大功率的半导体器件则应与正常的器件比对，以确保测量结果准确。此外，用万用表无法测量半导体器件受损导致功能恶化的情况，应采用示波器或专用仪器检测。在电路测量电阻或电感线圈的内阻通常比不在电路检测的阻值小，否则应考虑是否出现损坏或开路。漆包线的焊点容易虚焊，漆膜起到绝缘作用，虽然焊点良好也可能不导通，因此要反复测量。在电路测量电感量和电容量也是可行的办法。

在不装电池且不焊接所有断接点的情况下，闭合收音机电源开关，用万用表 R×100 档测量电池极板，正常电阻值约为7000Ω。若电阻值过小（例如只有几百欧甚至更小），则说明电路短路，应该查找短路并修复。

在不焊接所有断接点的情况下装入电池，闭合收音机总开关 S 后，用万用表直流电压档测电源电压，3V 左右为正常；VD_1、VD_2 的钳位点对公共端的电压应在 1.0～1.4V，如果电压低于 1V，则应检查二极管 VD_1、VD_2 是否击穿。

接下来检测各级静态工作点电流。测量时，要保证电池电压符合要求，先将万用表置于 50mA 电流档再根据读数调整量程，分别将万用表的两表笔接触各级断接点处的两端，这时相当于万用表串入电路，测试得到的电流为各断接点处的晶体管的集电极电流，然后根据电流大小调整量程，依次读取第 1、2、3、4、5 个断接点的电流。其电路示意图如图 9-16 所示。在原理图的最上方已经标出各断接点的电流范围（0.18～0.22mA，0.4～0.82mA，1～2mA，3～5mA，4～10mA）。如果电流过大，则需要检查短路或元器件故障现象。注意：在测量晶体管 VT_1 集电极电流时，应将磁棒线圈 T_1 的二次侧接到电路中，保证 VT_1 的基极有直流偏置。静态工作点的调整就是通过改变晶体管上偏电阻的阻值，使晶体管静态时，工作在最佳状态。测量静态工作点的前提是没有交流信号输入，在收音机电路中，测量低频放大

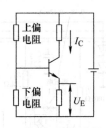

图 9-16　静态工作点电路示意图

级时，应将音量调到最小位置；测量中频放大级、变频级时，要确保前级断接点没有焊接或用一根导线短路磁棒线圈 T_1 的二次侧 L_2。

在测量各级静态工作点时，可能出现下列异常情况：

1）若 I_C 或 U_E 为零，可能是晶体管损坏、集电极无电压、发射极没有接地（虚焊）、上偏置电阻损坏、基极对地短路以及外部电路短路造成的。

2）I_C 或 U_E 偏小且调不上去，可能是晶体管集电极和发射极装反、发射极电阻变大（也可能是错装）、基极旁路电容漏电以及晶体管的 β 太小等原因造成的。

3）I_C 或 U_E 太大，可能是下偏置电阻开路、发射极旁路电容击穿、晶体管击穿或 β 太大等原因造成的。

然后将各级集电极断接点用焊锡连通并取出电池，闭合收音机电源开关，用万用表 R×100Ω 档测量电池极板，此时正常电阻值约为 700Ω；若电阻值约为 0Ω，说明 PCB 中有短路，最可能的故障是 R_{12} 电阻以前的电源负极与正极短路，或电解电容器 C_{15} 击穿。

在不短路的情况下，装入电池，万用表拨置 500mA 档，将表笔连接电源开关两端，此时相当于电流表串入电路，然后调整合适的量程，测量的正常静态电流在 20mA 以下。若测得电流值很大，上百毫安，则是 C_{15} 击穿或 R_{11} 电阻之前的电源供电回路短路，重点检测晶

体管 $VT_5 \sim VT_7$ 和二极管 VD_3；若测得电流大于 10mA 并伴随着通电时间增加，故障元件是电解电容器 C_{15} 极性接反；若电流值为 20～30mA，而整机电流不是很大，这时可以通电进行偏置调整和故障检修。此时测试的整机电流如果大于 30mA，则应该断电检测是否有元器件损坏、元器件反接、错接和线路短路的故障。

9.4.2　使用示波器测量收音机电路波形

使用仪器设备调试是专业技术人员的必备技能，是调试大多数电路的首选方案。不使用仪器设备调试的方法不具有一般性，不能直观反应电路的客观状况，因此建议读者尽可能选用合适的仪器设备调试电路。下面针对图 9-15 所示的电路讲解调试方法。

在测量之前，先讲述一下示波器测量波形的注意事项。

1）示波器的探棒正负极之间相当于小电容，当并联在谐振回路两端时会影响谐振点。本电路的变压器 $T_1 \sim T_5$ 的谐振信号都由一次线圈和并联的电容构成串联或并联谐振，然后将信号通过变压器传递到二次线圈。因为变压器二次线圈仅用于传递信号，所以用示波器测试波形时，通常都将示波器探棒接到变压器二次侧。

2）由于示波器和收音机电路的电源是互相独立的，且收音机的电源电压只有 3V 左右，不会出现过电压击穿示波器的情况，因此示波器探棒的公共端可以夹在收音机的任意测量点上。

3）单手握示波器的探针正极的波形（示波器的公共端悬空）如图 9-17a 所示；双手分别握住示波器的探针正极和公共端的波形如图 9-17b 所示。这两个波形表明，人体具有电信号的特征。在使用示波器测量时，不要将手触及被测量的金属部位，以免人体信号干扰测量结果。

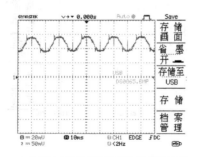 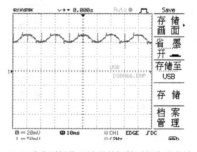

a) 单手握示波器的探针正极(公共端悬空)　　　　b) 双手分别握住示波器的探针正极和公共端

图 9-17　示波器测量手部电信号

4）收音机信号往往包含多种频率分量，示波器使用不同电压档位显示同一信号时，显示屏右下角显示的频率值会显著变化。

首先测试天线线圈 T_1 一次线圈 L_1 两端的波形如图 9-18a 所示，从测量的波形可知，收音机接收到的电台信号的峰峰值大约 10mV。因为示波器的探棒正负极等效为小电容，使用示波器测量 T_1 的一次线圈 L_1，影响一次线圈 L_1 和电容 C_{1A} 的谐振，因此测得的波形与实际波形有误差。然后测试天线线圈 T_1 二次线圈 L_2 两端的波形如图 9-18b 所示，这个波形和一次线圈 L_1 两端的波形相比，出现了一些畸变，这种畸变主要是由于晶体管的非线性特性引起的。由于天线线圈 T_1 二次线圈 L_2 主要用于传输信号，因此测量的信号较为接近真实波形。

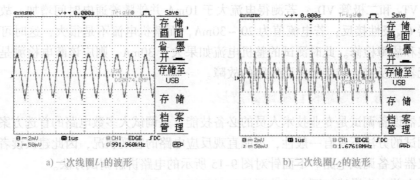

a) 一次线圈L₁的波形 b) 二次线圈L₂的波形

图 9-18 天线线圈 T_1 一次线圈 L_1 和二次线圈 L_2 两端的波形

变压器 T_2 二次线圈两端的波形如图 9-19a 所示。这个波形的幅值得到了放大，峰峰值为几百毫伏，这个信号包含本振频率的信号 f_A'、电台信号的频率 f_A 以及它们的和频 $(f_A + f_A')$ 与差频 $(f_A - f_A')$ 等分量。频率分量占比大的是经过放大的电台信号 f_A，需要得到的中频信号 $(f_A - f_A')$（理想差值为 465kHz）的分量基本观察不出来。

变压器 T_3 二次线圈两端的波形如图 9-19b 所示。变压器 T_3 一次线圈和自带的并联电容构成中频谐振电路，这个谐振电路具有选频滤波的作用，电台信号的高频分量被大幅度的滤除，因此信号幅值比上一级明显减小，中频信号得到了放大。此时频率分量占比大的仍然是经过放大的电台信号，中频信号的分量也基本观察不出来，但是信号的波形幅值高低交替，明显包含其他频率的分量。

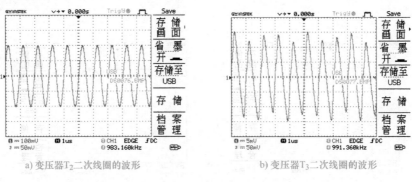

a) 变压器T₂二次线圈的波形 b) 变压器T₃二次线圈的波形

图 9-19 变压器 T_2 和 T_3 二次线圈两端的波形

变压器 T_4 二次线圈两端的波形如图 9-20 所示。变压器 T_4 一次线圈和自带的并联电容构成中频信号谐振电路，这个电路具有选频滤波的作用，中频信号得到了进一步放大。此时频率分量占比大的是中频信号（465kHz）的分量。图 9-20a 显示这个信号频率是 465kHz（从波形周期读数计算得到），图 9-20a 显示这个信号的包络线频率在 4kHz 左右（从波形包络线周期读数计算得到）。在实际的收音机电路中，中频信号的频率是可调的，而且调节后也会在一定范围内变化。

变压器 T_5 二次线圈两端的波形如图 9-21 所示，变压器 T_5 一次线圈和自带的并联电容构成中频信号谐振电路，这个电路也具有选频滤波的作用，中频信号（也就是调幅波）得到了进一步放大。可以看出其波形的包络线是音频信号。

晶体管 VT_4 发射极和公共端之间的波形如图 9-22 所示，晶体管 VT_4 的集电极和基极短接，等效为二极管，发射极输出的波形被滤除了高频和中频分量的脉动波。脉动波包含直流分量和音频信号。

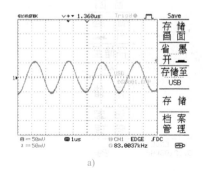

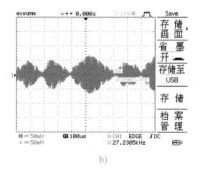

图 9-20　变压器 T_4 二次线圈两端的波形

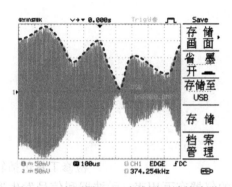

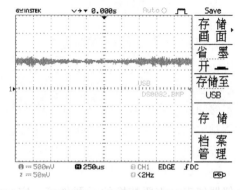

图 9-21　变压器 T_5 二次线圈两端的波形　　　图 9-22　晶体管 VT_4 发射极和公共端之间的波形

变压器 T_6 一次线圈两端的波形如图 9-23a 所示，可以看出 T_6 一次线圈两端的波形仍然是包含直流分量和音频信号的脉动波。从图 9-15 可以看出，晶体管 VT_6、VT_7 与变压器 T_6、T_7 组成变压器耦合推挽功率放大器。变压器 T_6 二次线圈两端的波形如图 9-23b 所示，推挽放大电路将脉动波转化为音频交流信号，消除了直流分量，音频信号被进一步放大。

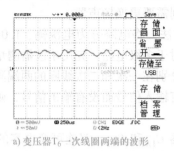

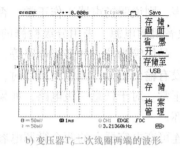

a) 变压器 T_6 一次线圈两端的波形　　　　　b) 变压器 T_6 二次线圈两端的波形

图 9-23　变压器 T_6 的波形

用示波器测量扬声器两个焊接点之间的波形如图 9-24 所示，可以看出扬声器两端（自耦变压器 T_7 的输出端）电压为音频信号。这个信号已经被放大到峰峰值为 $1 \sim 2V$，如果将音量调节开关调到最大（也就是带开关的电位器），则峰峰值可以达到 $4 \sim 6V$。

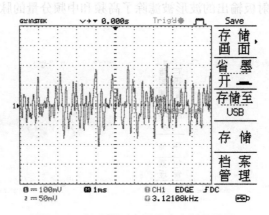

图 9-24　扬声器两个焊接点之间的波形

9.5　收音机的检修与调试

9.5.1　使用仪器设备调试收音机

检修是将一个笼统的故障缩小范围，实现精确定位并解决问题的过程。检修包含编程功能的芯片电路时，首先要确定是软件问题还是硬件问题，然后确定是电源回路的问题还是信号回路的问题。将电路化整为零分成若干个单元电路，根据电路的结构从前到后或从后到前逐级调试并定位故障。此外，分段查找问题也是有效的方法。

检修的核心思想是自主选择调试工具，结合电路仿真与实验结果，用自己的思路测试与分析电路。如果能根据问题改进电路，使之达到更佳效果，即可称为研发。**检修工具包括软件、仪器仪表、需要替换的元器件等。实验室常用的仪器有万用表、示波器和信号发生器等。如果模块电路充足，则优先使用模块替换法。**

当收音机无声音或有音无台时，根据图 9-5 所示的电路，先确认元器件是否位置正确、无虚焊，然后再按以下顺序检修：

1）关闭收音机的电源。将信号发生器产生的 1kHz/0.5V 峰峰值的正弦波信号接到扬声器两端焊接点；或者用万用表 R×1Ω 档，两表笔分别断续碰触扬声器两端焊接点；如果扬声器发出嘟嘟声，则说明扬声器工作正常，否则需要更换扬声器。

2）接通收音机的电源。采用分级检修的方法，将电路分为电源侧、1.0～1.4V 侧，以及围绕变压器、晶体管为核心的多级电路等，对于多级电路，先用示波器测量有没有输入信号，再测量有没有输出信号。测量变压器时，分别在一次和二次线圈的两端测量，逐级判断分级电路是否正常。对于任意一级电路，如果有输入信号而没有输出信号，则应考虑端头虚焊或元器件损坏。

注意：双连可变电容器上的两个微调电容器 C_{1A} 和 C_{1B}。双连可变电容的四角处的螺钉是与电容定片相连的，可旋转的螺钉是与微调电容的动片相连的。用示波器测量本机振荡器回路内的微调电容上的电压波形，应当观察到正弦波信号，旋转双连可变电容器上的旋钮可以看到正弦波信号频率相应地改变。如此说明本机振荡电路工作正常。

收音机的调试，目的是在信号频率范围 525～1605kHz 之间收到最多的电台，而且要保证足够的音量和音质。为了达到这个目的，首先确定调节哪些元器件可以改变电路的效果，在哪些地方设置示波器的观测点比较合适，然后才能设计调试方案，并根据调试方案调试电路。

　　HX108-2 型收音机的主要调节位置和示波器的观测点如图 9-25 所示。主要调节位置如下：第 1 个是可调电容 C_{1A}，调谐频率 f_A 为 525～1605kHz，这个可调电容在双连可调电容器上；第 2 个是可调电容 C_{1B}，调谐频率 $f'_A = f_A + 465kHz$ 中频，这个可调电容也在双连可调电容器上；第 3 个是磁棒天线 T_1 的磁棒，调谐频率 f_A 为 525～1605kHz；第 4 个是可调变压器 T_2（也就是本机振荡线圈）的一次线圈，调谐频率 $f'_A = f_A + 465kHz$ 中频；第 5～7 个是中频变压器（又称为中周）$T_3 \sim T_5$ 的一次线圈（与并联的电容构成并联谐振），调谐频率为中频 465kHz。通过调节中周，改变一次线圈的电感量，从而使这三个中周的一次线圈分别与并联的电容接近谐振点。在接近谐振点时后级信号的幅值接近最大。

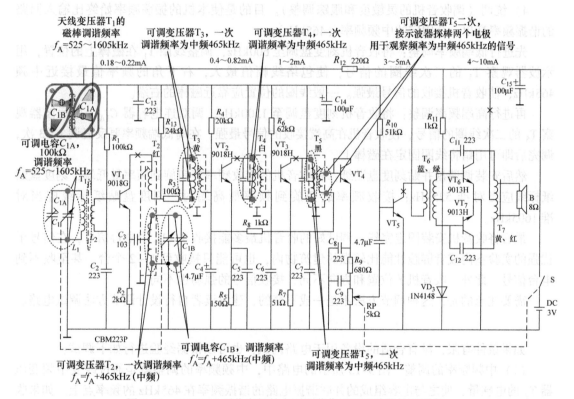

图 9-25　HX108-2 型收音机的主要调节位置和示波器的观测点

　　根据上述分析和以往的经验，可以将调节方法归纳如下：

　　1）可调变压器（又称为中周）T_5 的二次线圈的信号幅值是音频包络线（见图 9-21），这个包络线决定了音频信号的大小。用示波器探棒的两个极分别连接 T_5 的二次线圈的两端，在以上任意一个调节点调试时，T_5 的二次线圈的信号幅值越大，说明调节的效果越好；示波器屏幕右下角的显示的 T_5 二次线圈的频率值越接近中频 465kHz 也说明调节的效果越好。

　　2）调中频频率（俗称调中周）。为了将各中周的谐振频率都调整到固定的中频频率 465kHz 这一点上，打开收音机开关，将频率刻度盘放在频率指示的最低位置 525kHz 附近。用螺钉旋具（旧称螺丝刀）按顺序微调中周 T_5、T_4 和 T_3，用示波器观察 T_5 的二次线圈的信号，使包络线幅值最大，右下角的频率值最接近中频 465kHz，此时收音机收到的信号最强。如果没有示波器，则可以通过收音机声音信号强弱判断调谐好坏。如果调节时噪音大，则可以把电位器的音量调小一点。

3）调整收音机的频率覆盖范围（通常称为调频率覆盖或对刻度）。目的是使双连电容全部旋入到全部旋出时，收音机所接收的频率范围恰好是整个中波波段，即 525～1605kHz。

先进行频率低端的调整：将收音机的刻度盘调至 525kHz，此时调整变压器 T_2，用示波器观察 T_5 的二次线圈的信号，使包络线幅值最大，右下角的频率值最接近中频 465kHz，此时收音机收到的信号最强。

再进行高端频率的调整：将收音机刻度盘调到 1605kHz，调双连上的微调电容器 C_{1B}，用示波器观察 T_5 的二次线圈的信号，使包络线幅值最大，右下角的频率值最接近中频 465kHz，使收音机接收的信号最强。

4）统调（调收音机的灵敏度和跟踪调整）。目的是使本机的振荡频率始终比输入回路的谐振频率高出一个固定的中频频率（465kHz）。

先进行低端频率调整：将收音机刻度盘调至 600kHz，调整线圈 T_1 在磁棒上的位置，用示波器观察 T_5 的二次线圈的信号，使包络线幅值最大，右下角的频率值最接近中频 465kHz，使收音机接收的信号最强。一般线圈的位置应靠近磁棒的右端。

再进行高端频率调整：将收音机刻度盘调至 1500kHz，调双连电容器 C_{1A}，用示波器观察 T_5 的二次线圈的信号，使收音机在高端接收的信号最强。在高低端频率要反复调 2～3 次，调完后即可用蜡将线圈固定在磁棒上。

然后安装调谐盘并贴刻度盘贴纸：将收音机的接收频率旋钮旋到频率最低端，刻度盘贴纸标线应当对准 525kHz；接收频率旋钮旋到频率最高端时，刻度盘贴纸标线应当对准 1605kHz。

最后将收音机安装固定完毕。调试好的收音机最多能接收 7～12 个电台信号，在信号干扰强的实验室内或者屏蔽性能比较强的建筑物内，也可能只接收到 1～2 个台，甚至收不到电台信号。此外，收音机的位置和方向不同，接收信号的强弱也不同。

需要注意的是，这种调节方法不是一成不变的，建议读者自行设计调节方法调试电路。

9.5.2 不使用仪器设备调试收音机

如果条件有限，没有合适的设备用于电路调试，也可以根据经验进行如下调试：

（1）中频频率的调整 图 9-15 所示的电路中，中频频率的调整就是通过改变中频变压器 T_2 的电感量，使之与电容组成的并联谐振电路的谐振频率在 465kHz 的频率点上。如果收音机收不到电台，可能是本振电路没有起振或振荡频率偏差太大，如振荡线圈短路、断线、受潮，本振电容开路、失效，补偿电容短路，双连电容器的振荡连开路或短路等。

如果用普通螺钉旋具调整中周，当螺钉旋具接近中周时，收音机发出的声音变小，说明中周已调好，否则说明调试不当，需要再调整。调节时，若音量不变化或变化迟钝，可能是中周一次线圈局部短路或受潮，也可能是旁路电容漏电、失效、脱焊或中放管静态电流太大等原因。

如果声音达到最大时，收音机出现啸叫，可能是中放管静态电流太大，中周谐振频率偏高而引起中频自激。如果中周磁帽破碎，则调整达不到最佳状态。因此，操作时要小心，不可用力过猛，所用螺钉旋具大小要合适。对于磁帽与尼龙骨架结合较紧的中周，可用电烙铁在中周外壳适度加热，使尼龙骨架变软，让磁帽转动灵活。

（2）频率覆盖调整　频率覆盖就是调整收音机接收电台的频率范围，我国中波广播为 530～1605kHz。操作时，选择一台成品收音机，将其调到低频端一个正在播音的电台，如 620kHz。用无感螺钉旋具调整振荡线圈 T_2 的磁心，直到收音机收到该电台信号。同样的方法，将成品收音机调到高频端，如 1330kHz 的一个正在播音的电台，调整双连电容振荡连 C_{1B} 的微调电容，直到收到信号。如此反复调整几次，确认两端都收到信号为止。

（3）灵敏度调整　灵敏度调整也称作"频率跟踪"，就是保证双连可变电容无论如何旋转，磁棒线圈 T_1 的一次侧 L_1 的谐振频率和本机振荡回路频率的差值都是 465kHz。一般情况下，只要在低频端 600kHz 附近、中频端 1000kHz 附近、高频端 1500kHz 这三个点附近实现同步，就可以认为在整个中波段内基本同步。

首先调整低频端的灵敏度。在低频端选择一个正在播音的电台，如 620kHz，移动天线线圈在磁棒上的位置，直到声音最大为止。

然后调整高频端的灵敏度。在高频端选择一个正在播音的电台，如 1330kHz，调整双连电容输入连 C_{1A} 的微调电容，直到声音最大为止。如此反复调整几次，确认两端都达到最佳状态。

最后调整中间频率的灵敏度。因为收音机使用的是密封双连，设计时已调整好中间频率，不必再调整。

9.6　电子产品调试的一般方法

调试的实质就是如何去发现、判断和确定故障发生的原因和部位，然后进行维修。查找故障的方法有观察法、电压法、电阻法以及替代法几种。电子产品的调试包括静态工作点的调整和动态特性的调整两种。

当 PCB 焊接后，在向 PCB 供电前先检查 PCB。检查连线是否正确、PCB 是否短线和断线，有极性的元器件引脚连接是否正确、有无接错、漏接和互碰等情况、电源正负极是否短路、布线是否合理。电路设计中应加保护电路，例如在电路中串接自恢复熔丝元件。

在未通电的硬件检测完成后，才能进行通电检测。

通电后不要急于测量电气指标，而要观察电路有无异常现象，例如有无冒烟现象，有无异常气味，用测温枪检测电路元器件和集成电路外封装是否发烫，电容和电感是否发出振动的声音，电子管、示波管灯丝是否亮，有无高压打火等。如果出现异常现象，应立即关断电源，待排除故障后再通电。

然后进行静态调试。静态调试是指不加输入信号，或只加直流电平信号的测试，用万用表测出电路中各点的电位，通过与理论估算值比较，判断电路直流工作状态是否正常，及时发现电路中已损坏或处于临界状态的元器件。通过更换元器件或调整电路参数，使电路直流工作状态符合设计要求。

再进行动态调试。动态调试是在电路的输入端施加信号，按信号的流向，顺序检测各测试点的输出信号，若发现不正常现象，应分析其原因，并排除故障，再进行调试，直到满足要求。

测试过程中不能凭感觉，要始终借助仪器观察。使用示波器时，最好把示波器的信号输入方式置于"DC"档，通过直流耦合方式，可同时观察被测信号的交、直流成分。通过调试，最后检查功能块和整机的各种指标（如信号的幅值、波形形状、相位关系、增益、输入阻抗和输出阻抗等）是否满足设计要求，若必要，再进一步对电路参数提出合理的修正。

电路调试也可以采用以下方法：

1）对比法。怀疑某一电路存在问题时，可将此电路的参数与相同的正常的参数（或理论分析的电流、电压、波形等）进行一一对比，从中找出电路中的不正常情况，进而分析并判断故障点。

2）部件替换法。有时故障比较隐蔽，不能一眼看出，若这时有与故障仪器同型号的仪器，可以将仪器中有故障的部件、元器件、插件板等替换，以便于缩小故障范围并查找故障源。

3）旁路法。当有寄生振荡现象时，可以利用适当容量的电容器，选择适当的检查点，将电容临时跨接在检查点与参考接地点之间，如果振荡消失，就表明振荡是产生在此附近或前级电路中。否则就在后面，再移动检查点寻找。旁路电容要适当，不宜过大，只要能较好地消除有害信号即可。

4）短路法。短路法是采取临时性短接一部分电路来寻找故障的方法。短路法对检查断路性故障最有效。但要注意对电源（电路）不能采用短路法。

5）断路法。断路法用于检查短路故障最有效的方法。断路法也是一种使故障怀疑点逐步缩小范围的方法。例如，某稳压电源因接入一带有故障的电路，使输出电流过大，采取依次断开电路的某一支路的办法来检查故障。如果断开该支路后，电流恢复正常，则故障就发生在此支路。

电路调试中注意事项如下：

1）正确使用测试仪器的接地端。使用接地端机壳的电子仪器进行测试，接地端应和放大器的接地端接在一起，否则仪器机壳引入的干扰不仅会使放大器的工作状态发生变化，而且将使测试结果出现误差。

用示波器调试发射极偏置电路时，若需要测试 U_{CE}，不应把示波器的两端直接接在集电极和发射极上，而应分别对地测出 U_C 和 U_E，然后二者相减。若使用干电池供电的万用表测试，由于万用表的两个输入端与被测电路是隔离的，所以允许直接跨接到测试点之间。

2）测量电压所用仪器的输入阻抗必须远大于被测处的等效阻抗。若测试仪器输入阻抗小，则在测量时会引起分流，给测试结果带来很大误差。

3）测试仪器的带宽必须大于被测电路的带宽。

4）正确选择测试点。同一台测试仪器进行测量时，测量点不同，仪器内阻引起的误差将大不同。

5）测量方法要方便可行。需要测量某电路的电流时，一般尽可能测电压而不测电流，因为测电压不必改动电路。若需知道某一支路的电流值，可以通过测取该支路上电阻两端的电压，经过换算而得到。

6）调试过程中，不但要认真观察和测量，还要善于记录。记录的内容包括实验条件，观察的现象，测量的数据、波形和相位关系等。只有大量的可靠的实验记录与理论结果相比较，才能发现电路设计的问题，完善设计方案。

调试中要认真查找故障原因，切不可一遇故障解决不了就拆掉线路重新安装。如果是原理上的问题，即使重新安装也解决不了问题。

9.7　开关稳压电源的谐波分析与抑制措施

开关稳压电源的谐波来自于两个方面：一个是开关电源的开关器件具有斩波的特性，在斩波时产生 20 kHz 以上的谐波，另一个是由于负载电流的变化引起开关电源的输出波动产生的响应谐波。如果开关器件工作在硬开关状态，则斩波时产生的谐波更大一些。这两个方面决定了开关稳压电源自身是一个巨大的干扰信号源。

从理论上看，开关电源输出端通常采用电解电容和无极性电容，其滤波输出是比较稳定的。这里需要提到的是模拟电路的自放大功能。所谓模拟电路的自放大功能，是指当电源中包含的谐波分量对放大电路的影响，其示意图如图 9-26 所示。对于共射极放大电路，在输入信号 $U_i = 0\text{V}$ 的条件下，电源 U_{CC} 是直流叠加高频纹波的电压，则 $U_B = \dfrac{R_{B1}}{R_{B1} + R_{B2}} U_{CC}$，$U_B$ 与电源 U_{CC} 成比例，直流分量和叠加的高频纹波电压同步减小。然而，由于晶体管 VT 的放大作用，输出电压 $U_o = \beta U_B = \dfrac{\beta R_{B1}}{R_{B1} + R_{B2}} U_{CC}$。设 $R_{B1} = R_{B2}$，如果高频分量在晶体管的通频带范围内，则输出电压 U_o 叠加的高频纹波电压幅值比电源 U_{CC} 高出 $\beta/2$ 倍。这种自放大现象使开关电源供电的放大电路的输出特性恶化。在电源 U_{CC} 和 GND 之间并联无极性电容，具有滤除电源谐波的作用，从而有效降低谐波输出，但是难以完全消除谐波。对于音响功率放大器、雷达等要求高的场合，通常不能使用开关电源。

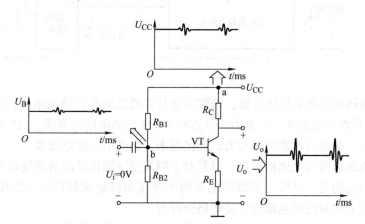

图 9-26　开关电源供电的放大电路的自放大原理示意图

为了抑制开关稳压电源的谐波和对外电路的干扰，通常采取以下措施：

1）采用钢铁外壳屏蔽开关电源，以减少通过无线传输的电磁干扰。

2）在每个芯片电源引脚和接地引脚之间并联无极性电容，电容规格应为 105 或多个 105 并联。

3）对开关稳压电源输出的正极和负极合理布线，例如尽量在 PCB 一侧布置正极铜箔，另一侧布置负极铜箔，形成分布电容。

设计电路时应实测每个芯片电源侧的波形，发现波形异常应增加并联电容的容量或采取进一步的措施。由于示波器探头等效为电容，因此测量时的波形是并联探头等效电容后的波形。

9.8 电源地、数字地、机壳地与负载地的性质

用于分析电源地、信号地、机壳地与负载地的电路示意图如图 9-27 所示。中性线通常在电力变压器引出端接大地，从第 2 章 2.4.1 节可知，c 点和 d 点的电位与大地之间都会存在脉动电压。由于隔离型开关稳压电源的作用，数字地连接和大地之间是隔离的。由于光耦隔离电路将数字电路与受控电路和负载电路从电气上隔离，因此数字地和负载地是独立的。如果数字地和负载地需要连接起来，往往要在二者之间串联一个电阻或磁珠，以抑制电磁干扰。

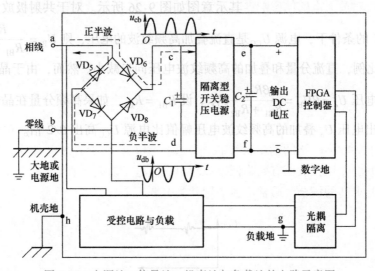

图 9-27 电源地、信号地、机壳地与负载地的电路示意图

如果使用非隔离型开关稳压电源，则数字地与大地之间存在脉动电压，会严重影响 FPGA 控制器的可靠性和安全性，但是由于 e 点相对于 f 点的电压是直流，FPGA 控制器还是有可能正常工作的。如果再将数字地与大地连接起来，则会引起短路现象。

设备的机壳地通常与大地相连接，但是对于隔离变压器拖动的负载通常不接大地。

这里需要注意的是，虽然工频低压电源的中性线和接地线都在电力变压器输出端接大地，但是在三相五线制的用电端通常是严格分开的。

调试中要认真查找故障原因，切不可一遇故障解决不了就拆掉线路重新安装。如果是原理上的问题，即使重新安装也解决不了问题。

课后思考题与习题

9-1 电子电路为什么要进行调试？

9-2 如何调整收音机的静态工作点？

9-3 简述收音机的工作原理。

第10章

典型电路应用

10.1 开关稳压电源电路设计与制作

1. 实验内容与任务

（1）课堂设计与验证任务

1）由专业网站和产品生产厂家官网下载产品手册，学习掌握下载方法与阅读资料的技能。

2）根据原理图和产品手册讲解电路原理和元器件选型方法，设计电路原理图。

3）检测元件，熟悉检测方法，按照原理图安装元器件并测量实验数据。

（2）课外设计与仿真任务

1）根据手册，列举 LM2596 芯片所具备的保护功能。

2）根据 LM2596 芯片所具备的保护功能设计过电流保护电路。

3）确定电路各元器件的选取原则与匹配规律。

4）根据 LM2596 – 5V 芯片原理设计输出为 5～24V 的电路，并确定其输出功率的能力。

5）定性分析电路的散热性能。

2. 实验过程及要求

1）预习 BUCK 型降压电路的工作原理。

2）由专业网站或产品生产厂家官网查阅并下载 LM2596 芯片产品手册。

3）自主设计电路原理图，根据 LM2596 芯片产品手册选择元器件。

4）掌握软件仿真方法。由于 LM2596 芯片不能在常用软件中仿真，因此可以将其主电路看作是 BUCK 型降压电路的开关管，添加外围电路后构成完整的 BUCK 型降压电路。

5）搭建稳压电源实验电路，主要性能指标如下：

① 输入电压：AC12～18V（也可接直流电源）。

② 输出电压（直流稳压）：5V 和 2.5V，误差范围为 ±4%。

③ 输出直流电流：最大值 3A。

6）将输出电压为 5V 的直流稳压电源改造成输出电压 5～24V 的直流稳压电源。

3. 实验教学与指导

稳压电源电路可将工频交流电或直流电转换成所需电压的稳定直流电。与线性稳压电源相比，开关稳压电源可以提高传输效率。为了保证稳压电源能满足后级电路工作要求，稳压电源的额定输出电压必须和后级电路的额定电压一致，且输出额定电流大于后级电路的额定电流并留有充足的余量。

（1）降压斩波（Buck Chopper）电路的基本工作原理 降压斩波电路由全控型开关器件 VT、续流二极管 VD、电感 L 以及滤波电容 C 组成。在开关器件导通期间 t_{on}，电源经全控型开关器件 VT 和电感流过电流，向负载 R_L 供电，二极管 VD 反偏。在电感端得到正向电压 $u_L = U_d - U_o$。这个电压使电感电流 i_L 线性增加；当开关管关断时，由于电感中储存电能，产生感应电动势，使二极管导通，i_L 经二极管继续流动，$u_L = -U_o$，电感电流下降。降压斩波电路的原理图和波形示意图如图 10-1 所示。

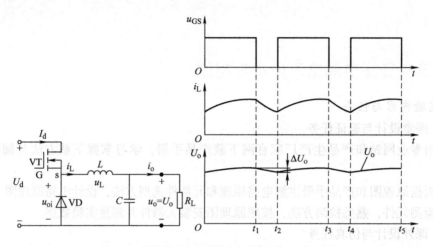

图 10-1　降压斩波电路的原理图和波形示意图

当电感 L 足够大，电感电流 i_L 连续。在电感电流 i_L 连续条件下，当输入电压不变时，输出电压 U_o 随开关器件 VT 的占空比而线性改变。

电流连续时，负载电压的平均值为

$$U_o = \frac{t_{on}}{t_{on} + t_{off}} U_d = \frac{t_{on}}{T} U_d = \alpha U_d \tag{10-1}$$

式中，t_{on} 为 VT 处于通态的时间；t_{off} 为 VT 处于断态的时间；T 为开关周期；α 为导通占空比，简称占空比或导通比。

负载电流平均值为

$$I_o = \frac{U_o - U_d}{R} \tag{10-2}$$

（2）电路工作原理 LM2576 系列稳压芯片是降压（Buck）型电源管理单片集成电路，它集成了开关器件和驱动开关器件的电路，输入直流电压峰值可达 40V。LM2576 能够输出 3A 的峰值驱动电流。固定输出芯片可分别输出 3.3V、5V、12V 电压，可调输出芯片输出小于 37V 的电压，待机电流 50μA。稳压电源芯片 LM2576T - 3.3 的内部电路结构图如图 10-2 所示。

该器件内部集成频率补偿和固定频率发生器，开关频率为 52kHz，与低频开关调节器相比较，可以使用更小规格的滤波元件。该器件只需 4 个外接元件，可以使用通用的标准电感。其封装形式包括标准的 5 引脚 TO-220 封装（DIP）和 5 引脚 TO-263 表贴封装（SMD）。

该器件还有其他一些特点：在特定的输入电压和输出负载的条件下，输出电压的误差可以保证在 ±4% 的范围内，振荡频率误差在 ±15% 的范围内；可以用仅 80μA 的待机电流实现外部断电；具有自我保护电路（一个两级降频限流保护和一个在异常情况下断电的过温完全保护电路）。

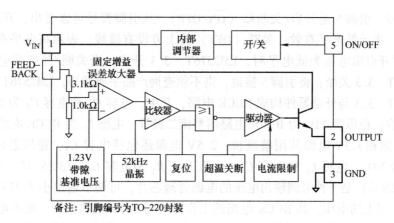

图 10-2　稳压电源芯片 LM2576T－3.3 的内部电路结构图

（3）稳压电源电路的主要性能指标　稳压电源的电路原理图如图 10-3 所示，包括 3.3V 和 2.5V 电源电路。图中细线表示控制线路，不承受大电流；粗线表示功率线路，承受大电流。电路的输入电压可以采用交流 5～24V 或直流 7～37V 电源。输出电压（直流稳压）：2.5V 和 3.3V，误差范围为 ±4%。输出直流电流：最大值 3A。根据芯片输出电压的不同选择合适的输入电压，交流电源整流滤波后的电压应大于输出电压 2V 以上，且不大于限制电压（37V）。

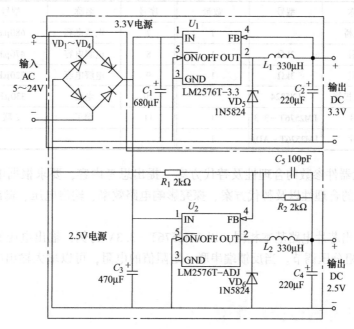

图 10-3　稳压电源的电路原理图

3.3V 电源系统包括整流桥（集成在一个封装内的二极管 $VD_1 \sim VD_4$）、电容 C_1、稳压芯片 LM2576T－3.3、稳压管 VD_5、电感 L_1 和电容 C_2。整流桥和电容 C_1 构成典型的整流滤

波电路，在电容 C_1 两端得到脉动的直流电压，该脉动直流电压传送到稳压芯片 LM2576T -
3.3 的引脚1和3，输出电压从引脚2对 GND 输出。引脚4是反馈端（Feed Back，FB），接
输出电压信号。引脚5是开启/关断端（$\overline{ON}$/OFF），从引脚符号可以看出，开启（$\overline{ON}$）的
上方有横线，表示低电平有效；关断（OFF）的上方没有横线，表示高电平有效；综合起
来，当关断/开启端电压为低电平时，LM2576T - 3.3 开启；当关断/开启端电压为高电平
时，LM2576T - 3.3 关断；将引脚5接地，则不须查询产品手册即知，LM2576T - 3.3 始终开
启。LM2576T - 3.3 与外部器件构成 BUCK 电路，其中，电容 C_1 和电容 C_2 为 BUCK 电路的
前后滤波电容；稳压管 VD_5 为 BUCK 电路的整流二极管、电感 L_1 为 BUCK 电路的电感。

2.5V 电源和3.3V 电源共用整流桥。2.5V 电源还包括电容 C_3、稳压芯片 LM2576T -
ADJ、稳压管 VD_6、电感 L_2 和电容 C_4、电阻 R_1、R_2 和电容 C_5。LM2576T - ADJ（ADJ 是
adjustable 的缩写）是一种可调输出电压的电源管理芯片，可调节输出小于37V 且比芯片输
入电压低2V 以上的电压。其 BUCK 电路的工作原理与3.3V 电源相同。输出电压信号经过
电阻 R_1、R_2 分压后，接到反馈端（FB，引脚4）。电容 C_5 是滤波电容，用以滤除采样信号
的纹波。输出电压的计算公式如下：

$$U_{out} = U_{REF}\left(1 + \frac{R_2}{R_1}\right) \tag{10-3}$$

式中，U_{REF} 是 LM2576T - ADJ 芯片内部提供的恒压源，$U_{REF} = 1.23V$。

稳压电源电路的元器件清单见表 10-1。

表 10-1　稳压电源电路的元器件清单

序号	名称	型号	数量	序号	名称	型号	数量
1	整流桥		1	7	电解电容	680μF	1
2	电阻	2kΩ	1	8	电解电容	470μF	1
3	电阻	3kΩ	1	9	电解电容	220μF	2
4	稳压二极管	1N5824	2	10	电感	330μH	3
5	芯片	LM2576T - 3.3	1	11	端子	2 联	3
6	芯片	LM2576T - ADJ	1				

（4）探究元器件参数的合理性及替代方案　提出思考内容，要求根据电路工作原理讨
论各元器件参数的合理性以及替代方案、探究影响电路效率、输出电压、输出电流以及纹波
率的因素。

固定电压输出芯片电路基本相同，以 LM2576T - 3.3V 为例，输出电压的大小通过引脚
4 内部的分压电阻分压调节。当反馈端串联一定阻值的电阻，可以增大输出电压，但是不能
减小输出电压。

10.2　双路报警器设计与制作

1. 实习目的

通过制作此电路，使学生掌握设计、制作与装双路报警器的过程，训练学生的动手
能力。

2. 实习要求

1）认真分析电路图，说明每个元器件的名称和作用。

2）认真检测元器件，熟悉检测方法。

3）绘制 PCB 图，要求元器件分布合理。

4）按照工艺要求安装元器件。

5）调试电路使之达到设计指标。

3. 实验教学与指导

本节介绍一个简易的双路防盗报警器设计与制作过程。该电路主要功能是采用声光报警模式实现室内的防盗报警功能，电路有两个开关，当常闭开关 S_1（实际中是安装在室内窗框、门框的紧贴面上的导电铜片）发生盗情时，S_1 打开，延时 1～35s 发生报警。当常开开关 S_2 发生盗情而闭合时，应立即报警。采用双路报警模式，其中一路设置两个警灯（用发光二极管模拟）交替闪亮，周期为 1～2s；另一路通过传声器发出报警声，声音频率 f 为 1.3～2.2kHz。为便于手工制作 PCB 以及安装、焊接电子元器件，要求 PCB 为单面布线，电子元器件全部选用直插式元器件。根据上述要求，设计的电路如图 10-4 所示。

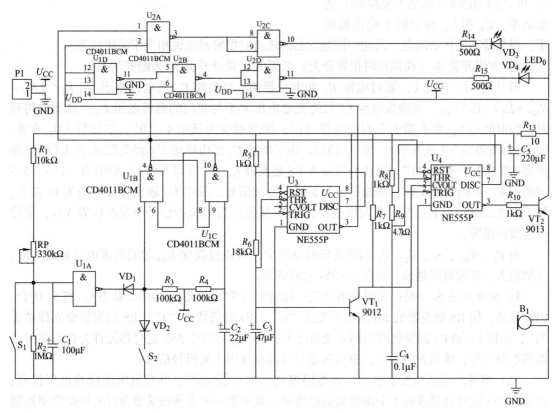

图 10-4　双路防盗报警电路

各主要单元电路工作原理分析如下：

（1）触发器电路单元　触发器电路单元如图 10-5 所示。该电路功能分为延时触发和即时触发报警，电路主要由 S_1 常闭开关（延时触发开关）、S_2 常开开关（即时触发开关），3

个与非门 U_{1A} ~ U_{1C}（一个与非门芯片内含 4 个与非门，这 3 个与非门集成在器件标识为 U_1 的芯片中），二极管 VD_1、VD_2，电容 C_1、C_2 和电阻 R_1 ~ R_4 及电位器 R_{RP} 组成。

该触发器的工作原理简述如下：

1）电源刚接通时：因为电容 C_2 的下极板接地为 0V，由于电源刚接通的瞬间电容电压不能突变，故 C_2 的上极板也为 0V。低电平"0"信号脉冲输入与非门 U_{1C}，使 U_{1C} 输出高电平；同时，S_2 断开，电源 U_{CC} 使门 U_{1B} 输入信号为高电平（此时 S_1 闭合，门 U_{1A} 输入低电平，输出为高电平，二极管 VD_1 截止，对基本 RS 触发器无影响），与非门 U_{1B} 输出（基本 RS 触发器 Q 端）低电平"0"，从而使 555 定时器 U_3 和 U_4 的引脚 4（低电平复位端）为低电平，U_3 和 U_4 的引脚 3 输出低电

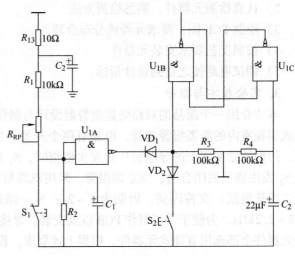

图 10-5 触发器电路

平，报警器不发声不闪亮。因此，该触发器的输出对报警器来说相当于关闭状态。

2）常闭开关 S_1（模拟延时报警开关）断开时（常开开关 S_2 为断开状态）：

断开 S_1 后，电源 U_{CC} 通过电阻 R_1 和电位器 R_{RP} 对电容 C_1 充电，由于 $U_{CC}R_2/(R_1 + R_{RP} + R_2) > 0.7U_{CC}$，可确保电容 C_1 最终充电电压大于与非门的翻转电压 U_{th}，从而使得延时一段时间后 U_{1A} 输入端上升为高电平"1"，输出端变为低电平"0"，二极管 VD_1 导通，使 RS 触发器的 SD 端电平为"0"。同时，由于电容 C_2 已由电源 U_{CC} 经电阻 R_4 充电使 RS 触发器 RD 端电平变为"1"，因此导致基本 RS 触发器置"1"（与非门 U_{1B} 输出为"1"），555 定时器 U_3 和 U_4 开始工作，其输出引脚 3 输出方波信号，其中 U_3 输出方波周期为 1s 左右，使得发光二极管以 1Hz 的频率闪烁报警；而 U_4 则输出音频脉冲信号驱动晶体管 VT_2，使传声器发声报警。

由 R_1、R_{RP}、S_1、R_2、C_1 构成的延时电路中，可通过改变 R_{RP} 的阻值来改变延时时间，其值越大，延时时间越长，可在 1~35s 之间调节。

3）常开开关 S_2（模拟即时报警开关）闭合时（常闭开关 S_1 为闭合状态）：当 S_2 闭合，VD_2 导通，使 RS 触发器的 SD 端电平变为"0"，RD 端仍然为"1"，RS 触发器会立即被置"1"，使得 U_3 和 U_4 的复位端引脚 4 变高电平，从而使这两个 555 定时器元件为核心器件的振荡电路工作，输出方波信号，驱动防盗报警电路发出声光报警信号。

（2）报警声光信号发生单元　该电路模块主要功能是产生声光报警的脉冲电压信号，由 2 个 555 定时器组成的 2 个多谐振荡器组成。其中第一个多谐振荡器为灯光闪烁频率控制模块，由 U_3、R_5、R_6、C_3 构成，其输出信号控制发光二极管的闪烁频率与第二个多谐振荡器的频率变化范围；另一个多谐振荡器为报警声音频率控制模块，由 U_4、R_7、R_8、R_9、C_4、VT_1 构成，其输出控制晶体管 VT_2 的导通状态，从而驱动传声器 B_1 的发声频率，该部分电路如图 10-6 所示。

以下简述各部分电路工作原理：

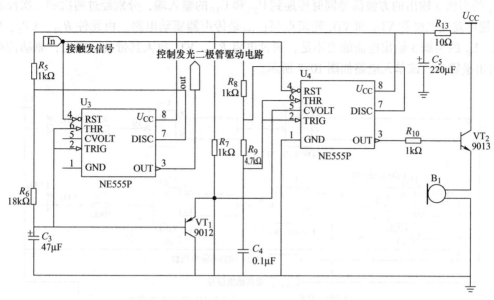

图 10-6　报警声光信号发生单元

1）灯光闪烁频率控制模块。当该模块接收到报警信号时（555 定时器 U_3 的复位引脚 4 出现高电平信号），555 定时器 U_3 开始工作。由于电源刚接通时，电容 C_3 还没有充电，其对地电压为 0，使 555 定时器 U_3 的高触发端引脚 6 和低触发端引脚 2 的电压也为 0V，导致 555 定时器 U_3 的输出端引脚 3 输出高电平信号，而 555 定时器 U_3 内部的放电管截止，电源 U_{CC} 通过 R_5、R_6 对 C_3 充电，C_3 上电压上升。随着电容 C_3 上的电压升高，当其两端电压 $U_{c3} \geq 2/3U_{CC}$ 时，输出端引脚 3 变为低电平，U_3 内部的放电管导通，C_3 通过电阻 R_6 和 555 定时器 U_3 的放电端引脚 7 放电，电容 C_3 上电压逐渐下降；当电容电压下降到 $U_{c3} \leq 1/3U_{CC}$ 时，555 定时器 U_3 的引脚 3 输出电压又翻转为高电平，555 定时器 U_3 内部放电管截止，电源又开始通过电阻 R_5、R_6 对电容 C_3 充电，其电压开始升高。如此周而复始产生一个方波信号，信号周期为 $T=0.7(R_5+2R_6) \times C_3 \approx 1.25s$，占空比约为 50%。

2）报警声音频率控制模块。该模块的输出控制报警声的频率高低，其工作状态要受两路信号控制，一路信号来自灯光闪烁频率控制模块的电容电压输出端，通过晶体管 VT_1 的发射极调节 555 定时器 U_4 的引脚 5 电压，从而控制其频率调节范围；另一路信号来自 RS 触发器输出端，通过 555 定时器 U_4 的复位端引脚 4 控制其工作状态是否停止或开启。当该电路模块接收到报警信号时，555 定时器 U_4 的引脚 4 变高电平，引脚 5 电压随电容 C_3 电压变化而变化，从而调节该振荡电路的上下限比较电压值 U_H 和 U_L 的大小，当引脚 5 控制电压较高时，充放电需要的时间较长，输出音频信号频率较低，否则反之。按图 10-6 所示元器件参数计算得到输出信号频率在 1.3～2.2kHz 之间波动，从而使报警器发出的声音频率产生有规律的变化。由此可见，555 定时器 U_4 输出的方波信号非固定频率，其振荡频率可在一定范围内周期变化，推动传声器发出高低频率不同的声音，类似公安警车的报警声。

（3）声光报警驱动电路单元　声光报警驱动单元分为两部分，一是发光二极管（模拟警灯）驱动电路，由 U_{2A}、U_{2B}、U_{2C}、U_{2D}、U_{1D}、R_{14}、R_{15}、VD_3 以及 VD_4 构成，555 定时

器 U_3 的引脚 3 输出的方波信号同时传递到 U_{2A} 和 U_{1D} 的输入端，分别经过两次和三次反相输出，使得发光二极管 VD_3 和 VD_4 轮流点亮；二是传声器驱动电路，由元件 R_{10}、VT_2、MK_1 组成，U_4 的引脚 3 输出电流能力不足，通过电阻 R_{10}、VT_2 放大其带负载能力，驱动传声器 B_1 发出报警声，该单元电路如图 10-7 所示。

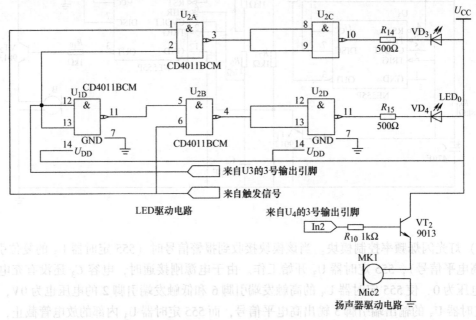

图 10-7　声光报警驱动电路

4. PCB 图设计

PCB 图设计的基本方法和技巧在第 8 章已进行了介绍，在此不再赘述，仅针对本项目"双路防盗报警电路"设计的特点进行一些补充说明。

（1）PCB 布局要求　针对本项目的电路设计，在 PCB 布局方面主要注意以下几点：

1）为便于学生安装、焊接电子元器件，元器件封装形式最好全部采用直插式元器件，电路采用模块化布局方式，实现同一功能的相关电路集中放置，元器件布局要尽量紧凑，核心元器件如单片机、DSP、引脚比较多的集成电路等放置在 PCB 中间，各种插接件（包括通信、电源插座等）放置在 PCB 四周。

2）定位孔、标准孔等非安装孔周围 1.27mm 内不得贴装元器件，螺钉等安装孔周围 3.5mm（对于 M2.5）、4mm（对于 M3）内不得贴装元器件。

3）元器件的外侧距板边的距离为 6mm。

4）金属壳体元器件和金属件（屏蔽盒等）不能与其他元器件相碰，不能紧贴印制线、焊盘，其间距应大于 2mm。定位孔、紧固件安装孔、椭圆孔及板中其他方孔外侧距板边的尺寸大于 3mm。

5）电源插座布置在 PCB 的边上，电源插座与其相连的汇流条接线端应布置在同侧。特别应注意不要把电源插座及其他焊接连接器布置在连接器之间，以利于这些插座、连接器的焊接及电源线缆设计和扎线。电源插座及焊接连接器的布置间距应考虑方便电源插头的插拔。

（2）PCB 布线

1）由于电路比较简单，为便于制作加工 PCB，最好采用单面布线方式进行 PCB 设计。

2）画定布线区域距 PCB 边不大于 5mm 的区域内，以及安装孔周围 2mm 内，禁止布线。

3）若采用手工加工 PCB 的方式，由于制作工艺比较简陋，则 PCB 布线宽度就应尽量宽些，避免腐蚀 PCB 的时候将导线腐蚀掉。因此，原则上电源线和接地线尽可能宽些，一般不应低于 25mil；信号线宽不应低于 20mil；线间距不低于 10mil。

4）对双列直插式封装芯片，可采用椭圆形焊盘，其尺寸设置为长 80mil、宽 60mil、孔径 40mil 比较合适；对直插式封装的电阻、电容，焊盘外径设置为 80mil，孔径设置 45mil。

5）布线完毕后，进行补泪滴操作，以加强焊盘与导线的连接强度。

根据上述规范，针对双路防盗报警电路设计的 PCB 图如图 10-8 所示。图 10-8 中，还有 7 根跳线没有画出来，这些跳线等 PCB 做好之后用导线连接。

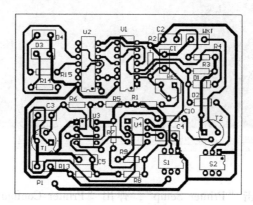

图 10-8　单层 PCB 板图设计

5. PCB 图的打印、热转印与制板

手工自制 PCB 的方法包括漆图法、贴图法、铜箔粘贴法、热转印法等。下面简单介绍热转印法。

完成 PCB 图设计之后，接下来需要将 PCB 图打印到转印纸上，然后再进行热转印，将 PCB 图转印到覆铜板上，之后进行腐蚀，最后保留覆铜板上的焊盘和导线，再进行焊盘钻孔、元器件安装焊接与电路调试等，就完成了电路设计与制作的整个过程。

加工单层板的第一步是将 PCB 图打印到转印纸上，打印 PCB 图和一般文档打印有较大区别，需要进行正确设置，否则可能导致 PCB 制作失败。

（1）转印打印纸　首先用 Altium Designer 软件打开设计好的工程，按照工程项目的路径打开工程项目文件。然后双击打开 PCB 文件（开关电源 . PcbDoc），单击同时移动鼠标全选图形，然后单击"移动"或单击快捷键"＋"，将 PCB 板图移动到一页 A4 纸的中心范围。如果图形比较小，可以通过复制粘贴的方法在一张纸中排列多个图形。排列后的 PCB 板图如图 10-9 所示。

然后设置打印选项，单击"文件（File）"→"页面设计（Page Setup）"（如图 10-10 所示），弹出"Composite Properties"对话框，选择纸张类型为 A4 纸，缩放模式选择按尺寸打印，缩放比例选择 1.0（也就是等比例打印），修正的 X 和 Y 方向均保持 1.0（也就是不修正比例），选风景图选项，选择单色打印。

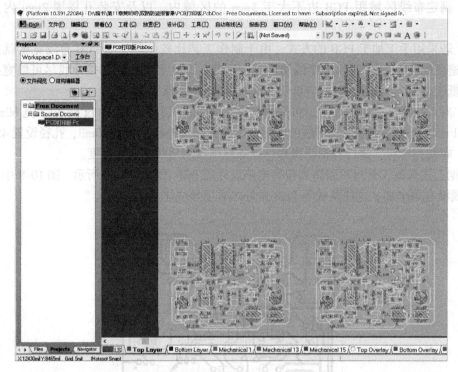

图 10-9　排列后的 PCB 板图

在图 10-10 中若单击 "Printer Setup"，弹出 "Printer Configuration for [Documentation Outputs]" 对话框，如图 10-11 所示。选择打印机，然后单击 "OK"，完成打印机的设置，返回图 10-10 所示界面。

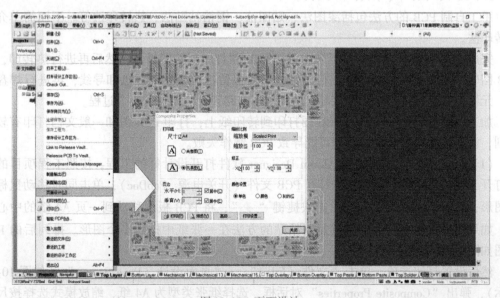

图 10-10　页面设计

图 10-11　打印机的设置

在图 10-10 中若单击"Advanced…"（高级…），弹出"PCB Printout Properties"对话框，如图 10-12a 所示，可以对打印层进行设置，在"Name"项下面选中"Top Overlay"单击鼠标右键，然后在弹出的快捷菜单中选择"Delete"，删除"Top Overlay"（即 Top Overlay 不会被打印）。利用同样的方法，删除"Top Layer"、"Keepout Layer"和"Multi-Layer"三个层，仅打印"Bottom Layer"层，并勾选孔（hole），如图 10-12b 所示，最后单击"OK"，完成打印层的设置。

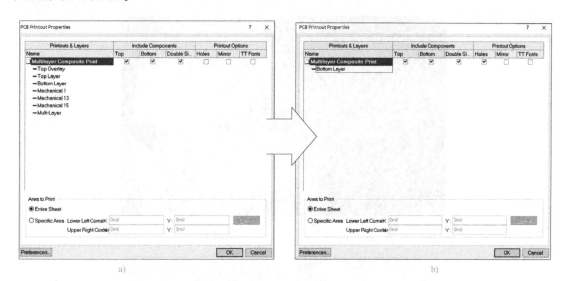

图 10-12　打印层的设置

打印机和打印层设置完后，通过打印预览查看打印的效果和图在转印纸上的位置，若不合适，可以调整，设置好之后的打印预览图如图 10-13 所示。具体操作步骤可参考第 8 章最后一部分"打印输出"的相关说明。

将转印纸放置在打印机内如图 10-14 所示，光滑的一面作为打印面，为了节约纸张，可以将多个 PCB 图打印到同一张转印纸上。

（2）转印覆铜板　用抹布蘸水和去污粉反复摩擦单面覆铜板上的铜箔，洗去铜箔上的污渍，确保铜箔表面没有杂质和铜锈。倒去污粉的过程如图 10-15a 所示；清洗覆铜板的过程如图 10-15b 所示。

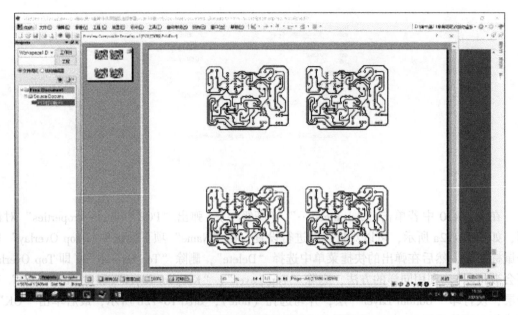

图 10-13　双路防盗报警电路的 PCB 预览图

图 10 中 单击 所示的 操 按 属性 "Properties"，对话框，选中 ，单击，所示的 操 的 "Name"，即 "Top Overlay"，单击右侧所弹出的下拉菜单中选择 "Delete"，即 "Top Overlay 即 "Top Overlay 即 Top Overlay 即 Top Overlay 即 Top Overlay 即 Top Overlay 即 Top Overlay 即 即 即 即 即 即 即 即 即 "OK"，即可打印好的电路板。

图 10-14　将转印纸放置在打印机内

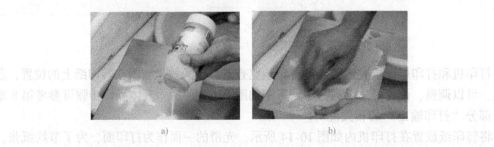

a)　　　　　　　　　　　　b)
图 10-15　清洗覆铜板

打印在 印 印 印 印 印 印 印 印 印 印 印 印 印 印 印，即可 可 印 印 印 印 印 可 印 可。

将 的 打印机内的按钮 10-14 所示，光滑的一面向打印面，为了防粘度，可以将 个 即打印的面向一张打印面，

将转印纸折出端头覆盖在覆铜板上（如图 10-16a 所示），送入塑封机（如图 10-16b 所示）（根据传送速度的不同将温度设定为 135 ~ 165℃，也可用电熨斗），反复送入塑封机 2 ~ 3 次使墨粉吸附在覆铜板上。

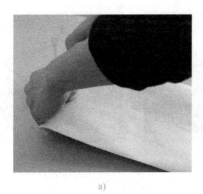

a)　　　　　　　　　　　　　b)

图 10-16　转印覆铜板

　　冷却后揭去覆铜板上的热转印纸如图 10-17a 所示，用调和漆或油性笔将图形和焊盘补墨，如图 10-17b 所示。

a)　　　　　　　　　　　　　b)

图 10-17　揭覆铜板上的热转印纸和补墨

　　按设计好的 PCB 尺寸裁切覆铜板，用钢锯或切板机下料（如图 10-18a 所示）；用锉刀或砂纸将 PCB 的四周打磨光滑（如图 10-18b 所示）。

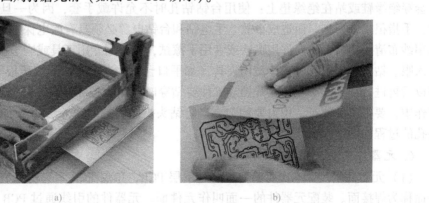

a)　　　　　　　　　　　　　b)

图 10-18　裁切覆铜板并打磨边沿毛刺

　　配置三氯化铁水溶液如图 10-19a 所示，将覆铜板放入浓度为 28% ~42% 的三氯化铁水溶液中浸泡腐蚀（如图 10-19b 所示），直到没有墨粉覆盖的铜箔被完全腐蚀（如图 10-19c 所示）。

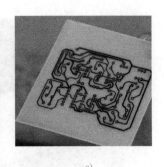

a)　　　　　　　　　　b)　　　　　　　　　　c)

图 10-19　三氯化铁水溶液腐蚀铜箔

用水清洗三氯化铁水溶液（如图 10-20a、b 所示），用抹布蘸去污粉去掉铜箔上覆盖的油墨，这时可以看到 PCB 上的铜箔导线（如图 10-20c 所示）。

a)　　　　　　　　　　b)　　　　　　　　　　c)

图 10-20　清洗铜箔并去掉铜箔上覆盖的油墨

（3）在覆铜板上钻孔　钻孔根据工具不同分为手工钻床钻孔和数控机床钻孔两种。在焊盘上钻孔时应刃磨锋利，进刀不宜过快，以免将铜箔挤出毛刺。要求钻孔时佩戴护目镜保护眼睛，一旦碎屑入眼，必须去医院就医。选用的钻头直径要恰当，因手电钻的钻头很细，使用时应注意用力均匀性，使钻头垂直于 PCB，避免钻头折断。使用手电钻钻孔，应戴绝缘手套穿绝缘鞋或站在绝缘垫上；使用台钻钻孔时不允许戴手套，因为一旦手套被钻头缠住后，手指很难抽回来，而造成事故。手电钻和台钻电源必须具有漏电保护功能。不准在钻孔时用纱布清除碎屑，不允许用嘴吹或者用手擦拭，应使用专用工具或刷子刷除碎屑，防止碎屑入眼。钻比较大的孔时，应使用夹具（如平口台钳、老虎钳、固定压板等），把材料固定好以后再进行加工。应在钻孔开始或工件要钻穿时，用力按住工件，以防工件转动或甩出。工作中，要把工件放正，用力要均匀，以防钻头折断。护目镜外形如图 10-21a 所示，手工钻孔的过程如图 10-21b 所示。

6. 元器件安装、焊接与电路调试

（1）元器件安装　本次实验使用的是单层 PCB，单层 PCB 只有一面有铜箔，有铜箔的一面称为焊接面。装配元器件的一面叫作元件面。元器件的引线通过 PCB 上的孔插到板的另一面，如图 10-22a 所示。在铜箔焊盘上焊接，铜箔导线把元器件的引线连起来实现电气连接如图 10-22b 所示。当单层板的导线交叉连接时，可以使用跳线连接。跳线安装在元件面，通常从元件面打孔后插入跳线的两端。

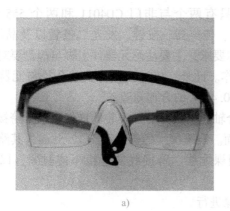

a)　　　　　　　　　　　　　　b)

图 10-21　护目镜外形和手工钻孔的过程

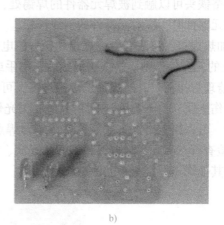

a)　　　　　　　　　　　　　　b)

图 10-22　PCB 元器件的安装和焊接

先将元器件从板的元件面插入，小功率元器件一般要装到底，大功率的元器件要和 PCB 留出一定的距离，有些场合还要配置散热片以及风扇。元器件尽量卧式安装，极性不能装反。元件卧式安装的示意图如图 10-23 所示。然后根据设计图逐个焊接安装元器件。

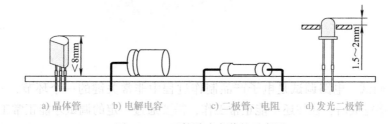

a) 晶体管　　　b) 电解电容　　　c) 二极管、电阻　　　d) 发光二极管

图 10-23　元件卧式安装的示意图

一般情况下，为使组装的电子产品能满足振动、机械冲击、潮湿以及其他环境条件的要求，元器件应正确选择和安装。元器件安装顺序一般应为先低后高（如先电阻器、后半导体器件），先轻后重（如先电容器后继电器），先非敏感元器件后敏感元器件（如先非静电、非温度敏感器件，后静电、温度敏感器件），先表面安装后通孔安装，先分立元器件后集成电路。

本节介绍的防盗报警电路，集成电路只有两个与非门 CD4011 和两个 555 定时器 NE555P，其余元器件为电阻、电容、二极管、传声器、按键、发光二极管以及晶体管等，由于电路比较简单，元器件安装顺序没有特殊要求，主要注意元器件引脚与焊盘要对应并正确安装，以免出错导致最终电路无法正常工作。此外，PCB 元器件安装孔径与元器件引线直径之间，采用手工焊接工艺时应保持 0.2 ~ 0.4mm 的合理间隙。

跨接线可看作轴向引线元器件，且应符合轴向引线元器件安装的详细要求。跨接线不应穿越其他元器件（包括跨接线）的上部或下面。当跨接线的长度小于 12.5mm，其路线不经过导电区并符合电气间距要求时，可以采用裸铜线。跨接线的连接不应过紧，以免产生应力。

（2）元器件焊接　手工焊接一般分四步骤进行。

1）准备焊接：清洁被焊元件处的积尘及油污，再将被焊元器件周围的元器件左右掰一掰，让电烙铁头可以触到被焊元器件的焊锡处，以免烙铁头伸向焊接处时烫坏其他元器件。焊接新的元器件时，应对元器件的引线镀锡。

2）加热焊接：将沾有少许焊锡和松香的电烙铁头接触被焊元器件约几秒钟。若是要拆下 PCB 上的元器件，则待烙铁头加热后，用手或镊子轻轻拉动元器件，看是否可以取下。

3）清理焊接面：若所焊部位焊锡过多，可将烙铁头上的焊锡甩在烙铁架上的槽内（注意不要烫伤皮肤，也不要甩到 PCB 上！），用光烙锡头"沾"些焊锡出来。若焊点焊锡过少、不圆滑时，可以用电烙铁头"蘸"些焊锡对焊点进行补焊。

4）检查焊点：观察焊点是否圆润、光亮、牢固，是否有与周围元器件连焊的现象。在焊接面与其他焊点焊接起来如图 10-24 所示。

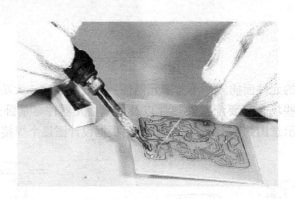

图 10-24　在焊接面焊接

（3）电路调试　电路调试是电子产品制作过程中非常关键的一个环节，一般情况下，电路安装、焊接完成后，往往还不能正常工作，需要通过一定的调试才能正常工作。电子电路调试包括测试和调整两个方面，调试的意义主要有两点：一是通过调试使电子电路达到规定的性能指标；二是通过调试发现设计中存在的缺陷并予以纠正。因此，电路调试过程就是对电子电路进行测量、分析、判断、调整和再测量，及时发现并纠正有关设计方案的设计缺陷，或者提出一些安装工作中的不合理之处，再对不足加以改正，作为电子设备中极为关键的环节，电子电路的调试工作能使电子装置性能实现优化，达到预期的技术指标。

调试的常用仪器有：稳压电源、万用表、示波器、频谱分析仪和信号发生器等。电路调试工作需要极大的耐心又必须时刻保持认真的工作状态，每一个环节都不得马虎，稍有疏忽就可能错过一些关键的检测细节，从而影响整个电路调试工作的顺利进行，造成不应该的人力、物力损失。一般测试的步骤和方法如下：

1）不通电检查。安装完毕，应检查电源线极性、电容极性、半导体元器件极性、集成电路引脚位置以及 PCB 的连线是否正确、可靠，连接导线及焊点有无短路及其他缺陷。

完成 PCB 上的元器件焊接、连线工作后，先不通电，应再次检查线路的连接是否正确，有无错线和少线的现象，以及是否有在连接线路时因错看了引脚或改接线路时因忘记把原来的旧线去掉而引起的多线问题。其中，这种多线现象在电路检测中是较为常见的问题，因为它经常出现在实验中又很难被操作人员发现，进行调试时往往使人错觉，而忽视该问题，把问题归咎于元器件。查线的方法通常有两种：

一种方法是按照电路图检查安装的线路。这种方法的特点是，根据电路图连线，按一定顺序逐一检查安装好的线路，由此可比较容易地查出错线和少线。

另一种方法是按照实际线路来对照原理电路进行查线。这是一种以元件为中心进行查线的方法。把每个元件（包括器件）引脚的连线一次查清，检查每个去处在电路图上是否存在，这种方法不但可以查出错线和少线，还容易查出多线。为了防止出错，对于已查过的线通常应在电路图上做出标记，最好用指针式万用表"$\Omega \times 1$"档，或数字式万用表"Ω 档"的蜂鸣器来测量，而且应直接测量元器件引脚，这样可以同时发现接触不良的地方。

在接通电源之前，用万用表测量电源输入端的电阻，如果电阻小于一定数值，则表明电路是短路的，需要重新检查回路中是否出现短路现象。在确认无误后，方可通电调试。

2）通电检查。先不接入信号源，而是把已经准确测量过的电源电压接到电路中，在接通电源后，首先观察是否存在异常的现象，较为常见的是冒烟、有怪味，元器件发烫以及电源短路现象等。一旦发现异常情况，应该立刻断开电源，直到排除完故障后再通电重新检查。

3）静态调试。静态调试一般是指在不加输入信号，或只加固定的电平信号的条件下所进行的直流测试，可用万用表测出电路中各点的电位，通过和理论估算值比较，结合电路原理的分析，判断电路直流工作状态是否正常，及时发现电路中已损坏或处于临界工作状态的元器件。通过更换元器件或调整电路参数，使电路直流工作状态符合设计要求。

4）动态调试。动态调试是在静态调试的基础上进行的，在电路的输入端加入合适的信号，按信号的流向，顺序检测各测试点的输出信号，若发现不正常现象，应分析其原因，并排除故障，再进行调试，直到满足要求。

测试过程中不能仅凭感觉或印象，要始终借助仪器观察。使用示波器时，最好把示波器的信号输入方式置于"DC"档，通过直流耦合方式，可同时观察被测信号的交、直流成分。通过调试，最后检查功能块和整机的各种指标（如信号的幅值、波形形状、相位关系、增益、输入阻抗和输出阻抗、灵敏度等）是否满足设计要求，若有必要，再进一步对电路参数提出合理的修正。

经过调试后，最终完成的双路防盗报警电路如图 10-25 所示，其中图 10-25a 为正面，图 10-25b 为反面。

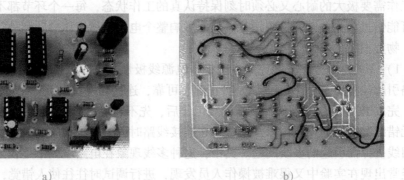

a)   b)

图 10-25　双路防盗报警电路

10.3　声控闪光电路设计与制作

1. 实习目的

声控闪光电路的 LED 亮暗会随着声音的大小或音乐节奏而发生变化，可广泛应用于语音强弱显示和玩具声控灯光指示电路中。通过制作此电路，了解驻极体传声器的特点及应用场合，掌握驻极体传声器的极性和测量方法，掌握声控闪光灯电路的结构特点，能焊接与调试电路。

2. 实习要求

1）认真分析电路图，说明每个元器件的名称和作用。

2）对元器件进行认真检测，熟悉检测方法。

3）绘制 PCB 图，要求元器件分布合理。

4）按照工艺要求安装与调试电路。

3. 项目分析

声控闪光灯电路如图 10-26 所示。这是一种根据声音大小或音乐节奏变化来实现灯光的亮暗控制的放大电路。该电路由驻极体传声器来接受声音信号，再通过两级放大电路来对接收的信号进行放大，最后在输出端通过扬声器将信号输出。输入信号越强，发光二极管的亮度越高。

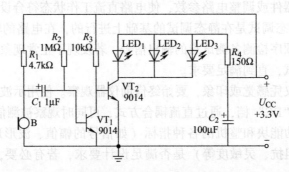

图 10-26　声控闪光灯电路

电路主要由驻极体传声器、晶体管放大器和发光二极管构成。静态时，VT_1 处于临界饱和状态，使 VT_2 截止，$LED_1 \sim LED_3$ 中无电流流过而不发光。

R_1 给传声器 B 提供偏置电流，传声器捡取室内环境中的声波信号后即转为相应的电信号，经电容 C_1 送到 VT_1 的基极进行放大，VT_1、VT_2 组成两级直接耦合放大电路。选取合适的 R_2、R_3，使较弱的输入音频信号或者能量小的噪声信号不足以使 VT_1 退出饱和状态，$LED_1 \sim LED_3$ 仍保持熄灭状态。当 B 捡取较强的声波信号时，音频信号注入 VT_1 的基极，其信号的负半周使 VT_1 退出饱和状态，VT_1 的集电极电压上升→VT_2 导通→$LED_1 \sim LED_3$ 点亮发光。$LED_1 \sim LED_3$ 能随着环境声音（如音乐、说话）信号的强弱变化闪烁发光。声控闪光电路的元器件清单见表 10-2。

表 10-2 声控闪光电路的元器件清单

序号	名称	型号	数量	序号	名称	型号	数量
1	电阻 R_1	4.7kΩ	1	7	电解电容 C_2	100μF/16V	1
2	电阻 R_2	1MΩ	1	8	电解电容 C_1	1μF/16V	1
3	电阻 R_3	10kΩ	1	9	发光二极管 LED_1	红	1
4	电阻 R_4	150Ω	1	10	发光二极管 LED_2	黄	1
5	驻极体		1	11	发光二极管 LED_3	蓝	1
6	晶体管 VT_1、VT_2	9014	2				

组装与调试：

1）按原理图画出装配图，然后安装配图进行装配。

2）注意晶体管的极性不能接错，元件排列整齐、美观。

3）通电后先测 VT_1 的集电极电压，使其在 0.2～0.4V 之间，如果该电压太低，则施加声音信号后，VT_1 不能退出饱和状态，VT_2 则不能导通，如果该电压超过 VT_2 的死区电压，则静态时 VT_2 就导通，使 $LED_1 \sim LED_3$ 点亮发光，所以，对于灵敏度不同的传声器，以及 β 值不同的晶体管，VT_1 的集电极电阻 R_3 的大小要通过调试来确定。

4）离传声器约 0.5m 距离，用普通声音（音量适中）讲话时，$LED_1 \sim LED_3$ 应随声音闪烁。若大声说话时发光管才闪烁发光，可适当减小 R_3 的阻值，也可更换 β 值更大的晶体管。

根据图 10-27a 所示的声控闪光灯电路安装图，在多功能板上焊接如图 10-27b 所示的声控闪光灯电路。

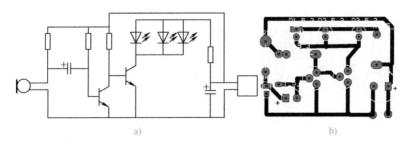

a)　　　　　　　　　　　　　b)

图 10-27 声控闪光灯电路 PCB 设计与布板图

参考文献

[1] 郭志雄,邓筠. 电子工艺技术与实践 [M]. 2 版. 北京：机械工业出版社，2015.

[2] 王天曦,李鸿儒，王豫明. 电子技术工艺基础 [M]. 2 版. 北京：清华大学出版社，2009.

[3] 王成安.电子技术基本技能综合训练 [M]. 北京：人民邮电出版社，2005.

[4] 王建花,茆姝. 电子工艺实习 [M]. 北京：清华大学出版社，2010.

[5] 王兆安,刘进军. 电力电子技术 [M]. 4 版. 北京：机械工业出版社，2009.

[6] 瓮嘉民,宋东亚，仝战营，等. 单片机应用开发技术：基于 Proteus 单片机仿真和 C 语言编程 [M]. 2 版. 北京：中国电力出版社，2018.

[7] 刘屏周.工业与民用供配电设计手册：上册 [M]. 4 版. 北京：中国电力出版社，2016.

[8] 李敬传,段维莲. 电子工艺训练教程 [M]. 2 版. 北京：电子工业出版社，2008.

[9] 廖先芸,郝军. 电子技术实践与训练 [M]. 北京：高等教育出版社，2005.

[10] 周春阳.电子工艺实习 [M]. 北京：北京大学出版社，2006.

[11] 姚宪华,郝俊青，电子工艺实习：工程实训 [M]. 北京：清华大学出版社，2010.

[12] 廖芳,熊增举. 电子产品制作工艺与实训 [M]. 4 版. 北京：电子工业出版社，2016.

[13] 正田英介.电力电子学 [M]. 耿连发，译. 北京：科学技术出版社，2001.